图解现场施工实施系列

图解建筑工程现场施工

土木在线　组编

机 械 工 业 出 版 社

本书由全国著名的建筑专业施工网站——土木在线组织编写。书中内容丰富，精选大量的施工现场实例，涵盖了地基与基础工程、混凝土结构工程、砌体结构、装饰装修工程、屋面工程五个方面。书中内容具体、全面，图片清晰，图面布局合理，具有很强的实用性与参考性。

本书可供广大建筑行业的工程技术人员学习使用，也可供工科院校土建类师生学习使用。

图书在版编目（CIP）数据

图解建筑工程现场施工/土木在线组编. —北京：机械工业出版社，2014.8（2025.1 重印）
（图解现场施工实施系列）
ISBN 978-7-111-47534-7

Ⅰ.①图…　Ⅱ.①土…　Ⅲ.①建筑工程-工程施工-图解
Ⅳ.①TU7-64

中国版本图书馆 CIP 数据核字（2014）第 169983 号

机械工业出版社（北京市百万庄大街 22 号　邮政编码 100037）
策划编辑：张大勇　责任编辑：张大勇　版式设计：赵颖喆
责任校对：肖　琳　封面设计：张　静　责任印制：李　昂
北京捷迅佳彩印刷有限公司印刷
2025 年 1 月第 1 版第 12 次印刷
184mm×260mm · 12.25 印张 · 295 千字
标准书号：ISBN 978-7-111-47534-7
定价：29.80 元

电话服务　　　　　　　　　　网络服务
客服电话：010-88361066　　机　工　官　网：www.cmpbook.com
　　　　　010-88379833　　机　工　官　博：weibo.com/cmp1952
　　　　　010-68326294　　金　　书　　网：www.golden-book.com
封底无防伪标均为盗版　　机工教育服务网：www.cmpedu.com

前　言

随着我国经济的不断发展，我国建筑业发展迅速。如今建筑业已成为我国国民经济五大支柱产业之一。在近几年的发展过程中，由于人们对建筑物外观质量、内在要求的不断提高和现代法规的不断完善，建筑业也由原有的生产组织方式改变为专业化的工程项目管理方式。因此对建筑劳务人员职业技能提出了更高的要求。

本套“图解现场施工实施系列”丛书从施工现场出发，以工程现场细节做法为基本内容，并对大部分细节做法都配有现场施工图片，以期能为建筑从业人员，特别是广大施工人员的工作带来一些便利。

本套丛书共分为5册，分别是《图解建筑工程现场施工》《图解钢结构工程现场施工》《图解水、暖、电工程现场施工》《图解园林工程现场施工》《图解安全文明现场施工》。

本套丛书最大的特点就在于，舍弃了大量枯燥而乏味的文字介绍，内容主线以现场施工实际工作为主，并给予相应的规范文字解答，以图文结合的形式来体现建筑工程施工中的各种细节做法，增强图书内容的可读性。

本书在编写过程中，汇集了一线施工人员在各种工程中的不同细部做法经验总结，也学习和参考了有关书籍和资料，在此一并表示衷心感谢。由于编者水平有限，书中难免会有缺陷和错误，敬请读者多加批评和指正。

参与本书编写的人员有：邓毅丰、唐晓青、张季东、张晓超、黄肖、王永超、刘爱华、王云龙、王华侨、梁越、王文峰、李保华、王志伟、唐文杰、郑元华、马元、张丽婷、周岩、朱燕青。

目　录

第一章　地基与基础

第一节　土 方 工 程

一、土方开挖

1. 实际案例展示

2. 施工要点

1）土方开挖是工程初期以至施工过程中的关键工序。将土和岩石进行松动、破碎、挖掘并运出的工程。

2）基坑边缘堆置土方和建筑材料，或沿挖方边缘移动运输工具和机械，一般应距基坑上部边缘不少于2m，弃土堆置高度不应超过1.5m，并且不能超过设计荷载值，在垂直的坑壁边，此安全距离还应加大。软土地区不宜在基坑边堆置弃土。

3）采用机械开挖土方时，需保持坑底及坑壁留150~300mm厚土层，由人工挖掘修整。同时，要设集水坑，及时排除坑底积水。

4）平整场地的表面坡度应符合设计要求，如设计无要求时，排水沟方向的坡度不应小于2‰。平整后的场地表面应逐点检查。检查点为每100~400m^{2}取1点，但不应少于10点；长度、宽度和边坡均为每20m取1点，每边不应少于1点。

二、土方回填

1. 实际案例展示

2. 施工要点

1）土方回填是用人力或机械对场地、基槽（坑）和管沟进行分层回填夯实，以保证达到要求的密实度。

2）土方回填前应清除基底的垃圾、树根等杂物，抽除坑穴积水、淤泥，验收基底标高。如在耕植土或松土上填方，应在基底压实后再进行。

3）填土前应检验土料质量、含水量是否在控制范围内。土料含水量一般以手握成团、落地开花为适宜。当含水量过大，应采取翻松、晾干、风干、换土回填、掺入干土或其他吸水性材料等措施，防止出现橡皮土。如土料过干（或砂土、碎石类土）时，则应预先洒水湿润，增加压实遍数或使用较大功率的压实机械等措施。各种压实机具的压实影响深度与土的性质、含水量和压实遍数有关，回填土的最优含水量和最大干密度，应按设计要求经试验确定。其参考数值见表1-1。

表1-1 土的最优含水量和最大干密度参考

项次	土的种类	变动范围	
		最优含水量(%)(重量比)	最大干密度/(t/m^3)
1	砂土	8~12	1.80~1.88
2	黏土	19~23	1.58~1.70
3	粉质黏土	12~15	1.85~1.95
4	粉土	16~22	1.61~1.80

注：1. 表中土的最大干密度应以现场实际达到的数字为准。
2. 一般性的回填可不作此项测定。

4）填方施工过程中应检查排水措施，每层填筑厚度、含水量控制、压实程度。填筑厚度及压实遍数应根据土质、压实系数及所用机具确定。如无试验依据，应符合表1-2的规定。

表1-2　填方每层铺土厚度和压实遍数

项次	压实机具	每层铺土厚度/mm	每层压实遍数/遍
1	平碾	200～300	6～8
2	振动压实机	250～350	3～4
3	柴油打夯机	200～250	3～4
4	人工打夯	不大于200	3～4

三、土钉支护

1. 实际案例展示

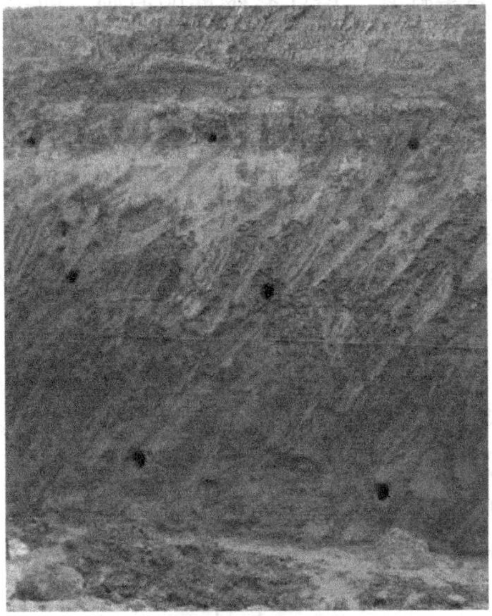

2. 施工要点

（1）土钉墙支护必须遵循从上到下分步开挖，分步钻孔、设注浆钢筋的原则，即边开挖边支护。坡顶设挡土混凝土，坡底设排水装置。

（2）场地排水及降水。

1）土钉支护应在排除地下水条件下施工。应采取适宜的降水措施，如地下水丰富或与江河水连通，降水措施无效时，宜采用隔水帷幕，止住地下水进入基坑。

2）基坑四周支护范围内的地表应加修整，构筑排水沟和水泥砂浆或混凝土地面，防止地表水向下渗透。靠近基坑坡顶宽2~4m的地面应适当垫高，里（沿边坡处）高外低，便于径流远离坡边。

3）为排除积聚在基坑的渗水和雨水，应在坑底四周设置排水沟及集水坑。排水沟应离开边坡壁0.5~1.0m，排水沟及集水坑宜用砖砌并抹砂浆，防止渗漏，坑中水应及时抽出。

4）一般情况下，应在支护面层背部插入长度为400~600mm，直径不小于40mm的水平排水管，其外端伸出面层，间距为1.5~2.0m，如图1-1所示。其目的是将喷射混凝土面层后面的积水有组织排出。

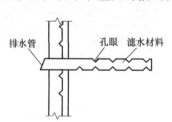

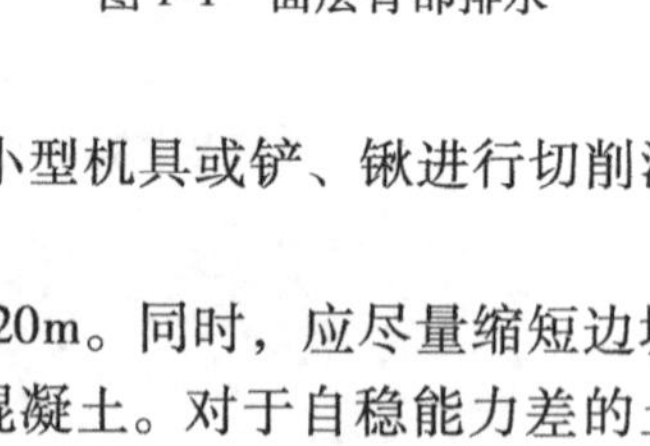

图1-1 面层背部排水

（3）开挖土方。

1）土钉支护应按设计规定分层开挖，按作业顺序施工。在未完成上层作业面的土钉与喷射混凝土以前，不得进行下层土方的开挖。

2）当用机械进行土方作业时，不得超挖深度，边坡宜用小型机具或铲、锹进行切削清坡，以保证边坡平整，符合坡度设计要求。

3）基坑在水平方向的开挖也应分段进行，一般可取10~20m。同时，应尽量缩短边坡裸露时间，即开挖后在最短的时间内设置土钉、注浆及喷射混凝土。对于自稳能力差的土体，如高含水量的黏性土和无黏结力的砂土，应立即进行支护。

为防止基坑边坡的裸露土体发生坍陷，可采取下列措施：

① 对整修后的边坡土壁喷上一层薄砂浆或混凝土，凝固后再钻孔，如图1-2a所示。

② 在作业面上先构筑钢筋网喷混凝土面层，而后进行钻孔、设土钉。

③ 在水平方向分小段间隔开挖，如图1-2b所示。

④ 先将作业深度上的边坡土壁做成壁柱式斜坡，待钻孔设置土钉后再清坡，如图 1-2c 所示。

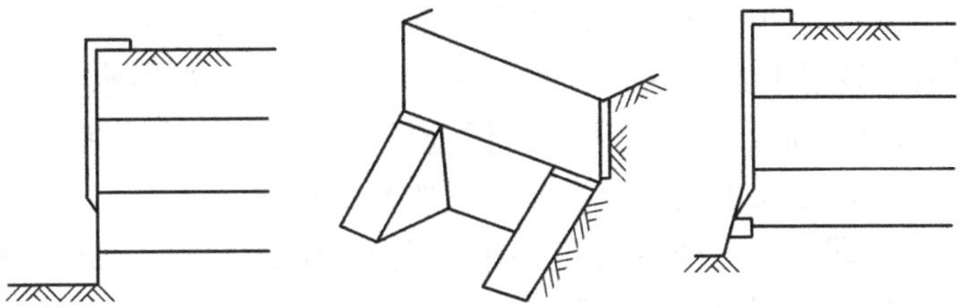

图 1-2　预防坍塌土层的施工措施
a）先喷浆护壁后钻孔置钉　b）水平方向分小段间隔开挖　c）预留斜坡设置土钉后清坡

（4）成孔及设置土钉。

1）土钉成孔直径宜为 70 ~ 120mm，土钉宜用 HRB335 及 HRB400 钢筋，直径宜用 16 ~ 32mm。

2）土钉成孔采用的机具应适合土层特点，满足成孔要求，在进钻和抽出过程不会引起塌孔。在易塌孔的土体中需采取措施，如套管成孔。

3）成孔前应按设计要求定出孔位做出标记和编号。成孔过程中做好记录，按编号逐一记载：土体特征、成孔质量、事故处理等，发现较大问题时，及时反馈、修改土钉设计参数。

4）孔位的允许偏差不大于 100mm，钻孔倾斜度偏差不大于 1°，孔深偏差不大于 30mm。

5）成孔后要进行清孔检查，对孔中出现的局部渗水、塌孔或掉落松土应立即处理，成孔后应及时穿入土钉钢筋并注浆。

6）钢筋入孔前应先设置定位架，保证钢筋处于孔的中心部位，定位架形式同锚杆钢筋定位架。支架沿钢筋长向间距为 2 ~ 3m 左右，支架应不妨碍注浆时浆体流动。支架材料可用金属或塑料。

（5）注浆。

1）成孔内注浆可采用重力、低压（0.4 ~ 0.6N/mm^2）或高压（1 ~ 2N/mm^2）方法注浆。

对水平孔必须采用低压或高压方法注浆。压力注浆时，应在钻孔口部设置止浆塞，注满浆后保持压力 3 ~ 5min。压力注浆尚需配备排气管，注浆前送入孔内。

对于下倾斜孔，可采用重力或低压注浆。注浆采用底部注浆方式。注浆导管底端先插入孔底，在注浆的同时将导管以匀速缓慢拔出，导管的出浆口应始终处在孔中浆体表面以下，保证孔中气体能全部溢出。重力注浆以满孔为止，但在初凝前须补浆 1 ~ 2 次。

2）二次注浆：为提高土钉抗拔力可采取二次注浆方法。即在首次注浆终凝后2～4h内，用高压（2～3N/mm^2）向钻孔中第二次灌注水泥浆，注满后保持压力5～8min。二次注浆管的边壁带孔并与土钉孔同长，在首次注浆前与土钉钢筋同时放入孔内。

3）向孔内注入浆体的充盈系数必须大于1。每次向孔内注浆时，宜预先计算浆体体积并根据注浆泵的冲程数，求出实际向孔内注浆体积，以确认注浆量超过孔的体积。

4）注浆所用水泥砂浆的水灰比，宜在0.4～0.45之间。当用水泥净浆时宜为0.45～0.5，并宜加入适量的速凝剂、外加剂等，以促进早凝和控制泌水。施工时当浆体工作度不能满足要求时，可外加高效减水剂，但不准任意加大用水量。

浆体应搅拌均匀立即使用。开始注浆、中途停顿或作业完毕后，须用水冲洗管路。

注浆砂浆强度试块，采用70mm×70mm×70mm立方体，经标准养护后测定，每批至少3组（每组三块）试件，给出3～28d强度。

（6）土钉与面层连接。

1）土钉与面层连接用ϕ25的钢筋头与土钉钢筋焊接牢固后，进行面层喷射混凝土。

2）采用端头螺栓、螺母及垫板接头。这种方法须先将端头螺栓杆件套丝，并与土钉钢筋对焊，喷射混凝土前将螺杆用塑料布包好，面层混凝土有一定强度后，套入垫板及螺母后，拧紧螺母，其优点可起预加应力作用。

（7）喷射混凝土面层。

1）面层内的钢筋网片应牢固固定在土壁上，并符合保护层厚度要求，网片可以与土钉固定牢固，喷射混凝土时，网片不得晃动。

钢筋网片可以焊接或绑扎而成，网格允许误差10mm，网片铺设搭接长度不应小于300mm及25倍钢筋直径。

2）喷射混凝土材料，水泥宜用强度等级为42.5，干净碎石、卵石，粒径不宜大于12mm，水泥与砂石重量比宜为1:4～1:4.5，砂率45%～55%，水灰比0.4～0.45，宜掺外加剂，并应满足设计强度要求。

3）喷射作业前要对机械设备，风、水管路和电线进行检查及试运转，清理喷面，埋好控制喷射混凝土厚度的标志。

4）喷射混凝土射距宜在0.8～1.5m，并从底部逐渐向上部喷射。射流方向应垂直指向喷射面，但在钢筋部位，应先填充钢筋后方，然后再喷钢筋前方，防止钢筋背后出现空隙。

5）当面层厚超过100mm时，要分两次喷射。当进行下步喷射混凝土时，应仔细清除施工缝接合面上的浮浆层和松散碎屑，并喷水使之湿润。

6）根据现场环境条件，进行喷射混凝土的养护，如浇水、织物覆盖浇水等养护方法，养护时间视温度、湿度而定，一般宜为7d。

7）混凝土强度应用100mm×100mm×100mm立方体试块进行测定，将试模底面紧贴边壁侧向喷入混凝土，每批留3组试块。

8）当采用干法作业时，空气压缩机风量不宜小于9m^3/min，以防止堵管，喷头水压不应小于0.15N/mm^2，喷前应对操作人员进行技术考核。

四、钢或混凝土支撑系统

1. 实际案例展示

2. 施工要点

1）支撑系统包括围囹及支撑，当支撑较长时（一般超过15m），还包括支撑下的立柱及相应的立柱桩。

2）采用钢筋混凝土灌注桩作围护墙时需设置冠梁，冠梁在围护墙桩施工完毕，达到

70%的设计强度后，即可挖出桩头并截桩，整理好桩头钢筋，支设冠梁模板（土层较好时，亦可采用土模），绑扎冠梁钢筋，按支撑位置埋设预埋铁件，供焊接牛腿之用。冠梁的混凝土强度等级宜≥C30。

3）冠梁的作用是将围护墙承受的土压力和水压力等外荷载传递到支撑上，为受弯构件，另外增加围护桩墙的整体刚度。

4）冠梁的混凝土强度达到设计强度的70%时，即可安装钢支撑。先在冠梁和钢立柱上焊支撑托架（或牛腿），托架上表面必须在同一标高上，以保证支撑在同一水平面上。安装钢支撑需用起重机配合，先安装短向支撑，再安装长向支撑。在纵横支撑的相交处，先用卡具固定，调整平直后再按设计要求进行焊接固定。

5）钢支撑端头与冠梁必须顶紧，如有空隙可用C20细石混凝土填实，确保传力可靠。

6）为使支撑受力均匀和减少受力变形，在土方开挖前，宜先给支撑施加预应力。预应力的施加方法，可采用千斤顶在支撑与冠梁之间加压，在缝隙处塞进钢楔锚固，然后撤除千斤顶。预应力可加到设计应力的50%～70%。

7）开挖第一层土方后，设置腰梁。钢支撑用钢腰梁，多用H型钢或双拼槽钢作腰梁。腰梁采用钢牛腿或吊筋固定于围护墙上，腰梁与围护墙之间用C20细石混凝土填实。

8）下层钢支撑安装方法同上述第一层钢支撑的安装。

9）钢支撑受力构件的长细比不宜大于75，连系构件的长细比不宜大于120。安装节点尽量设在纵、横向支撑的交汇处。纵、横向支撑的交汇点尽可能在同一标高上，这样支撑体系的平面刚度大，尽量少用重叠连接。

五、降水与排水

1. 实际案例展示

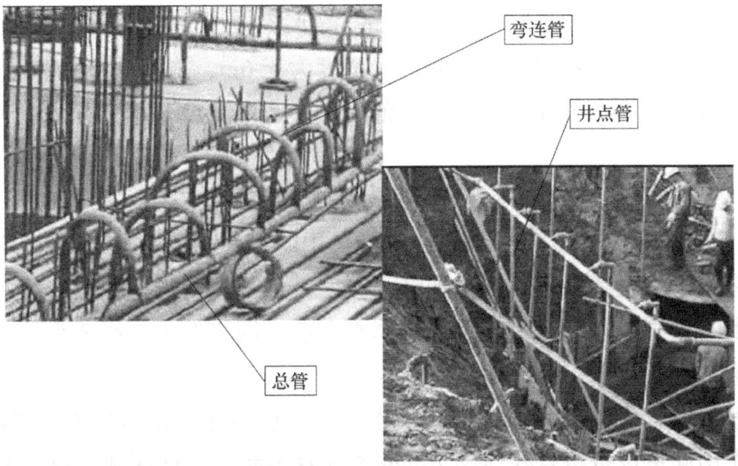

2. 施工要点

(1) 降水与排水是配合基坑开挖的安全措施，施工前应有降水与排水设计。当在基坑外降水时，应有降水范围的估算，对重要建筑物或公共设施在降水过程中应监测。

(2) 井点布置。轻型井点降水系统的布置，应根据基坑的平面形状与大小、土质、地下水位高低与流向、降水深度要求而定。

1）平面布置。当基坑或沟槽宽度小于6m，降水深度小于5m时，可用单排井点，井点管布置在地下水流上游一侧；当基坑或基槽的宽度大于6m，或土质不良、渗透系数较大时，则宜采用双排线状井点，布置在基坑或基槽的两侧；当基坑或基槽的面积较大时，宜采用环状井点布置。

2）高程布置。当地下降水深度小于6m时，应采用一级轻型井点布置；当降水深度大于6m、一级轻型井点不能满足降水深度时，可采用明沟排水和井点降水相结合的方法，将总管安装在原有地下水位线以下，以增加降水深度，当采用明沟排水和一级井点相结合的方法不能满足要求时，则应采用二级轻型井点降水方法，即先挖去一级井点排干的土方，然后再在坑内布置第二排井点。

（3）井点管埋设。井点管埋设一般采用水冲法，包括冲孔和埋管两个过程。

冲孔时，先用起重设备将直径50~70mm的冲管吊起，并插在井点位置上，然后开动高压水泵，将土冲松，冲孔时，冲管应垂直插入土中，并做上下左右摆动，以加剧土体松动，边冲边沉，冲孔直径应不小于300mm，以保证井管四周有一定数量的砂滤层，冲孔深度应比滤管底深500mm左右，以防冲管拔出时，部分土颗粒沉于坑底而触及滤管底部。各层土冲孔所需水流压力见表1-3。

表1-3 各层土冲孔所需水流压力

土层名称	冲水压力/MPa	土层名称	冲水压力/MPa
松散砂土	0.25~0.45	可塑的黏土	0.60~0.75
软塑状态的黏土、粉质黏土	0.25~0.50	砾石夹黏性土	0.85~0.90
密实的腐殖土	0.5	硬塑状态的黏土、粉质黏土	0.75~1.25
密实的细砂	0.5	粗砂	0.80~1.15
松散的中砂	0.45~0.55	中等颗粒的砾石	1.0~1.25
黄土	0.60~0.65	硬黏土	1.25~1.50
密实的中砂	0.60~0.70	密实的粗砾	1.35~1.50

注：1. 埋设井点冲孔水流压力，最可靠的数字是通过试冲，以上表列值供施工时配备高压泵及必要时的空气压缩机性能之用。
2. 根据国产轻型井点的最小间距800mm，要求冲孔距离不宜过近，以防两孔冲通，轻型井点间距宜采用800~1600mm。

井孔冲成后，立即拔出冲管，插入井点管，并在井点管和孔壁间迅速填灌砂滤层，以防孔壁坍塌，砂滤层的填灌质量是保证轻型井点顺利工作的关键，一般应采用洁净的粗砂，填灌要均匀，应填灌到滤管顶上1~1.5m，以保证水流畅通，井点填砂后，井点管上口须用黏土封口，以防漏气。

（4）井点管使用。井点管使用，应保证连续抽水，并准备双电源，正常出水规律为“先大后小，先浑后清”。如不上水，或水一直较浑，或出现清后又浑等情况，应立即检查纠正。真空度是判断井点系统良好与否的尺度，应经常观察，一般真空度应不低于55.3~66.7kPa，如真空度不够，通常是因为管路漏气，应及时修好。井点管淤塞，可通过听管内水流声，手扶管壁感到振动，夏冬期时期手扶管子较热等简便方法进行检查。如井点管淤塞太多，严重影响降水效果时，应逐个用高压水反冲洗井点管或拔除重新埋设。

（5）井点管拆除。地下建、构筑物竣工并进行回填土后，方可拆除井点系统，井点管拆除一般多借助于倒链、起重机等，所留孔洞用土或砂填塞，对地基有防渗要求时，地面以下2m应用黏土填实。

第二节　地　　基

一、强夯地基

1. 实际案例展示

2. 施工要点

（1）强夯地基是采用起重机械（起重机或起重机配三脚架、龙门架）将大吨位（一般8～300t）夯锤起吊到6～30m高度后，自由落下，给地基土以强大的冲击能量的夯击，使土中出现冲击波和很大的冲击应力，迫使土层孔隙压缩，土体局部液化，在夯击点周围产生裂隙，形成良好的排水通道，孔隙水和气体逸出，使土体重新排列，经时效压密达到固结，从而提高地基承载力，降低其压缩性的一种有效的地基加固方法。

（2）做好强夯地基的地质勘查，对不均匀土层适当增多钻孔和原位测试工作，掌握土质情况，作为制订强夯方案和对比夯前、夯后加固效果之用。必要时进行现场试验性强夯，确定强夯施工的各项参数。

（3）强夯前应平整场地，周围作好排水沟，按夯点布置测量放线确定夯位。地下水位较高时，应在表面铺0.5～2.0m厚中（粗）砂或砂砾石、碎石垫层，以防设备下陷和便于消散强夯产生的孔隙水压力，或采取降低地下水位后再强夯。

（4）强夯应分段进行，顺序从边缘夯向中央。对厂房柱基也可一排一排的夯，起重机直线行驶，从一边向另一边进行。每夯完一遍，用推土机整平场地，放线定位即可进行下一遍夯击。强夯法的顺序是：先深后浅，即先加固深层土，再加固中层土，最后加固表层土。

最后一遍夯完后，再以低能量满夯一遍，如有条件以采用小夯锤夯击为佳。

（5）回填土应控制含水量在最优含水量范围内，如低于最优含水量，可钻孔灌水或洒水浸渗。

（6）夯击时应按试验和设计确定的强夯参数进行，落锤应保持平稳，夯位应准确，夯击坑内积水应及时排除。坑底上含水量过大时，可铺砂石后再进行夯击。在每遍夯击之后，要用新土或周围的土将夯坑填平，再进行下一遍夯击。

（7）对于高饱和度的粉土、黏性土和新饱和填土，进行强夯时，很难控制最后两击的平均夯沉量在规定的范围内，可采取：

1）适当将夯击能量降低。

2）将夯沉量差适当加大。

3）填土采取将原土上的淤泥清除，挖纵横盲沟，以排除土内的水分，同时在原土上铺500mm的砂石混合料，以保证强夯时土内的水分排出，在夯坑内回填块石、碎石或矿渣等粗颗粒材料，进行强夯置换等措施。通过强夯将坑底软土向四周挤出，使在夯点下形成块（碎）石墩，并与四周软土构成复合地基，一般可取得明显的加固效果。

（8）雨期填土区强夯，应在场地四周设排水沟、截洪沟，防止雨水流入场内；填土应使中间稍高；土料含水率应符合要求；认真分层回填，分层推平、碾压，并使表面保持1%～2%的排水坡度；当班填土当班推平压实；雨后抓紧排除积水，推掉表面稀泥和软土，再碾压；夯后夯坑立即推平、压实，使高于四周。

（9）冬期施工应清除地表的冻土层再强夯，夯击次数要适当增加，如有硬壳层，要适当增加夯次或提高夯击动能。

二、振冲地基

1. 实际案例展示

2. 施工要点

（1）振冲地基，是以起重机吊起振冲器，启动潜水电动机带动偏心块，使振动器产生高频振动，同时启动水泵，通过喷嘴喷射高压水流，在边振边冲的共同作用下，将振动器沉到土中的预定深度，经清孔后，从地面向孔内逐段填入碎石，或不加填料，使土体在振动作用下被挤密实，达到要求的密实度后即可提升振动器，如此重复填料和振密，直至地面，在地基中形成一个大直径的密实桩体与原地基构成复合地基。

（2）构造要求。

1）振冲置换法。

① 处理范围：应大于基底面积。对于一般地基，在基础外缘宜扩大 1 ~ 2 排桩；对可液化地基，在基础外缘应扩大 2 ~ 4 排桩。

② 桩位布置：对大面积满堂处理，宜用等边三角形布置；对独立或条形基础，宜用正方形、矩形或等腰三角形布置。

③ 桩的间距：应根据荷载大小和原土的抗剪强度确定，一般取 1.5 ~ 2.5m，对荷载大或原土强度低、或桩末端达到相对硬层的短桩宜取小值，反之宜取大的间距。

④ 桩长的确定：当相对硬层的埋藏深度不大时，应按相对硬层埋藏深度确定；当相对硬层的埋藏深度较大时，应按建筑地基变形允许值确定。桩长不宜短于 4m，在可液化的地基中，桩长应按要求的抗震处理深度确定。桩顶应铺设一层 200 ~ 500mm 厚的碎石垫层。

⑤ 桩的直径：可按每根桩所用的填料计算，一般为 0.8 ~ 1.2m。

2）振冲密实法。

① 处理范围：应大于建筑物基础范围，在建筑物基础外缘每边放宽不得小于 5m。

② 振冲深度：当可液化土层不厚时，应穿透整个可液化土层；当可液化土层较厚时，应按要求的抗震处理深度确定。

③ 每一振点所需的填料量：随地基土要求达到的密实程度和振点间距而定，应通过现场试验确定。

3）振冲成孔方法可根据桩的布置间距和土层情况按表1-4选择。

表1-4 振冲成孔方法选择表

成孔方法	步骤	优缺点
排孔法	由一端开始，依次逐步造孔到另一端结束	易于施工，且不易漏掉孔位。但当孔位较密时，后打的桩易发生倾斜和位移
跳打法	同一排孔采取隔一孔跳打	先后成孔影响小，易保证桩的垂直度。但要防止漏掉孔位，并应注意桩位准确
围幕法	先成外围2~3排孔，然后成内排孔，采用隔一圈或依次向中心成孔	能减少振冲能量的扩散，振密效果好，可节约桩数10%~15%，大面积施工常采用此法。但施工时应注意防止漏掉孔位和保证其位置准确

4）振冲置换法成孔水泵水压可用400~600kPa（对于较硬土层应取上限，对于软土取下限），水量可用200~400L/min，使振冲器徐徐沉入土中，直至达到设计处理深度以上0.3~0.5m。如土层中夹有硬层时，应适当进行扩孔，即在硬层中将振冲器往复上下多次，使孔径扩大，以便于填料。在黏性土层中成孔，泥浆水太稠，使填料下降速度减慢，因此在成孔后，应停留1~2min清孔，以便回水将稠泥浆带出地面，以降低孔内泥浆密度。填料每次不宜过多，每次填入数量，约为能在孔内堆积0.8m高为宜，然后用振冲器振密后再继续加料。在强度很低的软弱土层中，应采用“先造壁，后制桩”的施工方法。即在振冲开孔到达第一层软弱土层时，加些填料进行初步挤振，将填料挤到孔周围软弱土层中以加固孔壁，接着再以同样的方法处理以下第二、第三层软弱层，直至加固深度，然后再自下而上填料制桩。

5）振冲挤密法水压、水量控制同振冲置换法，下沉速率控制在1~2m/min，待达到设计要求的处理深度后，将水压和水量降至孔口有一定量回水，但无大量细颗粒带出的程度，将填料堆于孔口护筒周围，采取自下而上的分段振动加密，每段长0.5~1.0m，填料在振冲器振动下依靠自重沿护筒周壁下沉至孔底，在电流升高到规定控制值后，将振冲器上提0.3~0.5m；重复上一步骤直至完成全孔处理。

6）填料和振动方法，一般采取成孔后，将振冲器上提少许，从孔口下填料，填料顺孔壁下落。边填边振，直至该段振实，然后将振冲器提升0.5m，再从孔口往下填料，逐段施工。

7）振冲挤密法施工操作，关键是控制水量大小和留振时间。水量的大小是保证地基中砂土充分饱和，受到振动能够产生液化。足够的留振时间（30~50s）是使地基中的砂土完全液化，在停振后土颗粒便重新排列，使孔隙比减小，密实度提高。振密程度一般以电流超过原空振时电流25~30A时，表示该深度处的桩体已挤密。对粉细砂应加填料，其功能是填充在振冲器上提后留下的孔洞。此外，填料作为传力介质，在振冲器的水平振动下，通过连续加填料将砂层进一步挤压加密。对中、粗砂，当振冲器上提后孔壁极易坍落能自行填满下面的孔洞，因而可以不加填料就地振密。如干砂厚度大，地下水位低，则应采取措施大量补水，以使砂处于或接近饱和状态时，方可施工。

8）加固区的振冲桩施工完毕，在振冲最上1m左右时，由于覆土压力小，桩的密实度难以保证，应予以挖除，另作垫层，或另用振动碾压机进行碾压密实。

第三节　桩　　基

一、静力压桩

1. 实际案例展示

2. 施工要点

（1）压桩机安装必须按有关程序和说明书进行。压桩机的配重应平稳配置于平台上。压桩机就位时应对准桩位，启动平台支腿油缸，校正平台处于水平状态。

（2）启动门架支腿油缸，使门架作微倾15°，以便吊插预制桩。起吊预制桩时，先拴好吊装用的钢丝绳及索具，然后应用索具捆绑桩上部约500mm处，起吊预制桩，使桩尖垂直对准桩位中心，缓缓插入土中，回复门架，在桩顶扣好桩帽，卸去索具，桩帽与桩顶之间应有相适应的衬垫，一般采用硬木板，其厚度为100mm左右。

（3）当桩尖插入桩位后，微微启动压桩油缸，待桩入土至50cm时要再次校正桩的垂直度和平台的水平度，使桩的纵横双向垂直偏差不超过0.5%。然后再启动压桩油缸，把桩徐徐压下，控制施压速度不超过2m/min。

（4）压桩的顺序：当建筑物面积较大，桩数较多时，可将基桩分为数段，压桩在各段范围内分别进行。对多桩台，应由中央向两边或从中心向外施压。在粉质黏土及黏土地基施工，应避免沿单一方向进行，以免向一边挤压，地基挤密程度不匀。

（5）一桩长度不够时，可采用浆锚法接桩。方法是：起吊上节桩，矫直外露锚固钢筋，对准下节桩放下，使上节桩的外露锚筋全部插入下节桩的预留孔中，目测上下两节桩确保其垂直和接触面吻合，然后稍微提升上节桩，使上下节桩保持200～250mm的间隙，在下节桩四侧箍上特制的夹箍，及时将熔融的硫黄胶泥注入预留孔内，直到溢出孔外至桩顶整个平面，送下上节桩使两端面贴合，等硫黄胶泥自然冷却5～10min后，拆除夹箍继续压桩。接桩一般在距离地面高1m左右进行。

（6）压桩应连续进行，硫黄胶泥接桩间歇不宜过长（正常气温下为10～18min）；接桩面应保持干净，浇筑时间不应超过2min；上下桩中心线应对齐，偏差不大于10mm；节点矢高不得大于0.1%桩长。

（7）当压桩力已达到两倍设计荷载或桩端已到达持力层时，应随即进行稳压。当桩长小于15m或黏性土为持力层时，宜取略大于2倍设计荷载作为最后稳压力，并稳压不少于5次，每次1min；当桩长大于15m或密实砂土为持力层时，宜取2倍设计荷载作为最后稳压力，并稳压不少于3次，每次1min，测定其最后各次稳压时的贯入度。

（8）压桩施工时，应由专人或开启自动记录设备做好施工记录，开始压桩时应记录桩每沉下1m时的油压表压力值，当下沉至设计标高或两倍于设计荷载时，应记录最后三次稳压时的贯入度。

二、先张法预应力管桩

1. 实际案例展示

2. 施工要点

（1）管桩施工顺序，应根据桩的密集程度与周围建（构）筑物的关系合理确定。一般当桩较密集且距周围建（构）筑物较远，施工场地较开阔时，宜从中间向四周对称施打；若桩较密集、场地狭长、两端距建（构）筑物较远时，宜从中间向两端对称施打；若桩较密集且一侧靠近建（构）筑物时，宜从毗邻建筑物一侧开始向另一方向施打；若建（构）筑物外围设有支护桩，宜先打设工程桩，再打设外围支护桩。另外，根据入土深度，宜先打设深桩，后打设浅桩；根据管桩规格，宜先大后小，先长后短；根据高层建筑塔楼（高层）与裙房（低层）的关系，宜先高后低。

（2）桩锤选择。管桩施打应合理选择桩锤，桩锤选用一般应满足以下要求：

1）能保证桩的承载力满足设计要求。

2）能顺利或基本顺利地将桩下沉到设计深度。

3）打桩的破碎率能控制在1%左右，最多不超过3%。

4）满足设计要求的最后贯入度，最好为20～40mm/10击，每根桩的总锤击数宜在1500击以内，最多不超过2000～2500击。

打桩前应通过轴线控制点，逐个定出桩位，打设钢筋标桩，并用白灰在标桩附近地面上画上一个圆心与标桩重合、直径与管桩相等的圆圈，以方便插桩对中，保持桩位正确。

（3）底桩就位前，应在桩身上画出单位长度标记，以便观察桩的入土深度及记录每米沉桩击数。吊桩就位一般用单点吊将管桩吊直，使桩尖插在白灰圈内，桩头部插入锤下面的桩帽套内就位，并对中和调直，使桩身、桩帽和桩锤三者的中心线重合，保持桩身垂直，其垂直度偏差不大于0.5%。桩垂直度观测包括打桩架导杆的垂直度，可用两台经纬仪在离打桩架15m以外成正交方向进行观测，也可在正交方向上设置两根吊砣垂线进行观测校正。

（4）锤击沉桩宜采取低锤轻击或重锤低打，以有效降低锤击应力，同时特别注意保持底桩垂直，在锤击沉桩的全过程中都应使桩锤、桩帽和桩身的中心线重合，防止桩受到偏心锤打，以免桩受弯受扭。

（5）桩的接头过去多采用法兰盘螺栓连接，刚度较差。现今都在桩端头埋设端头板，四周用一圈坡口进行电焊连接。当底桩桩头（顶）露出地面0.5～1.0m时，即应暂停锤击，进行管桩接长。方法是先将接头上的泥土、铁锈用钢丝刷刷净，再在底桩桩头上扣上一个特制的接桩夹具（导向箍），将待接的上节桩吊入夹具内就位，调直后，先用电焊在剖口圆周上均匀对称点焊 4 ~ 6 点，待上、下节桩固定后卸去夹具，再正式由两名焊工对称、分层、连续的施焊，一般焊接层数不小于 2 层，焊缝应饱满连续，待焊缝自然冷却 8 ~ 10min，才可继续锤击沉桩。

（6）在较厚的黏土、粉质黏土层中施打多节管桩，每根桩宜连续施打，一次完成，以避免间歇时间过长，造成再次打入困难，而需增加许多锤击数，甚至打不下去而将桩头打坏。

（7）当桩尖（靴）被打入设计持力层一定深度，符合设计确定的停锤条件时，即可收锤停打，终止锤击的控制条件，称为收锤标准。收锤标准通常以达到的桩端持力层、最后贯入度或最后 1m 沉桩锤击数为主要控制指标。桩端持力层作为定性控制；最后贯入度或最后 1m 沉桩锤击作为定量控制，均通过试桩或设计确定。一般停止锤击的控制原则是：桩端（指桩的全截面）位于一般土层时，以控制桩端设计标高为主贯入度可做参考；桩端达到坚硬、硬塑的黏性土、中密以上粉土、砂土、碎石类土、风化岩时，以贯入度控制为主，桩端标高可做参考。当贯入度已达到，桩端标高未达到时，应继续锤击 3 阵，按每阵 10 击的贯入度不大于设计规定的数值加以确认，必要时施工控制贯入度应通过试验与有关单位会商确定。

（8）为将管桩打到设计标高，需要采用送桩器，送桩器用钢板制作，长 4 ~ 6m。设计送桩器的原则是：打入阻力不能太大，容易拔出，能将冲击力有效地传到桩上，并能重复使用。

三、混凝土灌注桩

1. 实际案例展示

2. 施工要点

（1）钢筋笼制作与安装。

1）钢筋笼制作。

① 钢筋加工前，应对所采用的钢筋进行外观检查，钢筋表面必须洁净，无损伤、油渍、漆污和铁锈等，带有颗粒状或片状老锈的钢筋严禁使用。

② 钢筋加工前，应先行调直，使钢筋无局部曲折。

③ 钢筋笼的制作应符合设计要求：

A. 主筋净距必须大于混凝土粗骨料粒径 3 倍以上。

B. 加劲箍宜设在主筋外侧，主筋一般不设弯钩，根据施工工艺要求所设弯钩不得向内圆伸露，以免妨碍导管工作。

C. 钢筋笼的内径比导管接头处外径大 100mm 以上。

④ 长桩笼宜分段制作，分段长度应根据吊装条件和总长度计算确定，应确保钢筋笼在运输、起吊时不变形；相邻两段钢筋笼的接头需按设计要求错开，设计无明确要求时，可按 50% 间隔错开，错开距离 $35d$（d 为主筋直径）。

⑤ 应在钢筋笼外侧设置控制保护层厚度的垫块，可采用与桩身混凝土等强度的混凝土垫块或用钢筋焊在竖向主筋上，其间距竖向为 2m，横向圆周不得少于 4 处，并均匀布置。钢筋笼顶端应设置吊环。

⑥ 大口径钢筋笼制作完成后，应在内部加强箍上设置十字撑或三角撑，确保钢筋骨架在存放、移动、吊装过程中不变形。

2）钢筋笼安装。

① 钢筋笼入孔一般用起重机，对于小口径桩无起重机时可采用钻机钻架、灌注塔架等。起吊应按骨架长度的编号入孔。

② 搬运和吊装时应防止变形；安放要对准孔位中心，扶稳、缓慢、顺直，避免碰撞孔壁，严禁墩笼、扭转。就位后应立即采用钢丝绳或钢筋固定，使其位置符合设计及规范要求，并保证在安放导管、清孔及灌注混凝土过程中不发生位移。

（2）混凝土灌注。

1）采用导管法灌注水下混凝土。

① 灌注水下混凝土时的混凝土拌合物供应能力，应满足桩孔在规定时间内灌注完毕，混凝土灌注时间不得长于首批混凝土初凝时间。

② 混凝土运输宜选用混凝土泵或混凝土搅拌运输车。在运距小于 200m 时，可采用机动翻斗车或其他严密、不漏浆、不吸水、便于装卸的工具运输，需保证混凝土不离析，具有良好的和易性和流动性。

③ 灌注水下混凝土一般采用钢制导管回顶法施工，导管内径为 200～250mm，视桩径大小而定，壁厚不小于 3mm；直径制作偏差不应超过 2mm；导管接口之间采用螺纹或法兰连接，连接时必须加垫密封圈或橡胶垫，并上紧螺纹或法兰螺栓。导管使用前应进行水密承压和接头抗拉试验（试水压力一般为 0.6～1.0MPa），确保导管口密封性。导管安放前应计算孔深和导管的总长度，第一节导管的长度一般为 4～6m，标准节一般为 2～3m，在上部可放置 2～3 根 0.5～1.0m 的短节，用于调节导管的总长度。导管安放时应保证导管在孔中的位

置居中，防止碰撞钢筋骨架。

④ 水下混凝土配制：

A. 水下混凝土必须具备良好的和易性，在运输和灌注过程中应无显著离析、泌水现象，灌注时应保持足够的流动性。配合比应通过试验，坍落度宜为180～220mm。

B. 混凝土配合比的含砂率宜采用0.4～0.5，并宜采用中砂；粗骨料的最大粒径应<40mm；水灰比宜采用0.5～0.6。

C. 水泥用量不少于360kg/m^3，当掺有适宜数量的减水缓凝剂或粉煤灰时，可不小于300kg。

D. 混凝土中应加入适宜数量的缓凝剂，使混凝土的初凝时间长于整根桩的灌注时间。

⑤ 首批灌注混凝土数量的要求：

首批灌注混凝土数量应能满足导管埋入混凝土中0.8m以上，如图1-3所示。

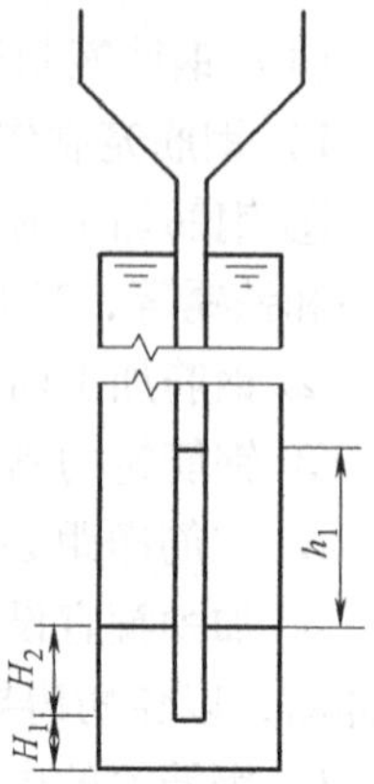

图1-3　首批混凝土数量计算

所需混凝土数量可参考式1-1计算：

$$V \geqslant \pi R^2 (H_1 + H_2) + \pi r^2 h_1 \tag{1-1}$$

式中　V——灌注首批混凝土所需数量（m^3）；

R——桩孔半径（m）；

H_1——桩孔底至导管底端间距，一般为0.3～0.5m；

H_2——导管初次埋置深度，不小于0.8m；

R——导管半径（m）；

h_1——桩孔内混凝土达到埋置深度H_2时，导管内混凝土柱平衡导管外泥浆压力所需的高度（m）。混凝土灌注时，可在导管顶部放置混凝土漏斗，其容积大于首批灌注混凝土数量，确保导管埋入混凝土中的深度。

⑥ 灌注水下混凝土的技术要求：

A. 混凝土开始灌注时，漏斗下的封水塞可采用预制混凝土塞、木塞或充气球胆。

B. 混凝土运至灌注地点时，应检查其均匀性和坍落度，如不符合要求应进行第二次拌和，二次拌和后仍不符合要求时不得使用。

C. 第二次清孔完毕，检查合格后应立即进行水下混凝土灌注，其时间间隔不宜大于30min。

D. 首批混凝土灌注后，混凝土应连续灌注，严禁中途停止。

E. 在灌注过程中，应经常测探井孔内混凝土面的位置，及时调整导管埋深，导管埋深宜控制在2～6m。严禁导管提出混凝土面，应有专人测量导管埋深及管内外混凝土面的高差，填写水下混凝土灌注记录。

F. 在灌注过程中，应时刻注意观测孔内泥浆返出情况，倾听导管内混凝土下落声音，如有异常必须采取相应处理措施。

G. 在灌注过程中宜使导管在一定范围内上下窜动，防止混凝土凝固，增加灌注速度。

H. 为防止钢筋笼上浮，当灌注的混凝土顶面距钢筋笼底部1m左右时，应降低混凝土的灌注速度，当混凝土拌合物上升到骨架底口4m以上时，提升导管，使其底口高于钢筋笼底部 2m 以上，即可恢复正常灌注速度。

2）非水下混凝土灌注。

① 非水下混凝土坍落度：有配筋时为 80 ~ 100mm；无配筋时为 60 ~ 80mm。

② 非水下混凝土灌注可采用串筒和溜槽下料，分层下料、分层振捣密实，分层厚度不大于 1.5m。

③ 桩孔较深时，距桩孔口 6m 以内用振捣器捣实；6m 以下可适当加大混凝土的坍落度（宜为 130 ~ 180mm），利用混凝土下落时的冲击和下沉力使之密实，但有钢筋的部位仍应用振捣器振捣密实。

（3）桩顶标高。

灌注的桩顶标高应比设计高出一定高度，一般为 0.5 ~ 1.0m，以保证桩头混凝土强度，多余部分截桩前必须凿除，桩头应无松散层。

（4）灌注充盈系数。

在灌注将近结束时，应核对混凝土的灌入数量，混凝土灌注充盈系数不得小于 1；一般土质为 1.1，软土、松散土可达 1.2 ~ 1.3。

第二章　混凝土结构工程

第一节　模 板 工 程

一、模板安装

1. 实际案例展示

2. 模板脱模剂技术要求

脱模剂的技术要求分为基本要求、匀质性、施工性能三部分，对脱模剂性能提出几个方面的不同要求：

（1）基本要求：产品的安全性非常重要，很多产品标准都有明确要求。脱模剂在使用过程中不应对操作者和周围环境造成危害，也不应对混凝土表面及混凝土性能造成危害，相关标准提出了“脱模剂应无毒、无刺激性气味，不应对混凝土表面及混凝土性能产生有害影响”的基本要求。

（2）匀质性。匀质性指标与产品的质量稳定性有直接关系，包括密度、黏度、pH 值、固体含量、稳定性等指标。

（3）施工性能。包括干燥成膜时间、脱模性能、耐水性能、对钢模具锈蚀作用、极限使用温度等指标。

二、抄平、放线

1. 实际案例展示

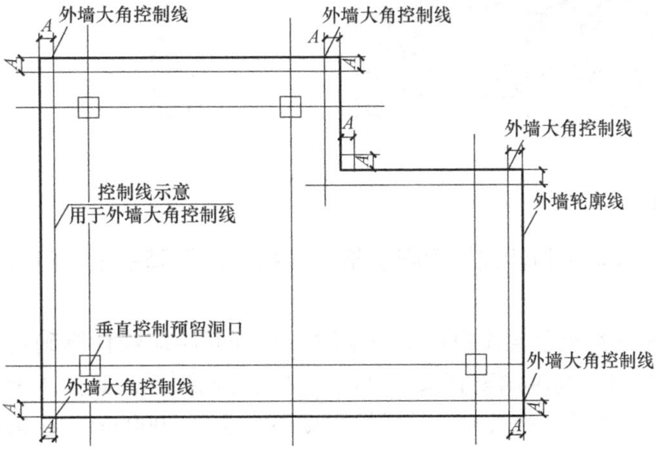

2. 施工要点

1）模板放设上下口控制线，控制线距墙柱边 300mm。

2）模板轴线测放后，组织专人进行技术复核验收，确认无误后方可支模。

三、梁板支撑架搭设

1. 实际案例展示

2. 施工要点

1）梁下支撑架可采用扣件式钢管脚手架、碗扣式钢管脚手架、门式钢管脚手架或定型可调钢支撑搭设。

2）采用扣件式钢管脚手架作模板支撑架时，立杆间距应经计算确定。立杆接长宜采用对接（使用对接扣件），高度调整宜采用可调底座或可调顶托，其插入钢管的最小长度应大于150mm；当立杆采用搭接接长时，其搭接长度不得小于1000mm，在搭接范围内连接扣件（旋转扣件）不得小于3个，且搭接部位必须设一道水平拉杆。

支撑架的构架必须按确保整体稳定的要求设置整体性拉结杆件，立杆全高范围内应至少有两道双向水平拉结杆；底水平杆（扫地杆）宜贴近楼地面（小于300mm）；水平杆的步距（上下水平杆间距）不宜大于1500mm；梁模板支架宜与楼板模板支架综合布置，相互连接、形成整体；模板支架四边与中间每隔四排支架立杆应设置一道纵向剪刀撑，由底至顶连续设置；高于4m的模板支架，其两端与中间每隔4m立杆从顶层开始向下每隔2步设置一道水平剪刀撑；剪刀撑的构造应符合下列规定：

每道剪刀撑宽度不应小于4跨，且不应小于6m，纵向剪刀撑斜杆与地面的倾角宜在45°~60°之间，水平剪刀撑与水平杆的倾角宜为45°。

剪刀撑斜杆的接长宜采用搭接，搭接长度不应小于1m，应采用不少于2个旋转扣件固定，端部扣件盖板的边缘至杆端距离不应小于100mm。剪刀撑斜杆应用旋转扣件固定在与之相交的横向水平杆的伸出端或立杆上，旋转扣件中心线至主节点的距离不宜大于150mm。

3）采用门式钢管脚手架搭设模板支架时，其搭设要求应符合现行国家标准《建筑施工门式钢管脚手架安全技术规范》JGJ 128—2010的规定，大于5kN的集中荷载的作用点应避开门架横梁的中部1/3架宽范围，或采用加设斜撑、双棍门架重叠交错布置等可靠措施。

4）采用碗扣式钢管脚手架搭设支架。碗扣式钢管脚手架具有承载力大、拼拆快速省力等优点，用于现浇混凝土模板的支撑架表现出了巨大的优越性。碗扣式钢管脚手架立杆长度有：1200mm、1800mm、2400mm、3000mm四种规格，上端碗扣距立杆顶350mm，下端碗扣距立杆底250mm，中间每隔600mm设有一套碗扣接头；横杆有300mm、600mm、900mm、1200mm、1500mm、1800mm、2400mm七种规格；另有斜杆、底座、顶托等配件。

用碗扣式钢管脚手架系列构件可以搭设不同组架密度、不同组架高度的支撑架，以承受不同荷载。当所需要的立杆间距与标准横杆长度（或现有横杆长度）不符时，可使用同样长度的横杆组成不同立杆密度的支撑架，其方法是，当用长横杆搭设较小立杆间距的支撑架时，采用两组或多组组架交叉叠合布置，横杆错层连接；当用短横杆搭设较大立杆间距支撑架时，采用两组或多组组架分别设置，增大中间间距的办法实现。

梁模板支架宜与楼板模板支架共同布置，对于支撑面积较大的支撑架，一般无须把所有立杆都连成整体搭设，可分成若干个支撑架，每个支撑架的高宽比控制在3:1以内即可，但至少有两跨（三根立杆）连成整体。对于重载支撑架或支撑高度大于10m的支撑架，则需把所有立杆都连成整体，并根据具体情况适当加设斜撑或扩大底部架。

支撑架的横杆步距视承载力大小而定，一般取1200~1800mm，步距越小承载力越大。当支撑架按构造要求设置，高宽比小于3:1时，可不验算支撑架的整体稳定，每根立杆的承载力取决于横杆步距。不同单元框架组成的支撑架，每根立杆的允许支承荷载参见表2-1。框架单元以长a（立杆纵距）×宽b（立杆横距）×高h（横杆步距）表示。使用表中所给数值，应将所有立杆都连在一起形成整体架（即边缘立杆除外，每根立杆与4根横杆相连）。

表2-1 不同组架单元支承荷载值

序号	框架单元(长×宽×高)/mm	单立杆允许荷载/kN	序号	框架单元(长×宽×高)/mm	单立杆允许荷载/kN
1	900×900×1200	37.0	11	900×900×1800	30.9
2	900×1200×1200	27.8	12	900×1200×1800	23.1
3	900×1500×1200	22.2	13	900×1500×1800	18.5
4	900×1800×1200	18.5	14	900×1800×1800	15.4
5	1200×900×1200	20.8	15	1200×1200×1800	17.4
6	1200×1200×1200	16.7	16	1200×1500×1800	13.9
7	1200×1500×1200	13.9	17	1200×1800×1800	11.6
8	1200×1800×1200	13.3	18	1500×1500×1800	11.1
9	1500×1800×1200	11.1	19	1500×1800×1800	9.30
10	1800×1800×1200	9.3	20	1800×1800×1800	7.70

5）当采用定型可调钢支撑时，其允许承载力可根据厂家说明书初步确定，再结合现场条件适当降低后复核验算其强度、稳定性、插销抗剪强度和插销处钢管壁局部承压强度。

6）底层支架应支承在平整坚实的地面上，并在底部加木垫板或混凝土垫块，确保支架在混凝土浇筑过程中不会发生下沉。

7）圈梁模板支设一般采用扁担支模法：在圈梁底面下一皮砖中，沿墙身每隔0.9～1.2m留60mm×120mm洞口，穿100mm×50mm木底楞作扁担，在其上紧靠砖墙两侧支侧模，用夹木和斜撑支牢，侧板上口设撑木和拉杆固定。

四、梁底、侧模铺设

1. 实际案例展示

2. 施工要点

（1）按设计标高，拉线调整支架立柱标高，然后安装梁底模板。当梁的跨度大于或等于4m时，应按设计要求起拱。如设计无要求时，跨中起拱高度为梁跨度的0.1%～0.3%。主次梁交接时，先主梁起拱，后次梁起拱。

（2）根据墨线安装梁侧模板、压脚板、斜撑等。梁侧模板制作高度应根据梁高及楼板模板碰帮或压帮（图2-1）确定。

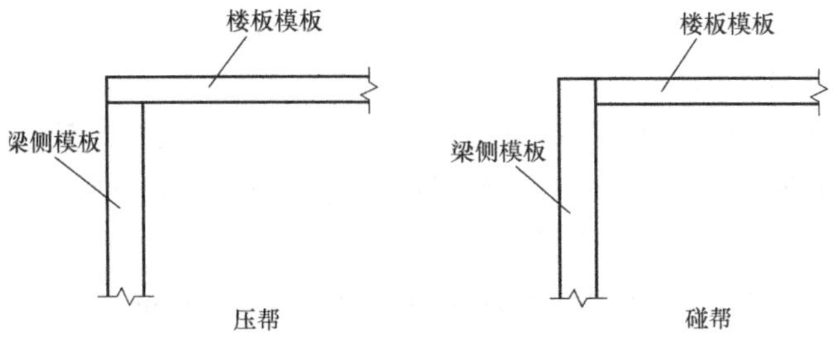

图2-1　梁侧模板高度

当梁高超过700mm时，应设置对拉螺栓紧固。

（3）当采用组合式钢模板作梁模板时，可采用单块就位组拼和单片、整体预组拼成大块再用起重机吊装三种方法。

1）单块就位组拼：复核梁底标高，校正轴线位置无误后，搭设和调平梁模支架（包括安装水平拉杆和剪刀撑），固定钢楞或梁卡具，再在横楞上铺放梁底板，拉线找直，并用钩头螺栓与钢楞固定，拼接角模，然后绑扎钢筋，安装并固定两侧模板（有对拉螺栓时插入对拉螺栓，并套上套管），按设计要求起拱。安装钢楞，拧紧对拉螺栓，调整梁口平直，复核检查梁模尺寸。安装框架梁模板时，应加设支撑，或与相邻梁模板连接；安装有楼板梁模板时，在梁侧模上连接好阴角模，与楼板模板拼接。

2）单片预组拼：检查预组拼的梁底模和两侧模板的尺寸、对角线、平整度及钢楞连接以后，先把梁底模吊装就位并与支架固定，再分别吊装两侧模板，与底模拼接后设斜撑固定，然后按设计要求起拱。

3）整体预组拼：当采用支架支模时，在整体梁模板吊装就位并校正后，进行模板底部与支架的固定，侧面用斜撑固定；当采用桁架支模时，可将梁卡具、梁底桁架全部先固定在梁模上。安装就位时，梁模两端准确安放在立柱上。

五、墙支撑安装

1. 实际案例展示

2. 施工要点

（1）竹（木）胶合板模板。

1）墙模板安装前，应先在基础或地面上弹出墙的中线及边线，按位置线安装门窗洞口模板，下木砖或预埋件，根据边线先立一侧模板，待钢筋绑扎完毕后，再立另一侧模板。面板与面板之间的拼缝宜用双面胶条密封。

2）模板安装：墙模板面板宜预先与内龙骨（50mm×100mm 方木）钉成大块模板，内龙骨可横向布置，也可竖向布置；外龙骨可用木方（或 ϕ48mm×3.5mm 钢管）与内龙骨垂直设置，用“3”形卡及穿墙螺栓固定。内、外龙骨间距应经过计算确定，当采用 12mm 厚胶合板时，内龙骨间距不宜大于 300mm。墙体外侧模板（如外墙、电梯井、楼梯间等部位）下口宜包住下层混凝土 100～200mm，以保证接槎平整、防止错台。

3）为了保证墙体的厚度正确，在两侧模板之间应设撑头。撑头可在墙体钢筋上焊接定位钢筋，也可用对拉螺栓代替（图 2-2）。

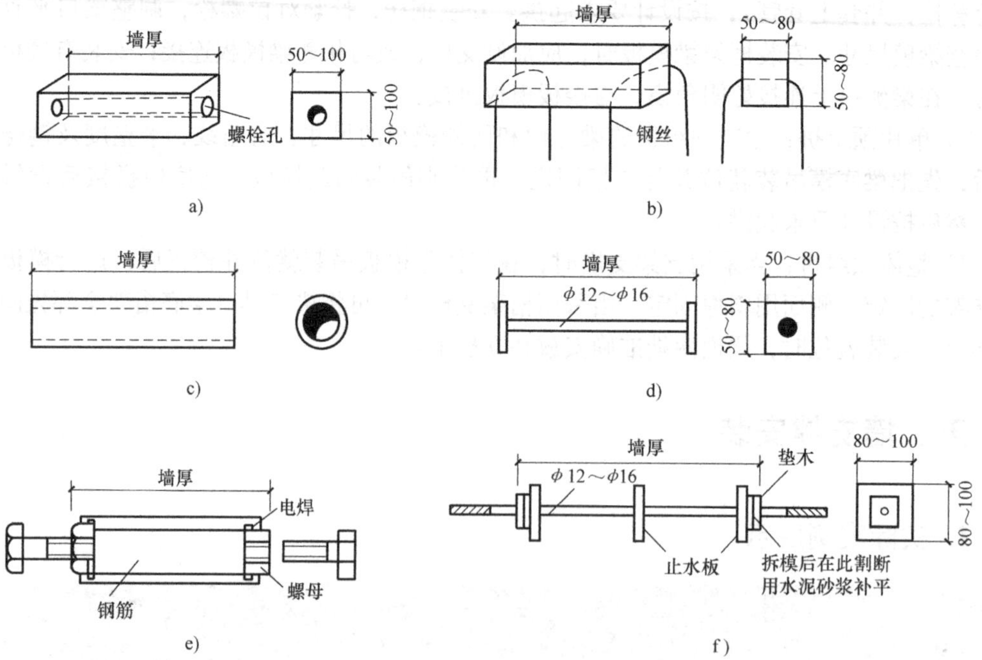

图 2-2 撑头

a）有穿墙螺栓孔混凝土撑头（也可制作成三角形） b）预埋钢丝混凝土撑头
c）钢管、塑料管撑头 d）钢板撑头 e）螺栓撑头 f）止水板撑头

为了防止浇筑混凝土时胀模，应用对拉螺栓固定两侧模板。对拉螺栓宜用 ϕ12～ϕ25mm HPB235 钢筋制作，其纵横向间距，一个方向同外龙骨间距，另一个方向根据计算确定。

（2）组合钢模板。

1）采用组合式钢模板作墙模板，应根据墙面尺寸进行模板组拼设计，模板一般采用竖向组拼，组拼时应尽量采用较大规格的模板。模板内外龙骨宜采用 ϕ48mm×3.5mm 双钢管，“3”形卡和钩头螺栓固定。龙骨间距根据计算确定，但最大间距不宜大于750mm。

2）墙模板安装可采用单块就位组拼和预组拼成大块再用起重机安装两种：

① 单块就位组拼：在墙体钢筋绑扎、墙内预留、预埋安装完毕并经隐蔽验收后，从墙体两侧同时自一端开始，向另一端拼装第一层钢模板。当完成第一层模板后，可安装内龙骨，内龙骨与模板肋用钩头螺栓紧固。当钢楞长度不够需要接长时，接头处要增加同样数量的钢楞。然后再逐层组拼其上各层模板。模板自下而上全部组拼完成后，安装外龙骨。外龙骨用“3”形卡和穿墙螺栓对接固定。然后用斜撑校正墙体模板垂直度，并加固固定。

② 预组拼模板安装：应边就位、边校正，并随即安装各种连接件、支撑件或加设临时支撑。必须待模板支撑稳固后，才能脱钩。当墙面较大，模板需分几块预拼安装时，模板之间应按设计要求增加纵横附加钢楞。当设计无规定时，连接处的钢楞数量和位置应与预组拼模板上的钢楞数量和位置等同。附加钢楞的位置在接缝处两边，与预组拼模板上钢楞的搭接长度，一般为预组拼模板全长（宽）的15%～20%。

3. 墙模板安装注意事项

（1）穿墙螺栓规格和间距应按模板设计的规定边安装边校正，并随时注意使两侧穿孔的模板对称放置，以使穿墙螺栓与墙模保持垂直。穿墙螺栓的设置，应根据不同的穿墙螺栓采取不同的做法：

组合式对拉螺栓——要注意内部杆拧入尼龙帽有7～8扣螺纹；

通长螺栓——套硬塑料管，以便回收利用。

（2）相邻模板边肋用U形卡连接的间距，不得大于300mm，预组拼模板接缝处宜满装U形卡，且U形卡要正反交替安装。

（3）预留门窗洞口的模板，应有锥度，安装要牢固，既不变形，又便于拆除。

（4）墙模板上预留的小型设备孔洞，当遇到钢筋时，在洞口处局部绕开，其他位置应保证钢筋数量和位置正确，不得将钢筋切断。

（5）上下层墙模板接槎的处理：当采用单块就位组拼时：可在下层模板上端设一道穿墙螺栓，拆模时该层模板暂不拆除，在支上层模板时，作为上层模板的支承面。当采取预组拼模板时，可在下层混凝土墙上端往下200mm左右处，设置水平螺栓，紧固一道通长的角钢作为上层模板的支托。

（6）模板安装校正完毕，应检查扣件、螺栓是否紧固，模板拼缝及底边是否严密，门洞边的模板支撑是否牢靠等，并办理预检手续。

六、柱支撑安装

1. 实际案例展示

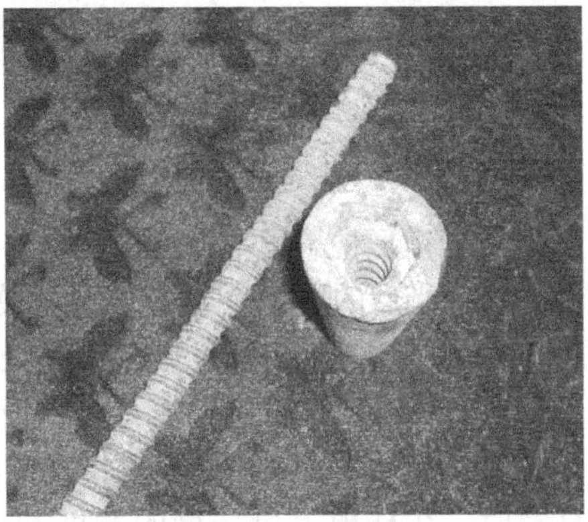

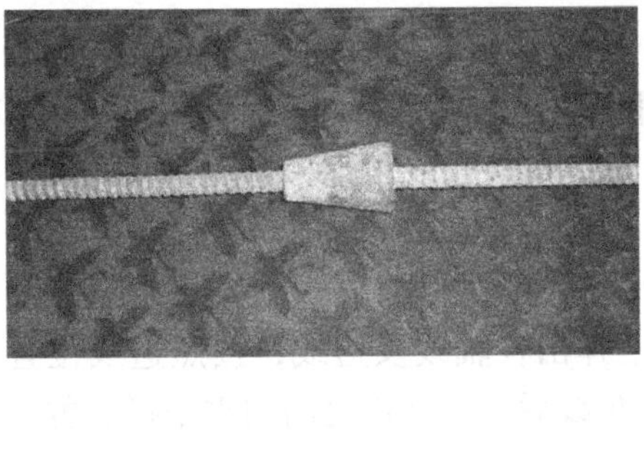

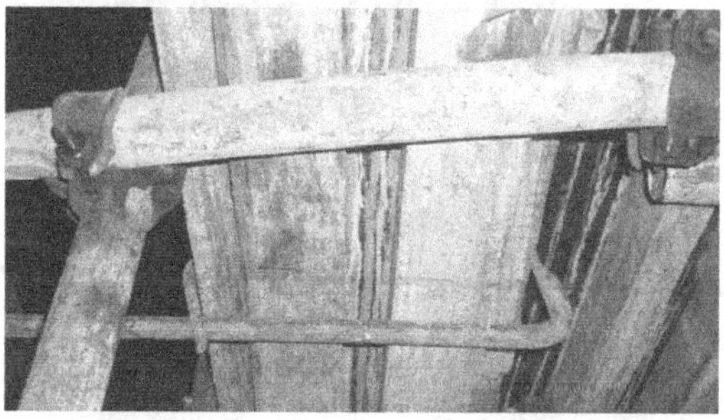
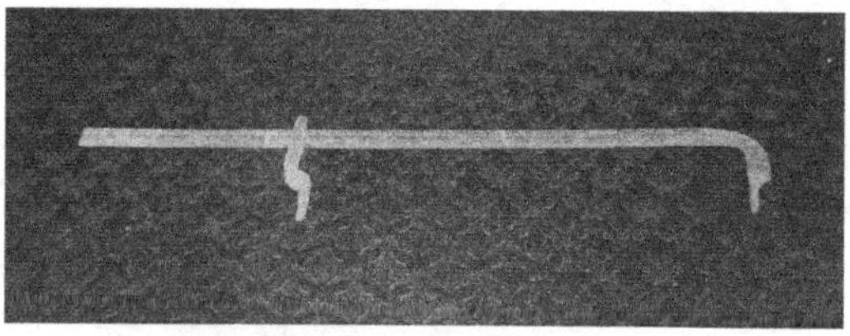

2. 施工要点

（1）当矩形柱采用木板或竹（木）胶合板作柱模板时，应预先加工成型。木模板内侧应刨光（刨光后的厚度为25mm），木模板宜采用竖向拼接，拼条采用50mm×50mm方木，间距300mm，木板接头应设置在拼条处；竹（木）胶合板宜用无齿锯下料，侧面应刨直、刨光，以保证柱四角拼缝严密。竖向龙骨可采用50mm×104mm或100mm×100mm方木，当采用12mm厚竹（木）胶合板作柱模板时，龙骨间距不大于300mm。一柱上梁的宽度小于柱宽时，在柱模上口按梁的宽度开缺口，并加设挡口木，以便与梁模板的连接牢固、严密。

（2）矩形柱采用组合式钢模板时，应根据柱截面尺寸做配板设计，柱四角可采用阳角模板，亦可采用连接角模。当柱上梁的宽度小于柱宽时，应用适合模数的阴角模板与梁模板连接（包括梁底模和侧模）；当没有适合模数的阴角模板时，应加工定做柱头模板，以保证梁柱接头规矩方正。

（3）圆柱钢模板，可采用1/2（柱断面较大时亦可采用1/4）圆柱模组拼，高度1200~1500mm为一节。采用$\delta=4$mm钢板作面板；竖肋用-50×5扁钢，间距250~300mm；横肋用-80×6钢板，间距300mm；模板拼缝处采用-80×6钢板或角钢，每隔50mm打拼接螺栓孔。柱头模板，面板和横竖肋均可采用$\delta=4$mm钢板制作。

（4）附壁柱可采用与墙体相同的模板，阴角处用阴角模板与墙体模板连接成整体。

（5）安装柱模板时，应先在基础面（或楼面）上弹出柱轴线及边线，按照边线位置钉好压脚定位板再安装柱模板，校正好垂直度及柱顶对角线后，在柱模之间用水平撑、剪刀撑等互相拉结固定。

（6）柱箍：应根据柱模尺寸、侧压力的大小等因素进行设计选择（有木箍、钢箍、钢木箍等）。柱截面较大（边长大于700mm）时应在柱中设置对拉螺栓，对拉螺栓的直径、间距由计算确定。

（7）柱模板安装时应留置清扫口，浇筑混凝土前将柱模内清理干净，封闭清扫口，办理检查验收手续。

（8）柱组合式钢模板支设可采用单块就位组拼和预组拼两种方法，其中预组拼又可分为分片组拼和整体组拼。采用预组拼方法，可以加快施工速度，提高模板的安装质量，但必须具备相适应的吊装设备和有较大的拼装场地。

1）单块就位组拼：先将柱子第一节四面模板就位用连接角模组拼好，角模宜高出平模，校正调整好对角线，并用柱箍固定。然后以第一节模板上高出的角模连接件为基准，用同样方法组拼第二节模板，直到柱全高。各节组拼时，其水平接头和竖向接头要用U形卡正反交替连接，在安装到一定高度时，要进行支撑或拉结，以防倾倒。并用支撑或拉杆上的调节螺栓校正模板的垂直度。

2）单片预组拼：即将柱子模板事先预组拼成每侧一块单片模板，经检查其对角线、板边平直度和外形尺寸合格后，吊装就位并作临时支撑，随即进行第二片模板吊装就位，用连接角模和U形卡与第一片模板组合成L形，同时做好支撑。如此再完成第三、四片的模板吊装就位、组拼。模板就位组拼后，随即检查其位置、垂直度、对角线偏差，符合要求后，立即自下而上地安装柱箍。全面检查合格后与相邻柱群或四周支架拉结固定。

3）整体预组拼：即将柱子模板（一层或半层）事先组拼成型（包括柱箍），然后再吊装就位的安装方法。在吊装前，先检查已经整体预组拼的模板上、下口对角线的偏差以及连接件、柱箍等的牢固程度，检查钢筋是否有碍柱模的安装，并用钢丝将柱顶钢筋先绑扎在一起，以利柱模从顶部套入。待整体预组拼模板吊装就位后，立即用四根支撑或缆风绳与柱顶四角拉结，并校正中心线和垂直度，全面合格后，再群体固定。

4）柱模安装完以后，经检查并纠正位置偏差和垂直度及对角线长度后，补齐四角的U形卡，再由下而上按模板设计的规定补齐柱箍。

柱箍可用型钢（角钢、槽钢）或钢管制成，柱箍间距根据柱模尺寸、侧压力大小、组合钢模板强度、刚度，由计算和配板设计确定。对于截面较大的柱子应按设计增加对拉螺栓。当用钢管、扣件作为柱箍时，应计算扣件的摩擦承载力是否满足柱箍所需要的拉力要求。支设时扣件应拧紧。

（9）柱模的固定一般采取设拉杆（或斜撑）或用钢管井字支架固定。拉杆每边设两根，固定于事先预埋在梁或板内的钢筋环上（钢筋环与柱距离宜为3/4柱高），用花篮螺栓或可调节螺杆调节校正模板的垂直度，拉杆或斜撑与地面夹角宜为45°。

3. 模板安装注意事项

（1）柱模安装完毕与邻柱群体固定前，要复查柱模板垂直度、位置、对角线偏差以及支撑、连接件稳定情况，合格后再固定。柱高在4m以上时，一般应四面支撑，柱高超过6m时，不宜单根柱支撑，宜几根柱同时支撑连成构架。

（2）对高度大的柱，宜在适当部位留浇灌和振捣口，以便于操作。

第二节 钢筋工程

一、原材料

1. 实际案例展示

2. 检查要点

（1）钢筋进场时，应按现行国家标准的规定抽取试件作力学性能和重量偏差检验，检验结果必须符合有关标准的规定。

（2）对有抗震设防要求的结构，其纵向受力钢筋的强度应满足设计要求；当设计无具体要求时，对一、二、三级抗震等级设计的框架和斜撑构件（含梯段）中的纵向受力钢筋应采用HRB335E、HRB400E、HRB500E、HRBF335E、HRBF400E或HRBF500E钢筋，其强度和最大力下总伸长率的实测值应符合下列规定：

1）钢筋的抗拉强度实测值与屈服强度实测值的比值不得小于1.25。

2）钢筋的屈服强度实测值与屈服强度标准值的比值不得大于1.30。

3）钢筋的最大力下总伸长率不应小于9%。

（3）当发现钢筋脆断、焊接性能不良或力学性能显著不正常等现象时，应对该批钢筋进行化学成分检验或其他专项检验。

（4）钢筋应平直，无损伤，表面不得有裂纹、油污、颗粒状或片状老锈。

二、钢筋切断

1. 实际案例展示

2. 施工要点

在切断过程中，如发现钢筋有劈裂、缩头或严重的弯头等必须切除。

（1）将同规格钢筋根据不同长度长短搭配，统筹排料；一般应先断长料，后断短料，减少短头，以减少损耗。

（2）断料应避免用短尺量长料，以防止在量料中产生累计误差。宜在工作台上标出尺寸刻度并设置控制断料尺寸用的挡板。

三、钢筋调直

1. 实际案例展示

2. 施工要点

钢筋应平直，无局部曲折。对于盘条钢筋在使用前应调直，调直有调直机和卷扬机冷拉调直钢筋两种方法。

（1）当采用钢筋调直机时，要根据钢筋的直径选用调直模和传送压辊，要正确掌握调直模的偏移量和压辊的压紧程度。

调直模的偏移量根据其磨耗程度及钢筋品种通过试验确定；调直筒两端的调直模一定要在调直前后导孔的轴线上。

压辊的槽宽一般在钢筋穿入压辊之后，在上下压辊间宜有3mm之内的空隙。

（2）当采用冷拉方法调直盘圆钢筋时，可采用控制冷拉率方法，HPB235级钢筋的冷拉率不宜大于4%。

钢筋伸长值Δl按式（2-1）计算：

$$\Delta l = rL \tag{2-1}$$

式中 r——钢筋的冷拉率（%）；

L——钢筋冷拉前的长度（mm）。

1）冷拉后钢筋的实际伸长值应扣除弹性回缩值，一般为0.2%～0.5%。冷拉多根连接的钢筋，冷拉率可按总长计，但冷拉后每根钢筋的冷拉率应符合要求。

2）钢筋应先拉直，然后量其长度再行冷拉。

3）钢筋冷拉速度不宜过快，一般直径6～12mm盘圆钢筋控制在6～8m/min，待拉到规定的冷拉率后，须稍停2～3min，然后再放松，以免弹性回缩值过大。

4）在负温下冷拉调直时，环境温度不应低于-20℃。

四、钢筋弯曲

1. 实际案例展示

2. 施工要点

钢筋成型形状要正确，平面上不应有翘曲不平现象；弯曲点处不能有裂缝。

（1）钢筋弯曲前，对形状复杂的钢筋应将各弯曲点位置画出。画线是要根据不同的弯曲角度扣除弯曲调整值，其扣法是从相邻两段长度中各扣一半；画线宜从钢筋中线开始向两边进行。

（2）钢筋在弯曲机上成型时，心轴直径应满足要求，成型轴宜加偏心轴套以适应不同直径的钢筋弯曲需要。弯曲细钢筋时，为了使弯弧一侧的钢筋保持平直，挡铁轴宜做成可变挡架或固定挡架。

五、钢筋电渣压力焊

1. 实际案例展示

2. 施工要点

（1）焊机容量选择：电渣压力焊可采用交流或直流焊接电源，焊机容量应根据所焊钢筋直径选定。钢筋电渣压力焊宜采用次级空载电压较高（75V 以上）的交流或直流焊接电源。一般 32mm 直径及以下的钢筋焊接时，可采用容量为 600A 的焊接电源；32mm 直径及以上的钢筋焊接时，应采用容量为 1000A 的焊接电源。当焊机容量较小时，也可以采用较小容量的同型号、同性能的两台焊机并联使用。

将被连接钢筋插入夹钳

向焊剂盒内倒入焊剂

将电极钳夹住被连钢筋

摇动手柄轻提上钢筋引弧

打开焊接盒，回收焊剂

渣壳包裹着钢筋接头,并保温

(2) 确定焊接参数：钢筋焊接前，应根据钢筋牌号、直径、接头形式和焊接位置，选择适宜的焊接参数。电渣压力焊焊接参数包括焊接电流、电压和通电时间，相关规定见表2-2。不同直径钢筋焊接时，应按较小直径钢筋选择参数，焊接通电时间可延长。

表 2-2　电渣压力焊焊接参数

钢筋直径/mm	焊接电流/A	焊接电压/V		焊接通电时间/s	
		电弧过程 $u_{2.1}$	电渣过程 $u_{2.2}$	电弧过程 t_1	电渣过程 t_2
14	200～220	35～45	22～27	12	3
16	200～250			14	4
18	250～300			15	5
20	300～350			17	5
22	350～400			18	6
25	400～450			21	6
28	500～550			24	6
32	600～650			27	7
36	700～750			30	8
40	850～900			33	9

(3) 钢筋焊接施工之前，应清除钢筋或钢板焊接部位和与电极接触的钢筋表面上的锈斑、油污、杂物等；钢筋端部有弯折、扭曲时，应予以矫直或切除。

(4) 焊接夹具应有足够的刚度，在最大允许荷载下应移动灵活，操作方便。钢筋夹具的上下钳口应夹紧于上、下钢筋上；钢筋一经夹紧，不得晃动。

(5) 焊剂筒的直径与所焊钢筋直径相适应，以防在焊接过程中烧坏。电压表、时间显示器应配备齐全，以便操作者准备掌握各项焊接参数；检查电源电压，若电源电压降大于5%，则不宜进行焊接。

(6) 施焊。

1) 引弧过程：引弧宜采用钢丝圈或焊条头引弧法，亦可采用直接引弧法。

2) 电弧过程：引燃电弧后，靠电弧的高温作用，将钢筋端头的凸出部分不断烧化，同时将接头周围的焊剂充分熔化，形成渣池。

3) 电渣过程：渣池形成一定的深度后，将上钢筋缓缓插入渣池中，此时电弧熄灭，进入电渣过程。由于电流直接通过渣池，产生大量的电阻热，使渣池温度升到接近2000℃，将钢筋端头迅速而均匀地熔化。

4) 顶压过程：当钢筋端头达到全截面熔化时，迅速将上钢筋向下顶压，将熔化的金属、熔渣及氧化物等杂质全部挤出结合面，同时切断电源，施焊过程结束。

（7）接头焊毕，应停歇20～30s后，方可回收焊剂和卸下夹具，并敲去渣壳，四周焊包应均匀，凸出钢筋表面的高度应大于或等于4mm。

六、钢筋搭接焊

1. 实际案例展示

2. 施工要点

（1）搭接焊宜采用双面焊（图2-3a），当不能进行双面焊时，方可采用单面焊（图2-3b）。

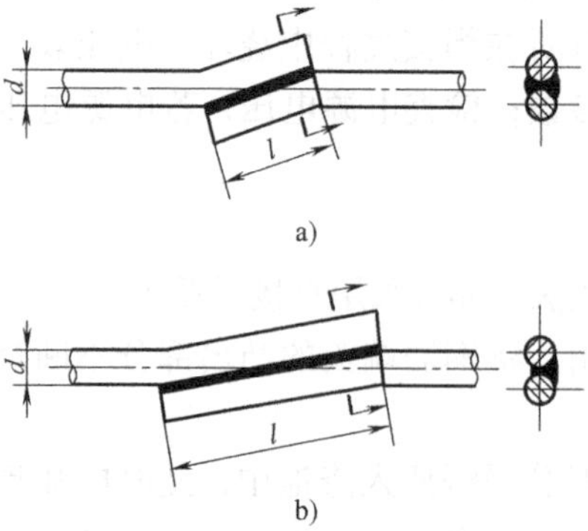

图2-3 钢筋搭接焊接头

a）双面焊 b）单面焊

d—钢筋直径 *l*—搭接长度

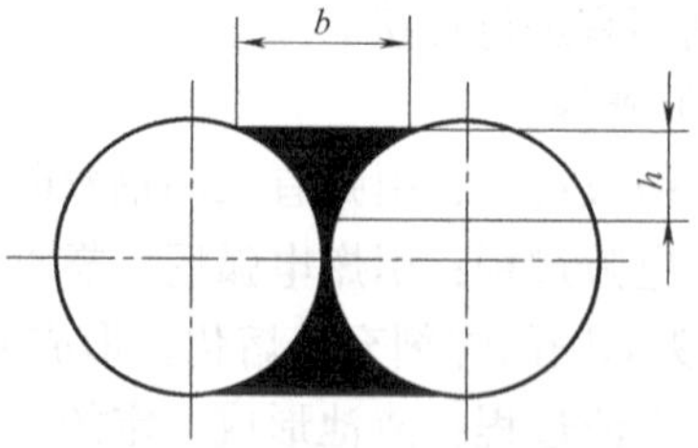

图2-4 焊缝尺寸示意图

b—焊缝宽度 *h*—焊缝厚度

（2）焊接时，搭接长度 L 应与帮条长度要求相同。

（3）焊接时，用两点固定，定位焊缝与搭接端部的距离应大于或等于20mm。引弧应在搭接钢筋的一端开始，收弧应在搭接钢筋端头上，弧坑应填满。第一层焊缝应有足够的熔深，主焊缝与定位焊缝，特别是在定位焊缝的始端与终端，应熔合良好。

（4）搭接焊时，焊接端钢筋应预弯，并应使两钢筋的轴线在一直线上。

（5）钢筋搭接焊接头的焊缝厚度 h 不应小于主筋直径的0.3倍；焊缝宽度 b 不应小于主筋直径的0.8倍，如图2-4所示。焊接时，应在搭接焊形成焊缝中引弧；在端头收弧前应填满弧坑，并应使主焊缝与定位焊缝的始端和终端熔合。

七、钢筋闪光对焊

1. 实际案例展示

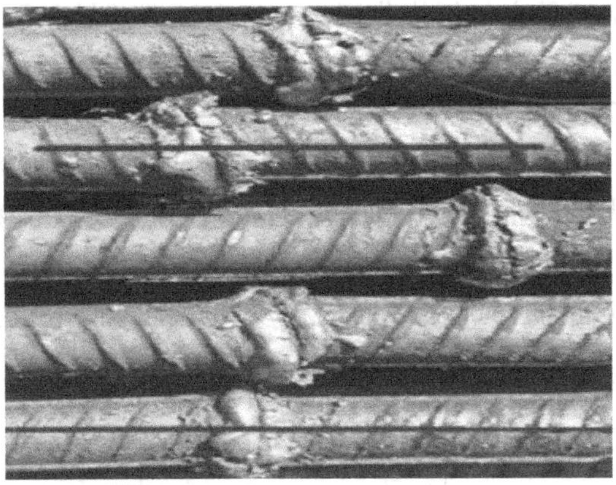

2. 施工要点

（1）钢筋焊接前，应根据钢筋牌号、直径等选择适宜的闪光对焊工艺方法。当钢筋直径较小，钢筋牌号较低，在连续闪光焊钢筋最大钢筋直径（表2-3）的规定范围内，可采用“连续闪光焊”；当超过表2-3的规定，且钢筋端面较平整，宜采用“预热闪光焊”；当钢筋端面不平整，应采用“闪光—预热—闪光焊”；钢筋直径较粗时，宜采用“预热闪光焊”与“闪光—预热—闪光焊”工艺。

（2）连续闪光焊所能焊接的钢筋上限直径，应根据焊机容量、钢筋牌号等具体情况而定，并应符合表2-3的规定。

表2-3　连续闪光焊焊接的最大钢筋直径

焊机容量/(kV·A)	钢筋牌号	钢筋直径/mm
160 (150)	HPB235	20
	HRB335	22
	HRB400	20
	RRB400	20

（续）

焊机容量/(kV·A)	钢筋牌号	钢筋直径/mm
100	HPB235	20
	HRB335	18
	HRB400	16
	RRB400	16
80 (75)	HPB235	16
	HRB335	14
	HRB400	12
	RRB400	12
40	HPB235	10
	Q235	
	HRB335	
	HRB400	
	RRB400	

（3）闪光对焊时，应选择合适的调伸长度、烧化留量、顶锻留量以及变压器级数等焊接参数。连续闪光焊时的留量应包括烧化留量、有电顶锻留量和无电顶锻留量（图 2-5a）；闪光—预热—闪光焊时的留量应包括一次烧化留量、预热留量、二次烧化留量、有电顶锻留量和无电顶锻留量（图 2-5b）。

（4）常用 HPB235、HRB335、HRB400 级钢筋连续闪光对焊参数见表 2-4 和表 2-5。可根据钢筋牌号、直径、焊机特性、气温高低、实际电压以及所选焊接工艺等进行选择，在试焊后修正。

（5）对焊前，应清除钢筋与电极表面的锈皮和污泥，使电极接触良好，以避免出现“打火”现象。

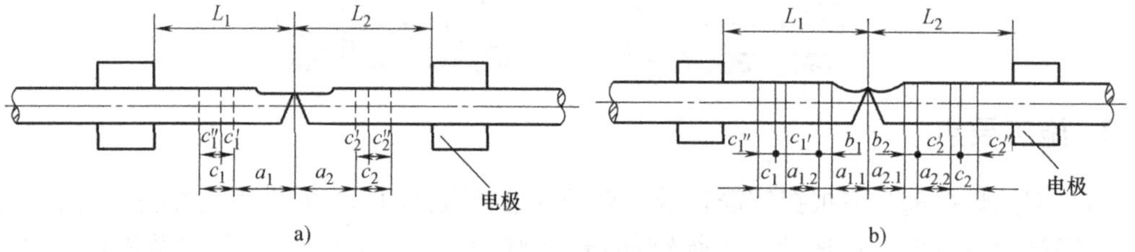

图 2-5 闪光对焊各项留量图解

a）连续闪光焊 b）闪光—预热—闪光焊

L_1、L_2—调伸长度 a_1+a_2—烧化留量 c_1+c_2—顶锻留量 $c_1'+c_2'$—有电顶锻留量 $c_1''+c_2''$—无电顶锻留量

$a_{1.1}+a_{2.1}$—一次烧化留量 $a_{1.2}+a_{2.2}$—二次烧化留量 b_1+b_2—预热留量

表 2-4 HPB235 级钢筋连续闪光对焊参数

钢筋直径/mm	调伸长度/mm	闪光留量/mm	顶锻留量/mm		总留量/mm	变压器级数(UN1-75)
			有电	无电		
10	1.25	8	1.5	3	12.5	Ⅲ
12	1.0	8	1.5	3	12.5	Ⅲ
14	1.0	10	1.5	3	14.5	Ⅲ
16	1.0	10	2.0	3	15	Ⅳ
18	0.75	10	2.0	3	15	Ⅳ

注：1. d 为钢筋直径。

2. HRB335、HRB400 级钢筋连续闪光焊参数也可参考该表，但调伸长度宜为 1.25～1.5d。

3. 采用其他型号对焊机时，变压器级次通过试验后确定。

表 2-5　HRB335、HRB400 级钢筋预热闪光对焊参数

钢筋级别	钢筋直径/mm	调伸长度/mm	闪光及预热留量/mm			顶锻留量/mm		总留量/mm	变压器级数（UN1-75）
			一次闪光	预热	二次闪光	有电	无电		
HRB335	20	$1.5d$	2 +	2	6	1.5	3.5	15 +	Ⅴ
	22	$1.5d$	3 +	2	6	1.5	3.5	16 +	Ⅴ
	25	$1.25d$	3 +	4	6	2.0	4.0	19 +	Ⅴ
	28	$1.25d$	3 +	5	7	2.0	4.0	21 +	Ⅵ
	32	$1.0d$	3 +	6	8	2.5	4.5	24 +	Ⅵ
	36	$1.0d$	3 +	7	8	3.0	5.0	26 +	Ⅶ
HRB400	12	$2.5d$	5 ~ 8	1 ~ 2	12	1.5	3.0	—	Ⅷ
	16	$2.0d$	$3+e$	1	8	1.5	3.0	$16.5+e$	U、Ⅶ
	20	$1.75d$	$3+e$	2	8	1.5	3.5	$18.0+e$	Ⅴ、Ⅵ
	25	$1.5d$	$3+e$	3	9	2.0	3.5	$20.5+e$	Ⅴ、Ⅵ
	28	$1.25d$	$3+e$	3	9	2.0	4.0	$21.0+e$	Ⅴ、Ⅵ

注：1. e 为钢筋端部不平时，两钢筋端部凸出部分长度。

2. HPB235 级钢筋预热闪光焊参数也可参考此表的预热闪光焊参数，但调伸长度宜为 $0.75d$。

3. 调伸长度的选择应随着钢筋牌号的提高和钢筋直径的加大而增长。当焊接 HRB400 级钢筋时，调伸长度宜在 40 ~ 60mm 内选用。

4. RRB400 级钢筋闪光对焊时，与热轧钢筋比较，应减小调伸长度，提高焊接变压器级数，缩短加热时间，快速顶锻，形成快热快冷条件，使热影响长度控制在钢筋直径的 0.6 倍范围之内。

5. HRB500 级钢筋焊接时，应采用预热闪光焊或闪光—预热—闪光焊工艺。当接头拉伸试验结果发生脆性断裂，或弯曲试验不能达到规定要求时，尚应在焊机上进行焊后热处理。

6. 烧化留量的选择应根据焊接工艺方法确定。当连续闪光焊接时，烧化过程应较长。烧化留量应等于两根钢筋在断料时切断机刀口严重压伤部分（包括端面的不平整度），再加 8mm；闪光—预热—闪光焊时，应区分一次烧化留量和二次烧化留量。一次烧化留量等于两根钢筋在断料时切断机刀口严重压伤部分，二次烧化留量不应小于 10mm；预热闪光焊时的烧化留量不应小于 10mm。

7. 需要预热时，宜采用电阻预热法。预热留量应为 1 ~ 2mm，预热次数应为 1 ~ 4 次；每次预热时间应为 1.5 ~ 2s，间歇时间应为 3 ~ 4s。

8. 顶锻留量应为 4 ~ 10mm，并应随钢筋直径的增大和钢筋牌号的提高而增加（其中，有电顶锻留量约占 1/3）。

（6）焊接时，如调换焊工或更换钢筋牌号和直径，应按规定制作对焊试件（不少于 2 个）做冷弯试验，合格后才能按既定参数成批对焊，否则要调整参数，经试验合格后才能进行操作。焊接参数应由操作人员根据钢种特性、气温高低、实际电压、焊机性能等具体情况进行修正。

（7）不同直径的钢筋对焊时，其直径之比不宜大于 1.5；同时除应按大直径钢筋选择焊接参数外，并应减小大直径钢筋的调伸长度，或利用短料先将大直径钢筋预热，以使两者在焊接过程中加热均匀，保证焊接质量。

（8）一般闪光速度开始时近于零，而后约 1mm/s，终止时约 1.5 ~ 2mm/s；顶锻速度开始的 0.1s 应将钢筋压缩 2 ~ 3mm，而后断电并以 6mm/s 的速度继续顶锻至结束；顶锻压力应足以将全部的熔化金属从接头内挤出。

（9）采用 UN2-150 型对焊机（电动机凸轮传动）或 UN 17-15-1 型对焊机（气-液压传动）进行大直径钢筋焊接时，宜首先采取锯割或气割方式对钢筋端面进行平整处理；然后，采取预热闪光焊工艺，并应符合下列要求：

1）闪光过程应强烈、稳定。

2）顶锻凸块应垫高。

3）应准确调整并严格控制各过程的起点和止点。

（10）对于冷拉钢筋的对焊连接，钢筋要在冷拉之前对焊，使焊接接头质量和冷却钢筋不因焊接而降低强度。

（11）对焊完毕不应过早松开夹具；焊接接头尚处在高温时避免抛掷，同时不得往高温接头上浇水，较长钢筋对接时应安放在台架上操作。

（12）闪光对焊可在负温条件下进行；但当环境温度低于 -20℃时，不宜进行施焊。雨天、雪天不宜在现场进行施焊；必须施焊时，应采取有效遮蔽措施。焊后未冷却的接头不得碰到冰雪。在现场进行闪光对焊时，当风速超过 7.9m/s 时，应采取挡风措施。在环境温度低于 -5℃的条件下进行闪光对焊时，宜采用预热闪光焊或闪光—预热—闪光焊工艺，焊接参数的选择，与常温焊接相比，可采取下列措施进行调整：

1）增加调伸长度。

2）采用较低焊接变压器级数。

3）增加预热次数和间歇时间。

（13）对焊机的参数选择，包括功率和二次电压应与对焊钢筋相适应，电极冷却水的温度，不得超过 40℃，机身应保持接地良好。

八、直螺纹连接

1. 实际案例展示

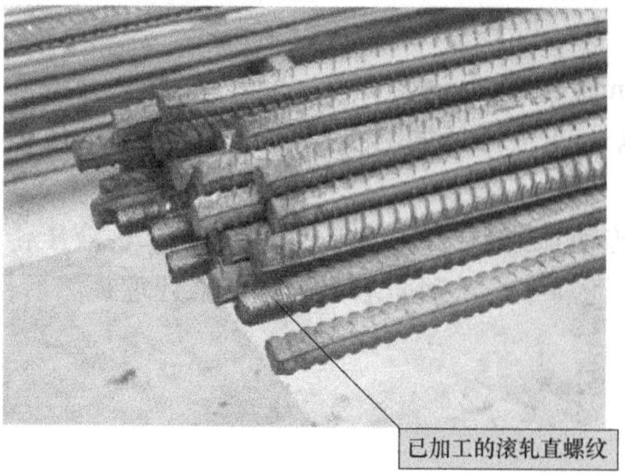

2. 施工要点

（1）钢筋下料：钢筋下料时，应采用砂轮切割机，切口的端面应与轴线垂直，不得有马蹄形或挠曲。

（2）螺纹加工：钢筋冷镦后，经检查符合要求，在钢筋套丝机上切削加工螺纹。钢筋端头螺纹应与连接套筒的型号匹配。钢筋螺纹加工质量：牙型饱满，无断牙、秃牙等缺陷。

（3）钢筋螺纹加工后，随即用配套的量规逐根检测。合格后再由专职质检员按一个工作班10%的比例抽样校验。如发现有不合格的螺纹，应逐个检查，并切除所有不合格的螺纹，重新镦粗和加工螺纹。

（4）现场连接。

1）对连接钢筋可自由转动的，先将套筒预先部分或全部拧入一个被连接钢筋的端头螺纹上，而后转动另一根被连接钢筋或反拧套筒到预定位置，最后用扳手转动连接钢筋，使其相互对顶锁定连接套筒。

2）对于钢筋完全不能转动的部位，如弯折钢筋或施工缝、后浇带等部位，可将锁定螺母和连接套筒预先拧入加长的螺纹内，再反拧入另一根钢筋端头螺纹上，最后用锁定螺母锁定连接套筒；或配套应用带有正反螺纹的套筒，以便从一个方向上能松开或拧紧两根钢筋。

3）直螺纹钢筋连接时，应采用扭力扳手按表2-6规定的拧紧力矩把钢筋接头拧紧。

表2-6　直螺纹钢筋连接接头拧紧力矩值

钢筋直径/mm	16～18	20～22	25	28	32	36～40
拧紧力矩/(N·m)	100	200	250	280	320	350

九、柱钢筋绑扎

1. 实际案例展示

2. 施工要点

（1）柱钢筋的绑扎，应在模板安装前进行。

（2）套柱箍筋：按图样要求间距，计算好每根柱箍筋数量，先将箍筋套在下层伸出的搭接筋上，然后立柱子钢筋（包括采用机械连接或电渣压力焊连接施工），当采用绑扎搭接连接时，在搭接长度内，绑扣不少于3个，绑扣要向柱中心。如果柱子主筋采用光圆钢筋搭接时，角部弯钩应与模板成45°，中间钢筋的弯钩应与模板成90°。

（3）搭接绑扎竖向受力筋：柱子主筋立起之后，绑扎接头的搭接长度应符合设计要求和规定。框架梁、牛腿及柱帽等钢筋，应放在柱的纵向钢筋内侧。

（4）画箍筋间距线：在立好的柱子竖向钢筋上，按图样要求用粉笔画箍筋间距线。

（5）柱箍筋绑扎。

1）按已画好的箍筋位置线，将已套好的箍筋往上移动，由上往下绑扎，宜采用缠扣绑扎，如图2-6所示。

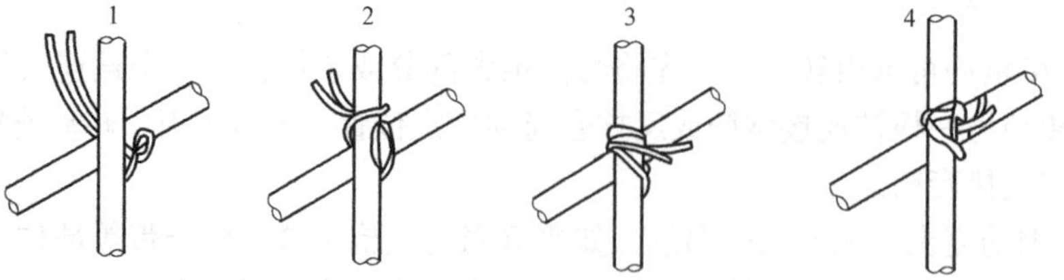

图2-6　缠扣绑扎示意图

2）箍筋的接头（弯钩叠合处）应交错布置在四角纵向钢筋上；箍筋转角与纵向钢筋交叉点均应扎牢（箍筋平直部分与纵向钢筋交叉点可间隔扎牢），绑扎箍筋时，绑扣相互间应成八字形。箍筋与主筋要垂直。

3）箍筋的弯钩叠合处应沿柱子竖筋交错布置，并绑扎牢固。

4）如箍筋采用90°搭接，搭接处应焊接，焊缝长度单面焊缝不小于$5d$。

5）柱上下两端箍筋应加密，加密区长度及加密区内箍筋间距应符合设计图样要求。如设计要求箍筋设拉筋时，拉筋应钩住箍筋。

6）下层柱的钢筋露出楼面部分，宜用工具式柱箍将其收进一个柱筋直径，以便上层柱的钢筋搭接。当柱截面有变化时，其下层柱钢筋的露出部分，必须在绑扎梁的钢筋之前，先行收缩准确。

十、墙钢筋安装

1. 实际案例展示

2. 施工要点

（1）墙钢筋的绑扎，也应在模板安装前进行。

（2）立2~4根竖筋：将竖筋与下层伸出的搭接筋绑扎，在竖筋上画好水平筋分档标志，在下部及齐胸处绑两根横筋定位，并在横筋上画好竖筋分档标志，接着绑其余竖筋，最后再绑横筋。横筋在竖筋里面或外面应符合设计要求。钢筋的弯钩应朝向混凝土内。

（3）竖筋与伸出搭接筋的搭接处需绑3根水平筋，其搭接长度及位置均应符合设计要求。

（4）剪力墙筋应逐点绑扎，双排钢筋之间应绑拉筋或支撑筋，可用直径6~10mm的钢筋制成，其纵横间距不大于600mm，钢筋外皮绑扎垫块或用塑料卡。

（5）剪力墙与框架柱连接处，剪力墙的水平横筋应锚固到框架柱内，其锚固长度要符合设计要求。如先浇筑柱混凝土后绑剪力墙筋时，柱内要预留连接筋或柱内预埋铁件，待柱拆模绑墙筋时作为连接用。其预留长度应符合设计或规范的规定。

（6）剪力墙水平筋在两端头、转角、十字节点、联梁等部位的锚固长度以及洞口周围加固筋等，均应符合设计抗震要求。

（7）合模后对伸出的竖向钢筋应进行修整，宜在搭接处绑一道横筋定位，浇筑混凝土时应有专人看管，浇筑后再次调整以保证钢筋位置的准确。

（8）墙（包括水塔壁、烟囱筒身、池壁等）的垂直钢筋每段长度不宜超过4m（钢筋直径<12mm）或6m（直径>12mm），以便于绑扎和防止变形。

十一、梁钢筋安装

1. 实际案例展示

2. 施工要点

（1）在梁侧模板上画出箍筋间距，摆放箍筋。

（2）先穿主梁的下部纵向受力钢筋及弯起钢筋，将箍筋按已画好的间距逐个分开；穿次梁的下部纵向受力钢筋及弯起钢筋，并套好箍筋；放主次梁的架立筋；隔一定间距将架立筋与箍筋绑扎牢固；调整箍筋间距使间距符合设计要求，绑架立筋，再绑主筋，主次梁同时配合进行。

（3）框架梁上部纵向钢筋应贯穿中间节点，梁下部纵向钢筋伸入中间节点，锚固长度及伸过中心线的长度要符合设计要求。框架梁纵向钢筋在端节点内的锚固长度也要符合设计要求。

（4）绑梁上部纵向筋的箍筋，宜用套扣法绑扎，如图 2-7 所示。箍筋的接头（弯钩叠合处）应交错布置在两根架立钢筋上，其余同柱。

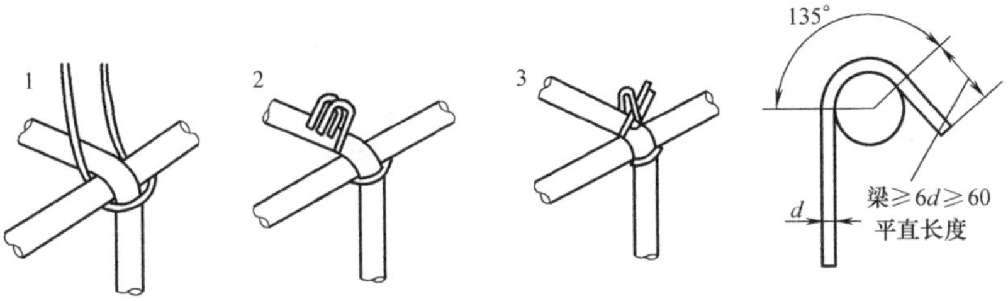

图 2-7　套扣法绑扎示意

（5）箍筋在叠合处的弯钩，在梁中应交错绑扎，箍筋弯钩为 135°，平直部分长度为 $10d$，如做成封闭箍时，单面焊缝长度为 $5d$。

（6）梁端第一个箍筋应设置在距离柱节点边缘 50mm 处。梁端与柱交接处箍筋应加密，其间距与加密区长度均要符合设计要求。

（7）板、次梁与主梁交叉处，板的钢筋在上，次梁的钢筋居中，主梁的钢筋在下；当有圈梁或垫梁时，主梁的钢筋在上。在主、次梁受力筋下均应垫垫块（或塑料卡），保证保护层的厚度。纵向受力钢筋采用双层排列时，两排钢筋之间应垫以直径≥25mm 的短钢筋，以保持其设计距离。梁筋的搭接长度末端与钢筋弯折处的距离，不得小于钢筋直径的 10 倍。

（8）框架节点处钢筋穿插十分稠密时，应特别注意梁顶面主筋间的净距要有 30mm，以利于浇筑混凝土。梁板钢筋绑扎时应防止水电管线将钢筋抬起或压下。

（9）梁钢筋的绑扎与模板安装之间的配合关系：梁的高度较小时，梁的钢筋架空在梁顶上绑扎，然后再落位；梁的高度较大（≥1.2m）时，梁的钢筋宜在梁底模上绑扎，其两侧模或一侧模后装。

十二、板钢筋安装

1. 实际案例展示

2. 施工要点

（1）板钢筋安装前，清理模板上面的杂物，并按主筋、分布筋间距在模板上弹出位置线。按弹好的线，先摆放受力主筋、后放分布筋。预埋件、电线管、预留孔等及时配合安装。在现浇板中有板带梁时，应先绑板带梁钢筋，再摆放板钢筋。

（2）绑扎板筋时一般用顺扣（图2-8）或八字扣，除外围两根筋的相交点应全部绑扎外，其余各点可交错绑扎（双向板相交点须全部绑扎）。负弯矩钢筋每个相交点均要绑扎。

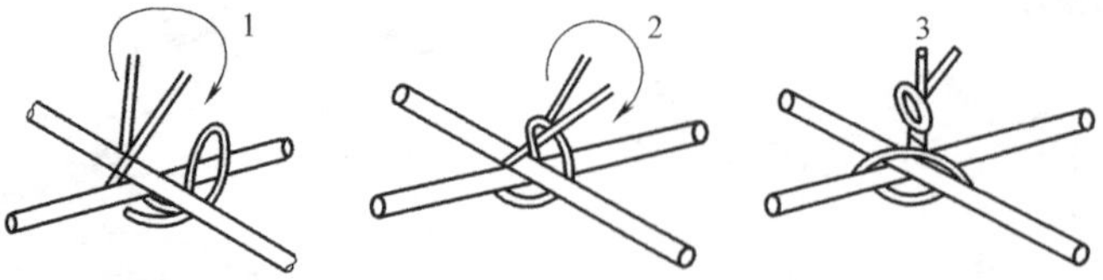

图2-8　顺扣绑扎示意图

（3）板采用双层钢筋网时，在上层钢筋网下面应设置钢筋支撑架（马凳）或混凝土撑脚，一般每隔1m梅花形放置，以保证钢筋位置准确。其钢筋支撑架直径选用：当板厚h小于300mm时，为8～12mm；当板厚h在300～500mm之间时，为12～18mm；当板厚h大于500mm时，宜采用通长支架。

（4）板钢筋的下面垫好砂浆垫块，一般间距1.5m。垫块的厚度等于保护层厚度，并满足设计要求；钢筋搭接长度与搭接位置的要求符合规定。

第三节 预应力工程

一、原材料

1. 实际案例展示

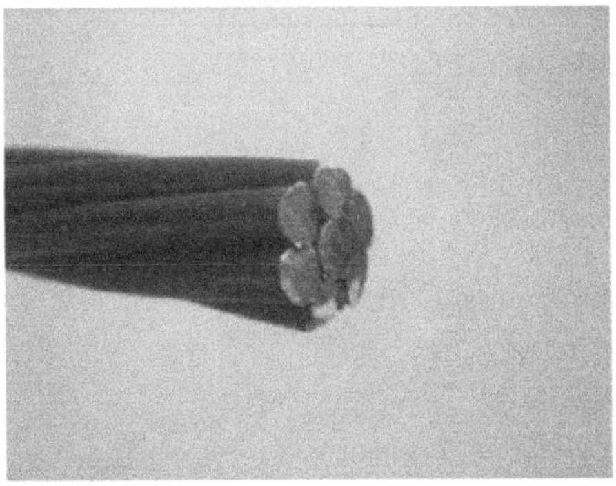

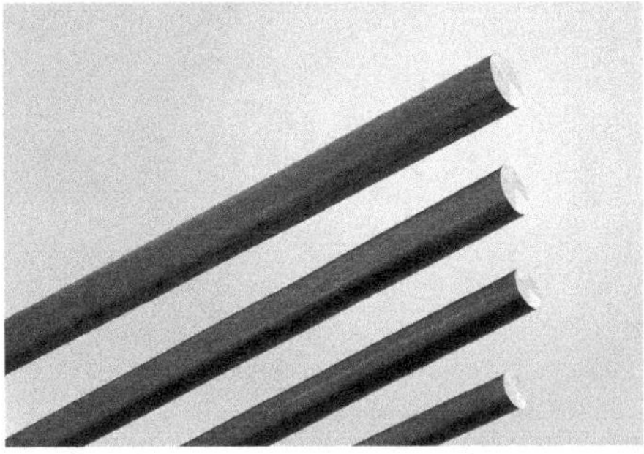

2. 检查要点

（1）预应力筋进场时，应按现行国家标准《预应力混凝土用钢绞线》GB/T 5224—2003等的规定抽取试件作力学性能检验，其质量必须符合有关标准的规定。

（2）无黏结预应力筋的涂包质量应符合无黏结预应力钢绞线标准的规定。

（3）预应力筋用锚具、夹具和连接器应按设计要求采用，其性能应符合现行国家标准《预应力筋用锚具、夹具和连接器》GB/T 14370—2007等的规定。

（4）孔道灌浆用水泥应采用普通硅酸盐水泥，其质量应符合现行国家标准《通用硅酸盐水泥》（GB 175—2007）等的规定。孔道灌浆用外加剂的质量应符合现行国家标准《混凝土外加剂》（GB 8076—2008）、《混凝土外加剂应用技术规范》（GB 50119—2003）等的规定。

（5）预应力筋使用前应进行外观检查，其质量应符合下列要求：

1）有黏结预应力筋展开后应平顺，不得有弯折，表面不应有裂纹、小刺、机械损伤、氧化铁皮和油污等。

2）无黏结预应力筋护套应光滑、无裂缝，无明显褶皱。

（6）预应力筋用锚具、夹具和连接器使用前应进行外观检查，其表面应无污物、锈蚀、机械损伤和裂纹。

（7）预应力混凝土用金属波纹管的尺寸和性能应符合国家现行标准《预应力混凝土用金属波纹管》（JG 225—2007）的规定。

（8）预应力混凝土用金属波纹管在使用前应进行外观检查，其内外表面应清洁，无锈蚀，不应有油污、孔洞和不规则的褶皱，咬口不应有开裂或脱扣。

二、预应力筋的制作安装

1. 实际案例展示

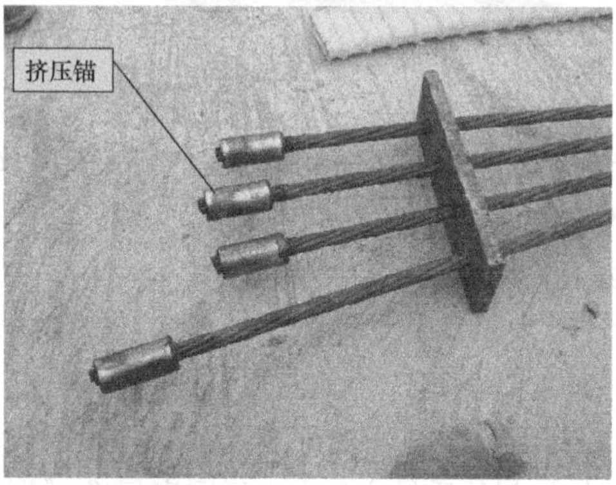

2. 施工要点

（1）预应力筋的下料长度计算。

预应力筋的下料长度计算时应考虑下列因素：结构的孔道长度、曲率、锚夹具厚度、千斤顶长度、镦头的预留量、张拉伸长值、台座长度等。

1）钢丝束的下料长度计算方法：

① 采用钢质锥形锚具，以锥锚式千斤顶在构件上张拉时，钢丝的下料长度 L 按图 2-9 所示计算

两端张拉　$$L = l + 2(l_1 + l_2 + 80) \tag{2-2}$$

一端张拉　$$L = l + 2(l_1 + 80) + l_2 \tag{2-3}$$

式中　l——构件的孔道长度；

l_1——锚环厚度；

l_2——千斤顶分丝头至卡盘外端距离，对 YZ85 型千斤顶为 470mm（包括大缸伸出 40mm）。

② 采用镦头锚具，以拉杆式或穿心式千斤顶在构件上张拉时，钢丝的下料长度 L 计算，应考虑钢丝束张拉锚固后螺母位于锚杯中部，如图 2-10 所示。

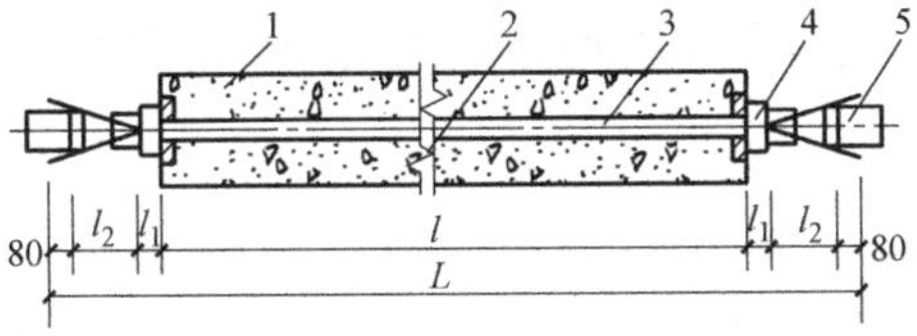

图 2-9　采用钢质锥形锚具时钢丝下料长度计算示意图

1—混凝土构件　2—孔道　3—钢线束

4—钢质锥形锚具　5—锥锚式千斤顶

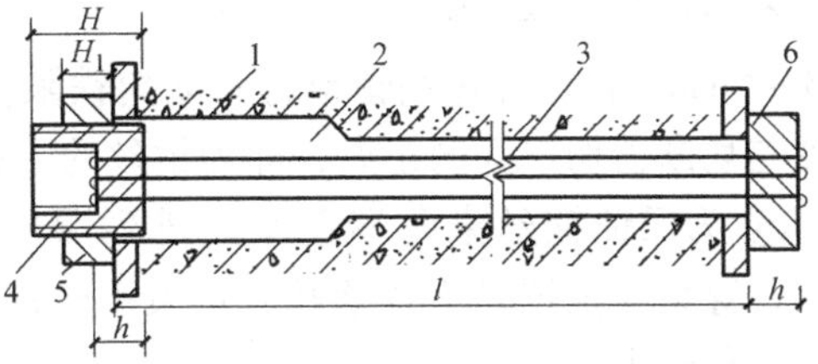

图 2-10　采用镦头锚具时钢丝下料长度计算示意图

1—混凝土构件　2—孔道　3—钢线束

4—锚杯　5—螺母　6—锚板

$$L = l + 2(h + \delta) - K(H - H_1) - \Delta L - C \tag{2-4}$$

式中　l——构件的孔道长度，按实际丈量；

h——锚杯底部厚度或锚板厚度；

δ——钢丝镦头留量，对 $\phi5$ 取 10mm；

K——系数，一端张拉时取 0.5，两端张拉时取 1.0；

H——锚杯高度；

H_1——螺母高度；

ΔL——钢丝束张拉伸长值；

C——张拉时构件混凝土的弹性压缩值。

2）钢绞线的下料长度计算方法：采用夹片锚具（JM、XM、QM 与 OVM 型等），以穿心式千斤顶在构件上张拉时，钢绞线束的下料长度 L，按图 2-11 计算。

① 两端张拉

$$L = l + 2(l_1 + l_2 + l_3 + 100) \tag{2-5}$$

② 一端张拉

$$L = l + 2(l_1 + 100) + l_2 + l_3 \tag{2-6}$$

式中　l——构件的孔道长度；

l_1——夹片式工作锚厚度；

l_2——穿心式千斤顶长度；

l_3——夹片式工具锚厚度。

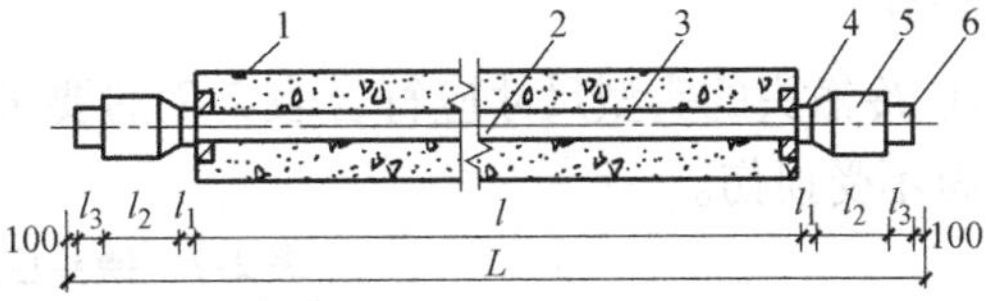

图 2-11　钢绞线下料长度计算示意

1—混凝土构件　2—孔道　3—钢绞线　4—夹片式工作锚　5—穿心式千斤顶　6—夹片式工具锚

（2）预应力筋的下料、镦粗、编束方法

1）钢丝下料与编束。

① 消除应力钢丝放开后可直接下料。钢丝下料时如发现钢丝表面有电接头或机械损伤，应随时剔除。

② 冷拔钢丝的下料，对长线台座法，成盘放线铺设后用钢丝钳切割；对机组流水法，

在钢筋调直机上等长下料，其相对差值不大于2mm。

③ 热处理钢筋、刻痕钢丝与钢绞线下料，应采用砂轮切割机（手提式、移动式），不得采用电弧切割。对需要镦头的刻痕钢丝，其切割面应与母材垂直。钢绞线切割后，其端头应不松散。

④ 采用镦头锚具时，钢丝的等长要求较严。钢丝下料可用钢管限位法或用牵引索在拉紧状态下进行。钢管限位法下料如图2-12所示，钢管固定在木板上，钢管内径比钢丝直径大3～5mm，钢丝穿过钢管至另一端角铁限位器时，用DL10型冷镦器的切断装置切断。限位器与切断器切口间的距离，即为钢丝的下料长度。

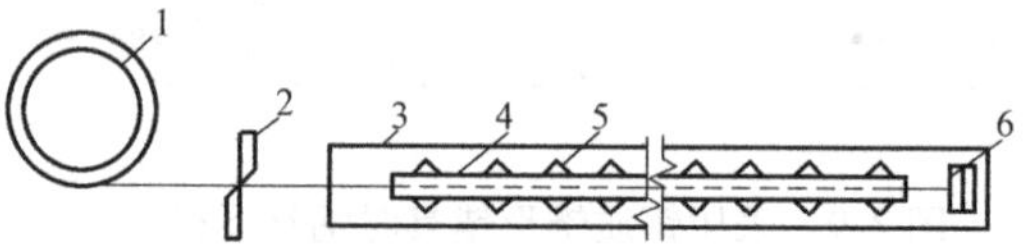

图2-12 钢管限位法下料
1—钢丝 2—切断器刀口 3—木板 4—ϕ10黑铁管 5—铁定 6—角铁限位器

⑤ 为保证钢丝束两端钢丝的排列顺序一致，穿束与张拉时不致紊乱，每束钢丝都必须进行编束。

采用镦头锚具时，根据钢丝分圈布置的特点，首先将内圈和外圈钢丝分别用钢丝顺序编扎，然后将内圈钢丝放在外圈钢丝内扎牢。为了简化钢丝编束，钢丝的一端可直接穿入锚杯，另一端距端部约200mm处编束，钢丝束的中间部分可每隔1～2m左右用梳子板和20号钢丝将钢丝先编成排，然后每隔2m左右放一只弹簧圈或短钢管作衬件，最后将预应力筋围成圆束，以保证钢筋束排列整齐。

采用钢质锥形锚具时，钢丝编束可分为空心束和实心束两种，但都需要圆盘梳丝板理顺钢丝，并在距钢丝端部50～100mm处编扎一道，使张拉分丝时不致紊乱。采用空心束时，每隔1.5m放一个弹簧衬圈。

2）碳素钢丝镦头。

钢丝镦粗的头型，通常有蘑菇型和平台型两种，如图2-13所示。前者受锚板的硬度影响大，如锚板较软，镦头易陷入锚孔而断于镦头处；后者由于有平台，受力性能较好。

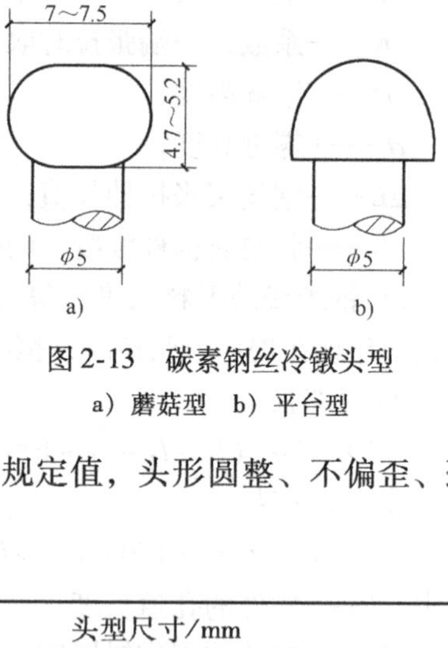

图2-13 碳素钢丝冷镦头型
a）蘑菇型 b）平台型

① 冷镦头的头型尺寸应符合表2-7的要求，不得小于规定值，头形圆整、不偏歪、颈部母材不受损伤。

表2-7 镦头压力与头型尺寸

钢丝直径	镦头压力/（N/mm²）	头型尺寸/mm	
		直径	高度
ϕ5	32～36	7～7.5	4.7～5.2
ϕ7	40～43	10～11	6.7～7.3

② 纵向不贯通的钢丝镦头裂缝是允许的，已延伸至母材或将镦头分为两半或水平裂缝是不允许的；因镦头夹片造成的钢丝显著刻痕也是不允许的。

③ 预应力钢筋成批镦粗前，应先作六个镦头试件做外观检查和拉力试验，合格后方能正式镦粗。

④ 同一构件中设置数根镦头预应力筋时，其预应力筋长度必须一致，以免在张拉时由于拉力不均匀而发生意外。

⑤ 对400级预应力筋的镦粗头必须进行热处理，以免镦头脆断。

⑥ 采用电热镦粗机镦粗，应注意防风、防雨，避免骤冷，冬期施工应采取保温措施。小直径钢筋以采用液压冷镦机镦粗为宜。

3）钢绞线下料与编束。

① 钢绞线的盘重大、盘卷小、弹力大，为了防止在下料过程中钢绞线紊乱并弹出伤人，事先应制作一个简易的铁笼。下料时，将钢绞线盘卷装在铁笼内，从盘卷中央逐步抽出，较为安全。

② 现场宜采用砂轮切割机切割，具有操作方便、效率高、切口规则、无毛头等优点。不得采用电弧焊切割。

③ 钢绞线的编束用20号钢丝绑扎，间距1～1.5m。编束时，应先将钢绞线理顺，并尽量使各根钢绞线松紧一致。如单根穿入孔道，则不编束。

（3）无黏结预应力筋的制作要求。

1）单根无黏结预应力筋的制作，涂料层的涂敷和外包层的制作应一次完成，涂料层防腐油脂应完全填充预应力筋与外包层之间的环形空间，外包层宜采用挤塑成型工艺，并由专业化工厂生产。

2）挤塑成型后的无黏结预应力筋应按工程所需的长度和锚固形式下料、组装。

3）无黏结预应力筋下料长度，应综合考虑其曲率、锚固端保护层厚度、张拉伸长值及混凝土压缩变形等因素，并应根据不同的张拉方法和锚固形式预留张拉长度。

三、后张法有黏结预应力筋孔道的留设

1. 实际案例展示

2. 施工要点

（1）后张法有黏结预应力筋的孔道预留应符合下列规定：

1）对预制构件，孔道之间的水平净间距不宜小于50mm；孔道至构件边缘的净间距不

宜小于30mm，且不宜小于孔道直径的一半。

2）在框架梁中，预留孔道在竖直方向的净间距不应小于孔道外径，水平方向的净间距不应小于1.5倍孔道外径：从孔壁算起的混凝土保护层厚度，梁底不宜小于50mm，梁侧不宜小于40mm。

3）预留孔道的内径应比预应力钢丝束或钢绞线束外径及需穿过孔道的连接器外径大10～15mm。

4）凡制作时需要预先起拱的构件，预留孔道宜随构件同时起拱。

5）对孔道成型的基本要求是：孔道的尺寸与位置应正确，孔道应平顺，接头不漏浆，端部预埋钢板应垂直于孔道中心线等。

6）预留孔道的位置及孔径必须符合设计要求，其孔道位置偏差不得大于3mm。

（2）后张法有黏结预应力筋的孔道成型方法：

1）钢管抽芯法。

① 钢管表面必须光滑平直，无锈蚀、局部凹陷和疤等凸起物，其长度不宜超过15m，两端部应伸出物件500mm左右，并设置两个相互垂直的ϕ16圆孔，以备插入钢筋棒，转动钢管。钢管预埋前应除锈、刷油，钢管在构件中用钢筋井字架（图2-14）固定位置，井字架每隔1.0m一个，与钢筋骨架扎牢。对大于15m以上的构件，可用钢管对接，接头端必须平整，管端的连接处外边，用长300mm的0.5 mm厚薄钢套管套上（图2-15）。套管宜与井字架焊接固定，套管内表面要与钢管外表面紧密贴合，以防漏浆堵塞孔道或转管时转动套管，导致拔管时带出套管，造成构件裂缝。

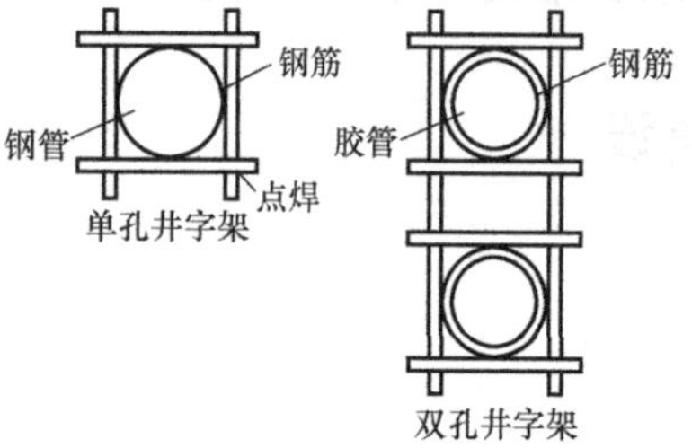

图2-14　固定钢管或胶管位置用的井字架

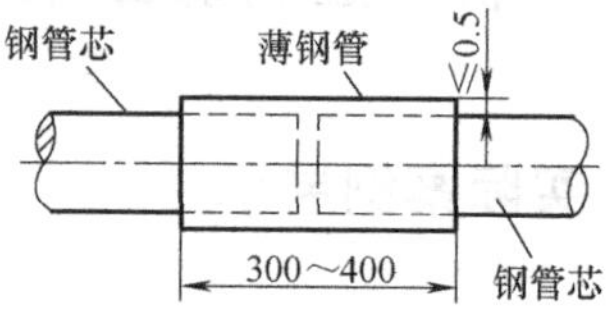

图2-15　薄钢套管

② 抽管前每隔10～15min应转管一次。如发现表面混凝土产生裂纹，用铁抹子压实抹平。

③ 抽管时间与水泥的品种、气温、养护条件、有无外加剂和混凝土强度有关。抽管宜在混凝土初凝之后，终凝以前进行，以用手指按压混凝土表面不显指纹时为宜。抽管过早，会造成坍孔事故；太晚，混凝土与钢管黏结牢固，抽管困难，甚至抽不出来。在一般情况下，下列数值可供参考：

环境温度>30℃时，混凝土浇筑后3h；30～20℃时，3～5h；20～10℃时，5～8h；<10℃时，8～12h。

④ 抽管宜先上后下地进行。抽管方法可用手摇绞车或慢动电动卷扬机，如用人力抽拔，每组4～6人。如系接驳管，可分两组在两端同时抽拔。在抽管端设置可调整高度的转向滑轮架，使管道方向与施拔方向同在一直线上，保护管道口的完整。抽管时必须速度均匀、边抽边转，并与孔道保持在一直线上。抽管后，应及时检查孔道情况，并做好孔道清理工作，

防止以后穿筋困难。

⑤ 采用钢丝束镦头锚具时，张拉端的扩大孔也可用钢管抽芯成型（图2-16）。

留孔时应注意，端部扩大孔应与中间孔道同心。抽管时先抽中间钢管，后抽扩孔钢管，以免碰坏扩孔部分并保持孔道清洁和尺寸准确。

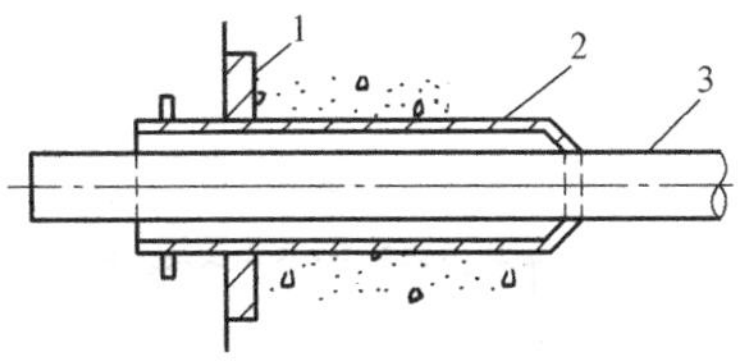

图2-16　张拉端的扩大孔用钢管抽芯成型
1—预埋钢板　2—端部扩大孔的钢管
3—中间孔的钢丝束

2）胶管抽芯法。

① 留孔用胶管采用5～7层帆布夹层、壁厚6～7mm的普通橡胶管，可用于直线、曲线或折线孔道。使用前，把胶管一头密封，勿使漏水漏气。密封的方法是将橡胶管一端外表面削去1～3层橡胶及帆布，然后将外表面带有粗丝扣的钢管（钢管一端用钢板密封焊牢）插入橡胶管端头孔内，再用20号钢丝在橡胶管外表面密缠牢固，钢丝头用锡焊牢，如图2-17所示。

② 橡胶管另一端接上阀门，其接法与密封端基本相同（图2-18）。

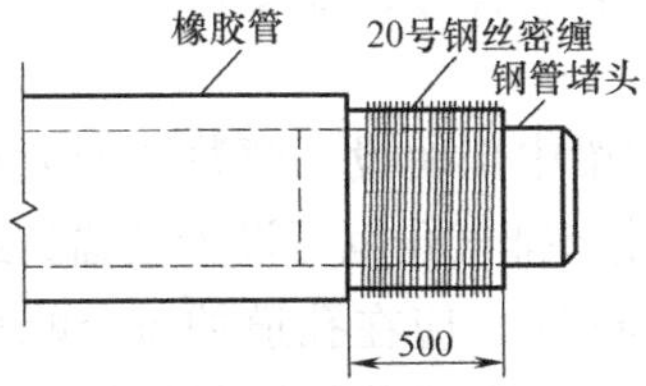

图2-17　橡胶管封端

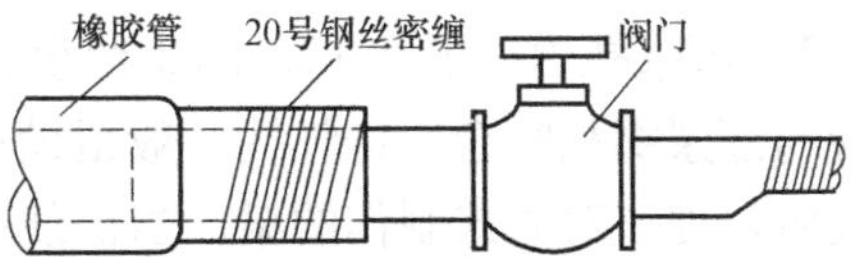

图2-18　橡胶管与阀门连接

③ 短构件留孔，可用一根橡胶管对弯后穿入两个平行孔道。长构件留孔，必要时可将两根橡胶管用薄钢套管接长使用，套管长度以400～500mm为宜，内径应比橡胶管外径大2～3mm。固定橡胶管位置用的钢筋井字架，宜每隔500mm放置一个，并与钢筋骨架扎牢。然后充水（或充气）加压到0.6～0.8N/mm^2。此时橡胶管直径可增大约3mm。浇捣混凝土时，振动棒不应碰橡胶管，并应经常检查水压表的压力是否正常，如有变化必须补压。

④ 抽管前，先放水（气）降压，待橡胶管断面缩小与混凝土自行脱离即可抽管。抽管时间比抽钢管略迟。抽管顺序一般为先上后下，先曲后直。

3）预埋管法。预埋管法可采用薄钢管、镀锌钢管与金属波纹管等。金属波纹管可做成各种形状的预应力筋孔道。镀锌钢管仅用于施工周期长的超高竖向孔道或有特殊要求的部位。

4）用金属波纹管留孔。

① 波纹管的连接，采用大一号同型波纹管。接头管的长度为200～300mm，其两端用密封胶带或塑料热缩管封裹，如图2-19所示。

② 波纹管的安装，应事先按设计图中预应力筋的曲线坐标在侧模或箍筋上定出曲线位置。波纹管的固定（图2-20），应采用钢筋支托，间距为500mm。钢筋支托应焊在箍筋上，箍筋底部应垫实。波纹管固定后，必须用钢丝扎牢，以防浇筑混凝土时波纹管上浮而引起严重的质量事故。

③ 波纹管安装就位过程中，应尽量避免反复弯曲，以防管壁开裂。同时，还应防止电焊火花烧伤管壁。

④ 波纹管安装后，应检查其位置、曲线形状是否符合设计要求，波纹管的固定是否牢靠，接头是否完好，管壁有无破损等。如有破损，应及时用粘胶带修补。

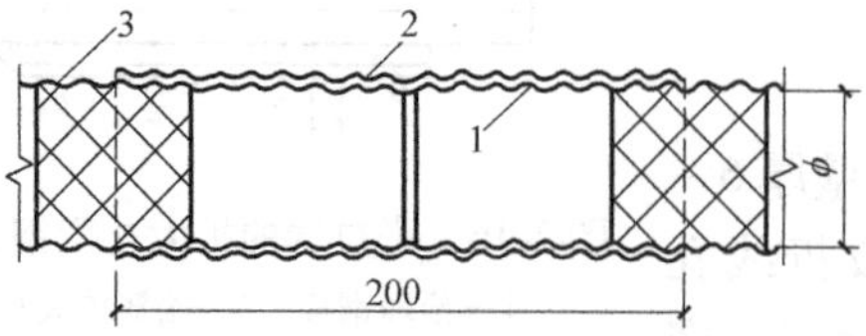

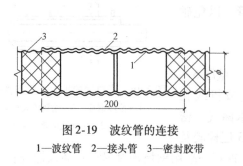

图 2-19 波纹管的连接
1—波纹管 2—接头管 3—密封胶带

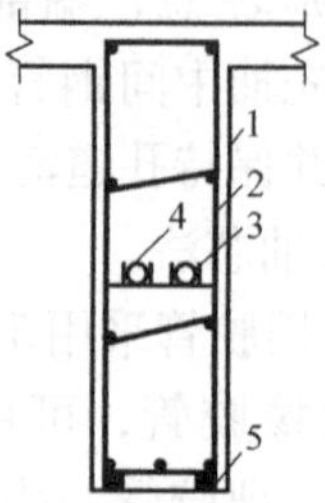

图 2-20 波纹管的固定
1—梁侧模 2—箍筋 3—钢筋支托 4—波纹管 5—垫块

(3) 灌浆孔、排气孔及泌水管的预留

1) 混凝土浇筑前，应按图样规定留置灌浆孔、排气孔、泌水管等，如图样无规定，按施工需要留置。

2) 灌浆孔道一般按 12m 间距留设。12m 长的构件一般在梁中部留设，灌浆孔的大小形状应与灌浆嘴相吻合。排气孔一般留设在构件的两端。灌浆孔与排气孔也可设置在锚具或铸铁喇叭口处。对立式制作的梁，当曲线孔道的高差大于 500mm 时，应在孔道的每个峰顶处设置泌水管，泌水管伸出梁面的高度一般不小于 500mm。泌水管也可兼作灌浆管用。排气孔直径一般为 8 ~ 10mm，应高于灌浆孔，宜设在上方。

3) 灌浆孔的做法。对一般预制构件，可采用木塞留孔。若为喇叭口，可用锥形木塞顶住预留孔道的钢管或橡胶管（也可用薄钢三通套管留设），并应固定，严防混凝土振捣时脱开，如图 2-21 所示。

(4) 对现浇预应力结构金属波纹管留孔，有两种方法：

1) 在波纹管上开口，用带嘴的塑料弧形压板与海绵垫片覆盖并用钢丝扎牢，再接增强塑料管（外径 20mm，内径 16mm），如图 2-22 所示。

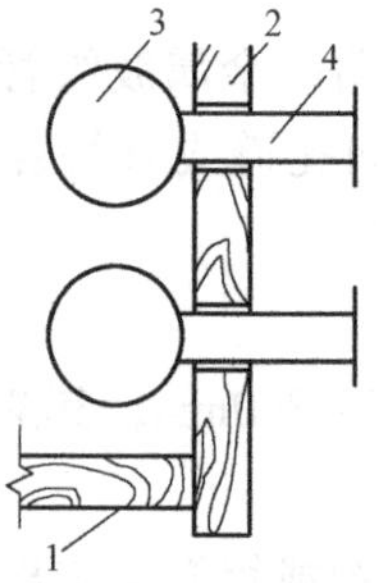

图 2-21 用木塞留灌浆孔
1—底模 2—侧模 3—抽芯管 4—ϕ20 木塞

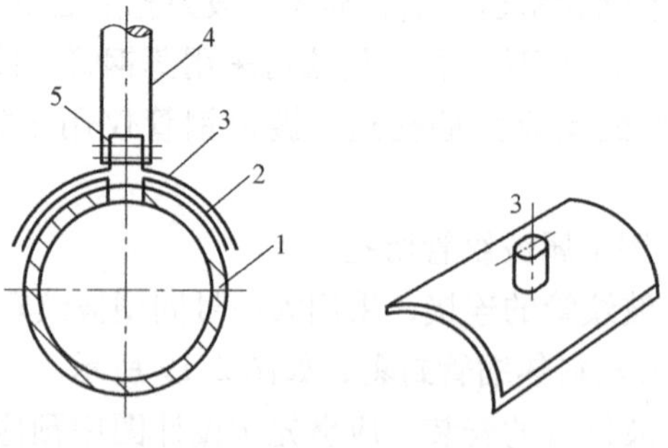

图 2-22 波纹管上留灌浆孔
1—波纹管 2—海绵垫 3—塑料弧板 4—塑料管 5—钢丝扎紧

2) 用蛇皮软管制作排气管。将蛇皮软管底部均匀切割成两条分叉或四条分叉，让分叉紧贴波纹管，并让蛇皮软管对准波纹管上的排气孔，用胶带纸将分叉固定在波纹管上（图

2-23）。蛇皮软管的另一端要封堵严实。浇筑混凝土前，在梁筋或板筋上竖直焊接一支撑钢筋，将蛇皮软管用钢丝或胶带纸固定在支撑钢筋上，使其能超出混凝土面100mm以上。

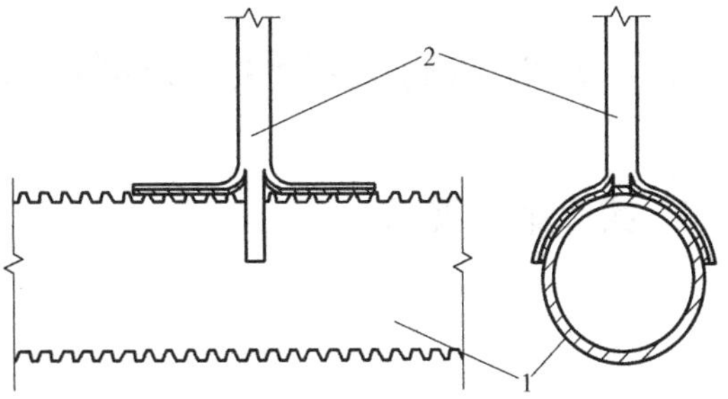

图2-23　蛇皮软管的固定

蛇皮软管内径不小于16mm，壁厚不小于1.5mm。分叉长度要求：当切割成两条分叉时不小于0.8*D*（*D*为波纹管直径），且不小于70mm；当切割成四条分叉时不小于0.7*D*，且不小于60mm。

（5）孔道检查。

1）制作钢质梭形通孔器，大小各一只，如图2-24所示；大的比预留孔道直径小5mm；小的比预留孔道直径小15mm；长约100～120mm，两端均用软钢丝牵引。

2）用先小后大方法试通。

3）如只通小通孔器，可用变形钢筋来回拖动，以能通过大通孔器为准。

4）如小通孔器也通不过，应查明原因及位置，采取下列措施：

① 用带钩钢筋将堵塞物带出。

② 用清孔器（锅炉的洗管专用工具，与插入式振动器相似，但软轴较长，振动棒改为螺旋钻嘴）清理孔道。

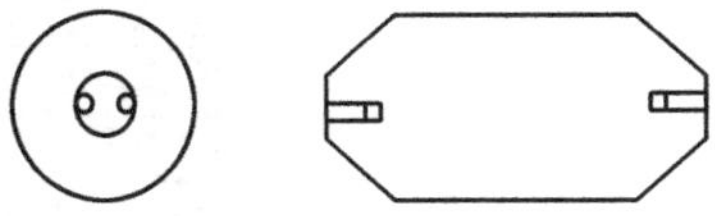
图2-24　钢质梭形通孔器

③ 经技术主管同意，在堵塞位置开洞清理。

四、预埋件的安装

实际案例展示

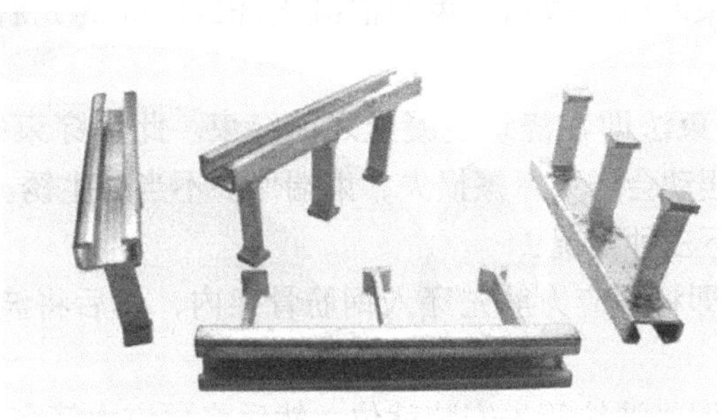

预埋件的安装应符合下列要求：

（1）在设置预埋件时，应注意两端预埋钢板及芯管位置的准确性，钢板面与孔道端部的中轴线必须垂直。

（2）当分块预制时，各块的孔道、连接板的位置，浇筑前要复核，浇筑中要保证不移位。

五、后张法有黏结预应力筋的安装

1. 实际案例展示

2. 施工要点

（1）预应力筋的穿束时机。根据穿束与混凝土浇筑之间的先后关系，可分为先穿束和后穿束两种。

1）先穿束法。先穿束法即在浇筑混凝土之前穿束。此法穿束省力；但穿束占用工期，束的自重引起的波纹管摆动会增大摩擦损失，束端保护不当易生锈。按穿束与预埋波纹管之间的配合，又可分为以下三种情况：

① 先穿束后装管：即将预应力筋先穿入钢筋骨架内，然后将波纹管逐节从两端套入并连接。

② 先装管后穿束：即将波纹管先安装就位，然后将预应力筋穿入。

③ 二者组装后放入：即在梁外侧的脚手架上将预应力筋与套管组装后，从钢筋骨架顶部放入就位，箍筋应先做成开口箍，再封闭。

2）后穿束法。后穿束法即在浇筑混凝土之后穿束。此法可在混凝土养护期内进行，不占工期，便于用通孔器或高压水通孔，穿束后即行张拉，易于防锈，但穿束较为费力。

（2）穿束方法。钢丝束应整束穿；钢绞线宜优先采用整束穿，也可用单根穿。穿束工作可由人工、卷扬机和穿束机进行。

1）人工穿束。人工穿束可利用起重设备将预应力筋吊起，工人站在脚手架上逐步穿入孔内。束的前端应扎紧并裹胶布，以便顺利通过孔道。对多波曲线束，宜采用特制的牵引头，工人在前头牵引，后头推送，用对讲机保持前后两端同时用力。对长度小于等于于50m的二跨曲线束，宜用人工穿束。

2）用卷扬机穿束。用卷扬机穿束，主要用于超长束、特重束、多波曲线束等整束穿的情况。卷扬机宜采用慢速（每分钟约10m），电动机功率为1.5～2.0kW。束的前端应装有穿束网套或特制的牵引头。

穿束网套可用细钢丝绳编织。网套上端通过挤压方式装有吊环，使用时将钢绞线穿入网套中（到底），前端用钢丝扎死，顶紧不脱落即可。

3）用穿束机穿束。用穿束机穿束适用于大型桥梁与构筑物单根穿钢绞线的情况。穿束机有两种类型：一是由油泵驱动链板夹持钢绞线传送，如图2-25所示。速度可任意调节，穿束可进可退，使用方便。二是由电动机经减速箱减速后由两对滚轮夹持钢绞线传送。进退由电动机正反转控制。穿束时，钢绞线前头应套上一个子弹头形的壳帽。

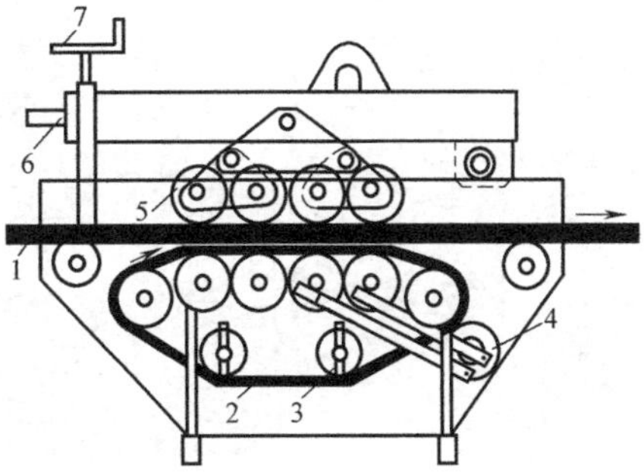

图2-25　穿束机的构造简图

1—钢绞线　2—链板　3—链板扳手　4—油泵　5—压紧轮　6—拉臂　7—扳手

(3) 后张法有黏结预应力筋穿入时应注意下列事项：

1）穿筋前，应检查预应力筋（或束）的规格、总长是否符合要求。

2）穿筋时，预应力筋或钢丝束应按顺序编号，并套上穿束器。先把预应力筋或穿束器的引线由一端穿入孔道，在另一端穿出，然后逐渐将预应力筋或钢丝束拉到另一端。

3）钢筋穿好后将束号在构件上注明，以便核对。

六、无黏结预应力筋的铺放

1. 实际案例展示

楼板预应力筋布筋放线

板内无黏结预应力筋并束布设

板内无黏结预应力筋单束双向布设

墙体内无黏结预应力筋布设

环形池壁内无黏结预应力布设

抗拔桩基础内无黏结预应力筋布设

无黏结预应力筋端模处节点安装

无黏结预应力筋板面节点安装

2. 施工要点

（1）无黏结预应力筋应按设计图样的规定进行铺放。铺放时应符合下列要求：

1）铺放前应通过计算确定其水平和垂直位置。

2）无黏结预应力筋在非预应力筋底筋绑完后开始铺放。铺放时其位置应准确，线形宜保持顺直，其端部轴线应与锚杯轴线重合，并垂直于承压板，以利张拉时锚杯能顺利拉出板端。各种管线不得影响无黏结预应力筋的线形。

3）无黏结筋绑扎前应检查预应力筋塑料护套有无损坏和线形是否顺直。其绑扎允许采用与普通钢筋相同的方法，其垂直高度宜采用支撑钢筋（马凳筋）控制，亦可与其他钢筋绑扎。支撑钢筋应符合下列要求：

① 对于2~4根无黏结预应力筋组成的集束预应力筋，支撑钢筋的直径不宜小于10mm，间距不宜大于1.0m。

② 对于5根或更多无黏结预应力筋组成的集束预应力筋，其直径不宜小于12mm，间距不宜大于1.2m。

③ 用于支撑平板中单根无黏结预应力筋，间距不宜大于2.0m。

4）双向曲线配置时，应注意筋的铺放顺序。

5）当集束配置多根无黏结预应力筋时，应保持平行走向，防止相互扭绞。

（2）在板内无黏结预应力筋绕过开洞处的铺放位置应符合下列规定：

1）无黏结预应力筋距洞口不宜小于150mm。

2）水平偏移的曲率半径不小于6.5m。

3）洞口边应配置构造钢筋加强。

七、先张法预应力筋的铺设

1. 实际案例展示

2. 施工要点

（1）长线台座台面（或底模）在铺放钢丝前应涂隔离剂。隔离剂不应沾污钢丝，以免影响钢丝与混凝土的黏结。如果预应力筋遭受污染，应使用适当的溶剂加以清洗干净。在生产过程中，应防止雨水冲刷台面上的隔离剂。

（2）预应力钢丝宜用牵引车铺设。如果钢丝需要接长，可借助于钢丝拼接器用20~22号钢丝密排绑扎（图2-26）。绑扎长度：对冷拔低碳钢丝不得小于40d；对冷拔低合金钢丝不得小于50d；对刻痕钢丝不得小于80d。钢丝搭接长度应比绑扎长度大10d（d为钢丝直径）。

（3）预应力钢筋铺设时，钢筋之间的连接或钢筋与螺杆的连接，可采用套筒双拼式连接器（图2-27）。

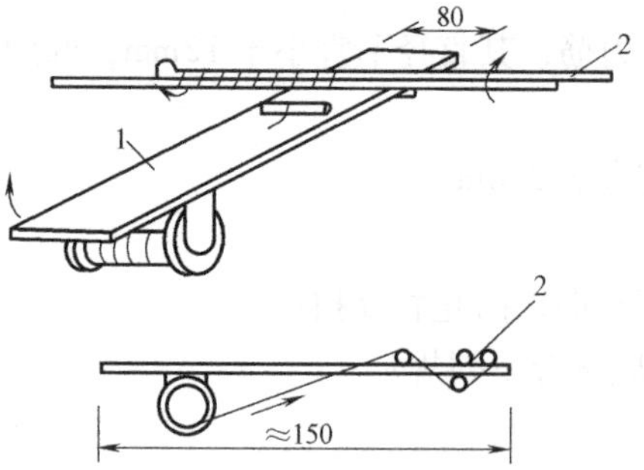

图2-26 钢丝拼接器

1—拼接器 2—钢丝

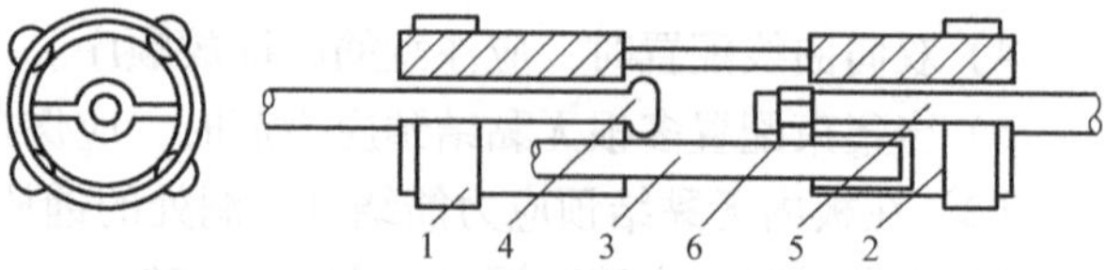

图2-27 双拼式套筒连接器

1—钢圈 2—半圆形套筒 3—连接钢筋 4—钢丝 5—螺杆 6—螺母

八、后张法有黏结预应力筋锚具及张拉设备安装

1. 实际案例展示

2. 施工要点

（1）钢绞线固定端锚具组装。

1）挤压锚具组装。挤压设备采用 YJ45 型挤压机，由液压千斤顶、机架和挤压模组成，如图 2-28 所示。操作时应注意下列事项：

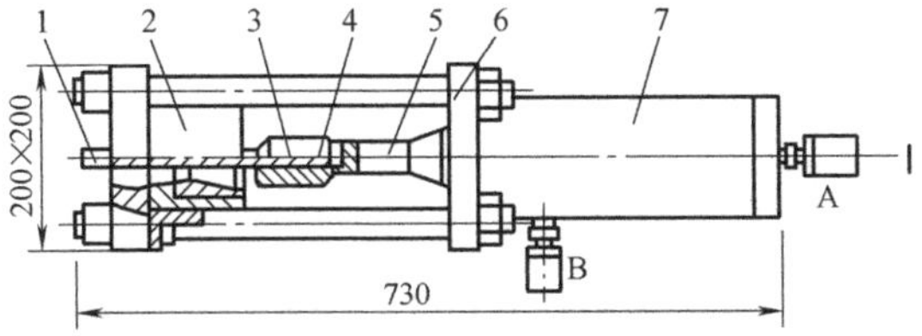

图 2-28　YJ45 型挤压机

1—钢绞线　2—挤压模　3—硬钢丝螺旋圈　4—挤压套　5—活塞杆　6—机架　7—千斤顶

A—进油嘴　B—回油嘴

① 挤压模内腔要保持清洁，每次挤压后都要清理一次，并涂抹石墨油膏。

② 使用硬钢丝螺旋圈时，各圈钢丝应并拢，其一端应与钢绞线平齐，否则锚固不牢。

③ 挤压套装在钢绞线端头挤压时，钢绞线、挤压模与活塞杆应在同一中心线上，以免挤压套被卡住。

④ 挤压时压力表读数宜为 40～45MPa，个别达到 50MPa 时应不停顿挤过。

⑤ 挤压模磨损后，锚固头直径不宜超差 0.3mm。

2）压花锚具成型。压花设备采用压花机，由液压千斤顶、机架和夹具组成，如图 2-29 所示。压花机的最大推力为 350kN，行程为 70mm。

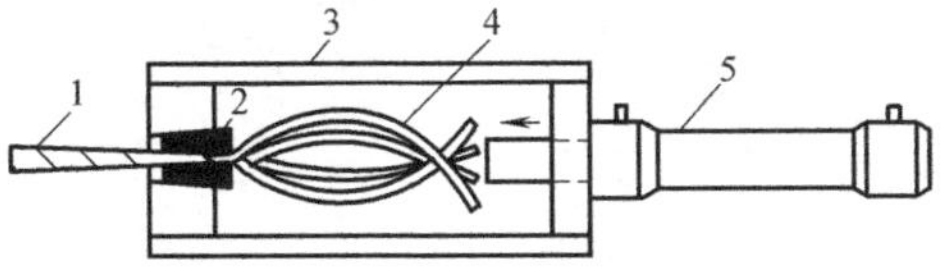

图 2-29　压花机的工作原理

1—钢绞线　2—夹具　3—机架　4—散花头　5—千斤顶

（2）钢丝束锥形锚固体系：由于钢丝沿锚环周边排列且紧靠孔壁，因此安装钢质锥形锚具时必须严格对中，钢丝在锚环周边应分布均匀。

（3）钢丝束镦头锚固体系：由于穿束关系，其中一端锚具要后装并进行镦头。配套的工具式拉杆与连接套筒应事先准备好；此外还应检查千斤顶的撑脚是否适用。

（4）钢绞线束夹片锚固体系：安装锚具时应注意工作锚环或锚板对中，夹片均匀打紧并外露一致；千斤顶上的工具锚孔位与构件端部工作锚的孔位排列要一致，以防钢绞线在千斤顶穿心孔内打叉。

（5）安装张拉设备时，对直线预应力筋，应使张拉力的作用线与孔道中心线重合；对曲线预应力筋，应使张拉力的作用线与孔道中心线末端的切线重合。

九、无黏结预应力筋的张拉端、固定端做法

1. 实际案例展示

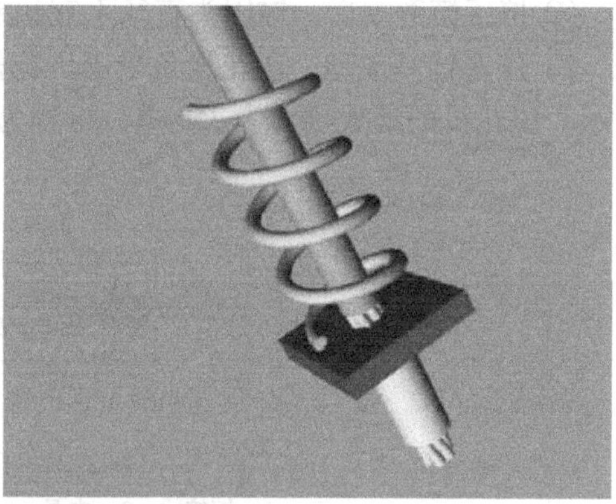

2. 施工要点

(1) 无黏结预应力筋夹片锚具系统的张拉端可采用下列做法：

1) 当锚具凸出混凝土表面时，其构造由锚环、夹片、承压板、螺旋筋组成（图 2-30）。

2) 当锚具凹进混凝土表面时，其构造由锚环、夹片、承压板、塑料塞、螺旋筋、钩螺丝和螺母组成（图 2-31）。

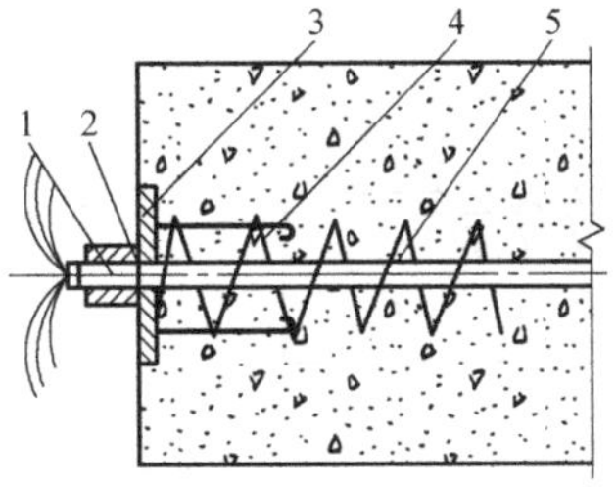

图 2-30　夹片锚具凸出混凝土表面

1—夹片　2—锚环　3—承压板　4—螺旋筋　5—无黏结预应力筋

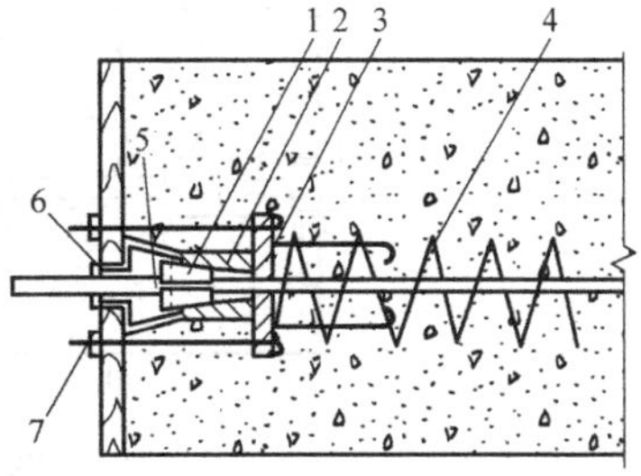

图 2-31　夹片锚具凹进混凝土表面

1—夹片　2—锚环　3—承压板　4—螺旋筋　5—无黏结预应力筋　6—塑料塞　7—钩螺丝和螺母

(2) 夹片锚具系统的固定端必须埋设在板或梁的混凝土，可采用下列做法：

1) 挤压锚具的构造由挤压锚具、承压板和螺旋筋组成（图 2-32）。挤压锚具应将套筒等组装在钢绞线端部经专用设备挤压而成。

2) 锚板夹片锚具的构造由夹片锚具、锚板与螺旋筋组成（图 2-33）。该锚具应预先用开口式双缸千斤顶以预应力筋张拉力的 0.75 倍预紧力将夹片锚具组装在预应力筋的端部。

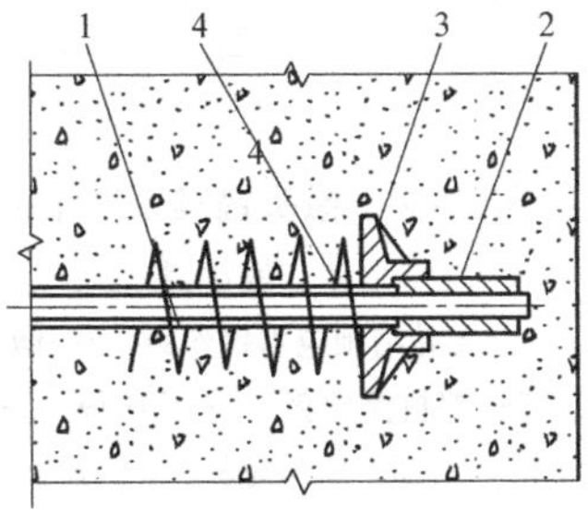

图 2-32　挤压锚具

1—预应力筋　2—挤压锚具　3—承压板　4—螺旋筋

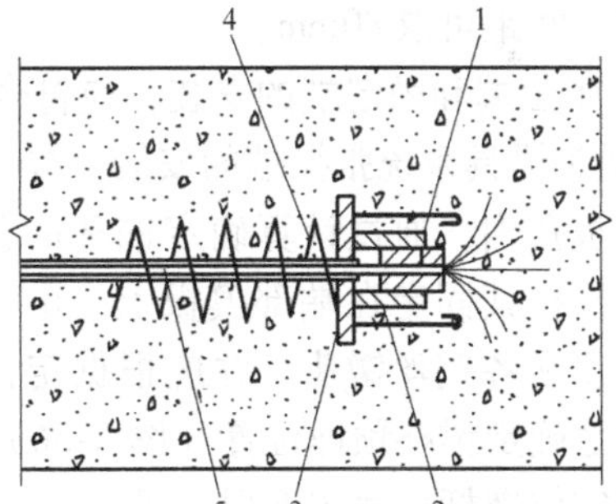

图 2-33　锚板夹片锚具

1—夹片　2—锚具　3—承压板　4—螺旋筋　5—预应力筋

3) 压花锚具的构造由压花端及螺旋筋组成（图 2-34）。压花端应由压花机直接将钢绞线的端部制作而成。

(3) 夹片锚具系统应符合下列规定：

1) 本锚具主要用于锚固自钢绞线制成的无黏结预应力筋，当用于锚固 7Φ5 组成的钢丝束，必须采用斜开缝的夹片。

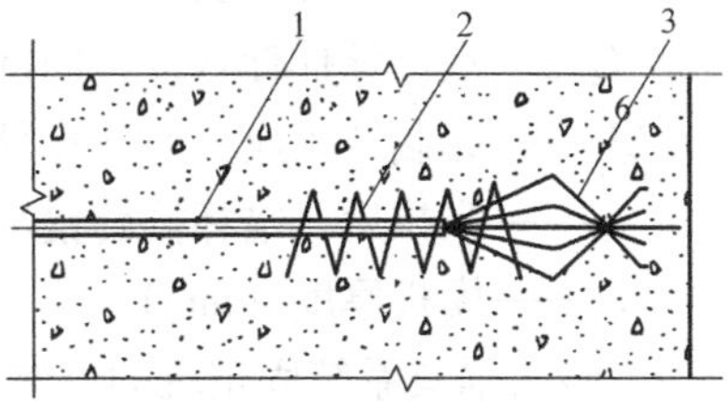

图 2-34　压花锚具

1—无黏结预应力筋　2—螺旋筋　3—压花锚

2）预应力筋在张拉端的内缩量，不应大于5mm。

3）单根无黏结预应力筋在构件端面上的水平和竖向排列最小间距可取60mm。

（4）镦头锚具系统的张拉端和固定端可采用下列做法：

1）张拉端的构造由锚杯、螺母、承压板、塑料保护套和螺旋筋组成（图2-35a）。

2）固定端的构造由镦头锚板和螺旋筋组成（图2-35b）。

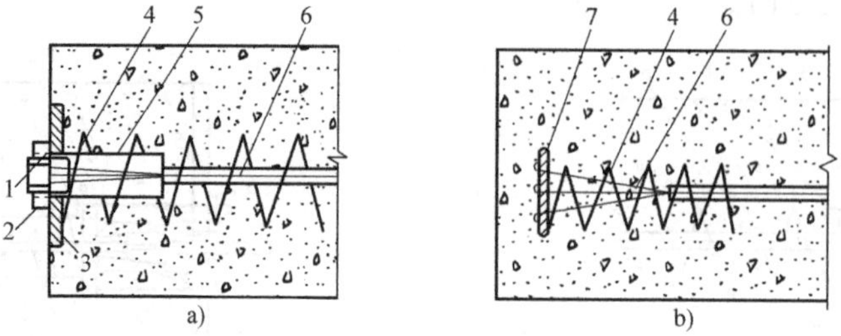

图2-35 张拉端和固定端

a）张拉端；b）固定端

1—锚杯 2—螺母 3—承压板 4—螺旋筋 5—塑料保护套 6—无黏结预应力筋 7—镦头锚板

3）镦头锚具系统应符合下列规定：

① 预应力筋在张拉端产生的内缩量不应大于1.0mm。

② 钢丝束的使用长度不宜大于25m。

③ 单根无黏结预应力筋在构件端面上的水平和竖向排列最小间距可取80mm。

（5）张拉端和固定端的安装，应符合下列规定：

1）镦头锚具系统张拉端的安装。先将塑料保护套插入承压板孔内，通过计算确定锚杯的预埋位置，并用定位螺杆将其固定在端部模板上。定位螺杆拧入锚杯内必须顶紧各钢丝镦头，并应根据定位螺杆露在模板外的尺寸确定锚杯预埋位置（图2-36）。

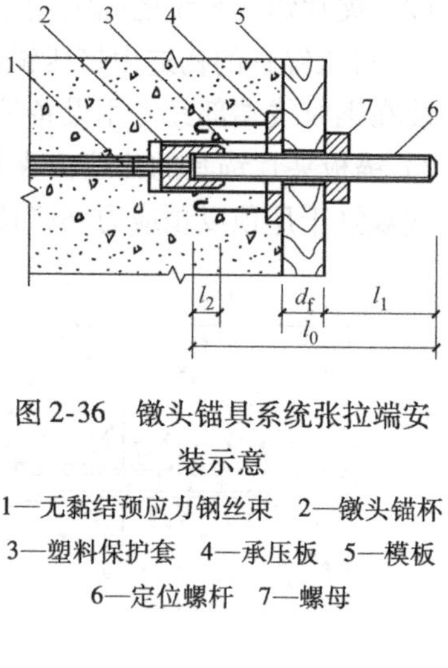

图2-36 镦头锚具系统张拉端安装示意

1—无黏结预应力钢丝束 2—镦头锚杯 3—塑料保护套 4—承压板 5—模板 6—定位螺杆 7—螺母

外露定位螺杆尺寸按下列公式计算

$$l_1 = l_0 - l_2 - (\Delta l_p^c - h_t) d_f \tag{2-7}$$

式中 l_1——定位螺杆外露在模板外的尺寸（mm）；

l_0——定位螺杆长度（mm）；

l_2——定位螺杆拧入锚杯内的长度（mm）；

Δl_p^c——无黏结预应力筋计算伸长值（mm）；

h_t——张拉后，锚杯拧套锚具螺母所需长度（mm）；

d_f——模板厚度（mm）。

2）镦头锚具系统固定端的安装。按设计要求的位置将固定端锚板绑扎牢固。钢丝镦头必须与锚板贴紧，严禁锚板相互重叠放置。

3）夹片锚具系统张拉端的安装。无黏结预应力筋的外露长度应根据张拉机具所需的长度确定，无黏结预应力曲线筋或折线筋末端的切线应与承压板相垂直，曲线段的起始点至张拉锚固点应有不小于300mm的直线段。

4）在安装带有穴模或其他预先埋入混凝土中的张拉端锚具时，各部件之间不应有缝隙。

5）夹片锚具系统固定端的安装。将组装好的固定端按设计要求的位置绑扎牢固。

6）张拉端和固定端必须按设计要求配置螺旋筋，螺旋筋应紧靠承压板或锚杯，并固定可靠。

十、张拉与放张

1. 实际案例展示

2. 预应力筋张拉方式

预应力筋张拉方式应在设计图中明确，如设计无要求时，应根据预应力混凝土结构特点、预应力筋形状与长度，以及施工方法选择预应力筋张拉方式：

（1）一端张拉方式。张拉设备放置在预应力筋一端的张拉方式。适用于长度≤30m的直线预应力筋与锚固损失影响长度 $L_f \geqslant L/2$（L——预应力筋长度）的曲线预应力筋；如设计人员根据计算资料或实际条件认为可以放宽以上限制的话，也可采用一端张拉，但张拉端宜分别设置构件的两端。

（2）两端张拉方式。张拉设备放置在预应力筋两端的张拉方式。适用于长度30m的直线预应力筋与锚固损失影响长度 $L_f \leqslant L/2$ 的曲线预应力筋。当张拉设备不足或由于张拉顺序安排关系，也可先在一端张拉完成后，再移至另一端张拉，补足张拉力后锚固。

（3）分批张拉方式。对配有多束预应力筋的构件或结构分批进行张拉的方式。由于后批预应力筋张拉所产生的混凝土弹性压缩对先批张拉的预应力筋造成预应力损失，所以先批张拉的预应力筋张拉力应加上该弹性压缩损失值或将弹性压缩损失平均值统一增加到每根预应力筋的张拉力内。

（4）分段张拉方式。在多跨连续梁板分段施工时，通长的预应力筋需要逐段进行张拉的方式。对大跨度多跨连续梁，在第一段混凝土浇筑与预应力筋张拉锚固后，第二段预应力筋利用锚头连接器接长，以形成通长的预应力筋。

（5）分阶段张拉方式。在后张传力梁等结构中，为了平衡各阶段的荷载，采取分阶段逐步施加预应力的方式。所加荷载不仅是外载（如楼层重量），也包括由内部体积变化（如弹性缩短、收缩与徐变）产生的荷载。梁的跨中处下部与上部纤维应力应控制在容许范围内。这种张拉方式具有应力、挠度与反拱容易控制、材料省等优点。

（6）补偿张拉方式。

在早期预应力损失基本完成后，再进行张拉的方式。采用这种补偿张拉，可克服弹性压缩损失，减少钢材应力松弛损失，混凝土收缩徐变损失等，以达到预期的预应力效果。

3. 预应力筋张拉顺序

预应力筋的张拉顺序，应使混凝土不产生超应力、构件不扭转与侧弯、结构不变位等；因此，对称张拉是一项重要原则。同时，还应考虑到尽量减少张拉设备的移动次数。

（1）图 2-37 是预应力混凝土屋架下弦杆钢丝束的张拉顺序。钢丝束的长度不大于 30m，采用一端张拉方式。图 2-36a）中预应力筋为二束，用二台千斤顶分别设置在构件两端，对称张拉，一次完成。图 2-36b）中预应力筋为四束，需要分两批张拉，用二台千斤顶分别张拉对角线上的二束，然后张拉另二束。由于分批张拉引起的预应力损失，统一增加到张拉力内。

（2）图 2-38 是预应力混凝土框架梁钢绞线束的张拉顺序。钢绞线束为双跨曲线筋，长度达 40m，采用两端张拉方式。图中四束钢绞线分为两批张拉，二台千斤顶分别设置在梁的两端，按左右对称各张拉一束，待二批四束均进行一端张拉后，再分批在另端补张拉。这种张拉顺序，还可减少先批张拉预应力筋的弹性压缩损失。

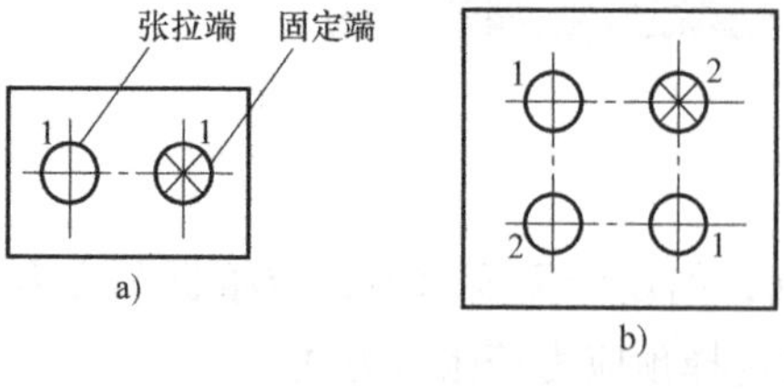

图 2-37　屋架下弦杆预应力筋张拉顺序

a）两束　b）四束

图中 1、2 为预应力筋分批张拉顺序

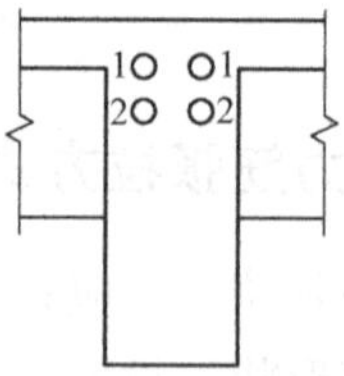

图 2-38　梁预应力筋的张拉顺序

图中 1、2 为预应力筋分批张拉顺序

（3）平卧重叠构件张拉。后张法预应力混凝土屋架等构件一般在施工现场平卧重叠制作，重叠层数为 3~4 层。其张拉顺序宜先上后下逐层进行。为了减少上下层之间因摩擦引起的预应力损失，可逐层加大张拉力。不同隔离层的平卧重叠构件逐层增加的张拉力百分数宜按表2-8。

表2-8 平卧重叠浇筑构件逐层增加的张拉力百分数

预应力筋类别	隔离剂类别	逐层增加的张拉力百分数			
		顶层	第二层	第三层	底层
高强钢丝束	Ⅰ	0	1.0	2.0	3.0
	Ⅱ	0	1.5	3.0	4.0
	Ⅲ	0	2.0	3.5	5.0

注：第Ⅰ类隔离剂：塑料薄膜、油纸。

第Ⅱ类隔离剂：废机油滑石粉、纸筋灰、石灰水废机油、柴油石蜡。

第Ⅲ类隔离剂：废机油；石灰水、石灰水滑石粉。

（4）无黏结筋张拉顺序应按设计要求进行，如设计无特殊要求时，可依次张拉。

4. 预应力筋张拉

（1）预应力钢丝束采用双作用千斤顶张拉、锥形锚具锚固时，应按下列要求操作：

1）预拉：将钢丝拉出一小段长度后，检查每根钢丝是否达到长度一致。如有不一致时，应退下楔块进行调整，然后再用力打紧楔块。

2）张拉及顶压：预拉调整以后方可按规定张拉程序张拉。张拉完毕，测出钢丝伸长值，若与规定符合，就可进行顶压锚塞。顶压锚塞时必须关闭大缸油路，给小缸进油，使小缸活塞顶紧锚塞。

3）校核：将千斤顶装入未张拉的一端进行张拉，张拉到控制应力后，顶紧锚塞。当两端都张拉顶压完毕后，应测量钢丝滑入锚具中的内缩量是否符合要求，如果大于规定数值，必须再张拉，补回损失。

4）当钢丝断丝和滑脱的数量，超过规范规定的要求时，必须重新张拉，这时应把钢丝拉到原来的张拉吨位，拉松锚塞，用一根钢钎插入垫板槽口内，卡住锚塞，然后大缸回油，锚塞被拉出，取出整个锚楦。分别检查锚环是否被抽成凹槽，锚塞的细齿是否被抽平，若有这类情况，要调换锚具，重新张拉，如果锚环、锚塞仍然完好无损，则只要在顶压时加大压力顶紧锚塞。

5）对曲线预应力筋和长度大于24m的直线预应力筋，应在两端同时张拉，两台设备张拉速度应保持一致。两端张拉同一根（束）预应力筋时，为了减少预应力损失，宜先在一端张拉后锚固，另一端补足张拉力后进行锚固。当筋长超过50m时，宜采取分段张拉和锚固。

（2）镦头锚具张拉时，应符合下列要求：

1）张拉前，清理承压板面，并检查承压板后混凝土质量。

2）张拉杆拧入锚杯内的长度不应小于锚具设计规定值，承力架应垂直地支承在构件端部的承压板板面上。

3）当张拉力达到设计要求，由于锚杯埋放定位误差致使锚杯外露长度过长或过短时，应采取增设螺母或接长锚杯进行锚固的措施。

（3）夹片锚具张拉时，应符合下列要求：

1）张拉前应清理承压板面，检查承压板后面的混凝土质量；

2）锚固采用液压顶压器顶压时，千斤顶应在保持张拉力的情况下进行顶压，顶压压力应符合设计规定值。

注：为减少锚具变形和预应力筋内缩造成的预应力损失，可进行二次补拉并加垫片，二次补拉的张拉力为控制张拉力。

（4）为了避免大跨度现浇梁施加预应力过程中产生柱顶附加弯矩及柱支座约束的影响，梁端支座可采用滑动—铰接式钢支座，如图2-39所示，待预应力施加后，支座再与梁端埋件焊接，并补浇混凝土。

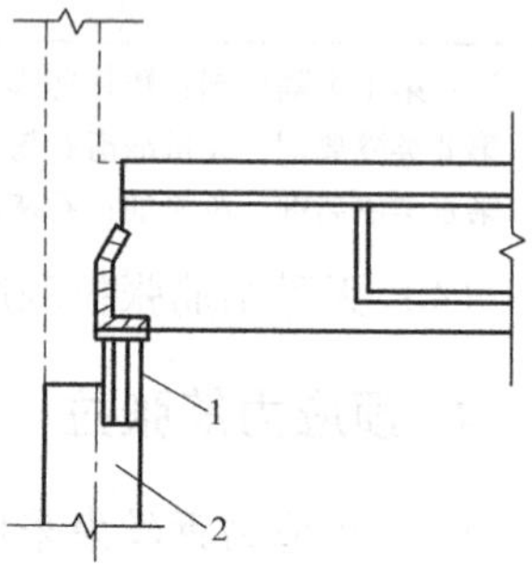

图2-39 滑动—铰接式钢支座

1—铰接式钢支座 2—柱子

（5）先张法预应力钢丝张拉。

1）单根钢丝张拉。冷拔钢丝可采用10kN电动螺杆张拉机或电动卷扬张拉机单根张拉，弹簧测力计测力，锥销式夹具锚固（图2-40）。

刻痕钢丝可采用20～30kN电动卷扬张拉机单根张拉，优质锥销式夹具锚固。

2）成组钢丝张拉。在预制厂以机组流水法或传送带法生产预应力多孔板时，还可在钢模上用镦头梳筋板夹具成批张拉（图2-41）。钢丝两端镦粗，一端卡在固定梳筋板上，另一端卡在张拉端的活动梳筋板上。用张拉钩（图2-42）钩住活动梳筋板，再通过连接套筒将张拉钩和拉杆式千斤顶连接，即可张拉。在长线台座上生产刻痕钢丝配筋的预应力薄板时，成组钢丝张拉用的镦头梳筋板夹具（图2-43）。

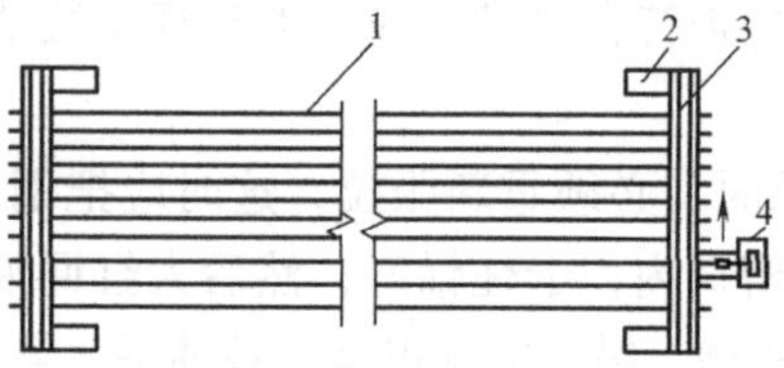

图2-40 用电动卷扬机张拉单根钢丝

1—冷拔低碳钢丝 2—台镦 3—钢横梁

4—电动卷扬张拉机

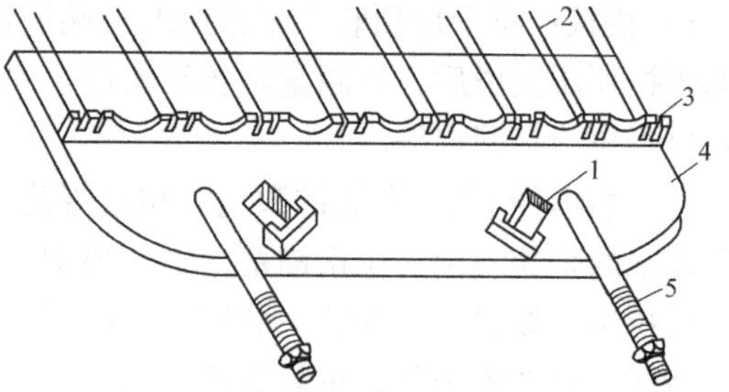

图2-41 镦头梳筋板夹具

1—张拉钩槽口 2—钢丝 3—钢丝镦头

4—活动梳筋板 5—锚固螺杆

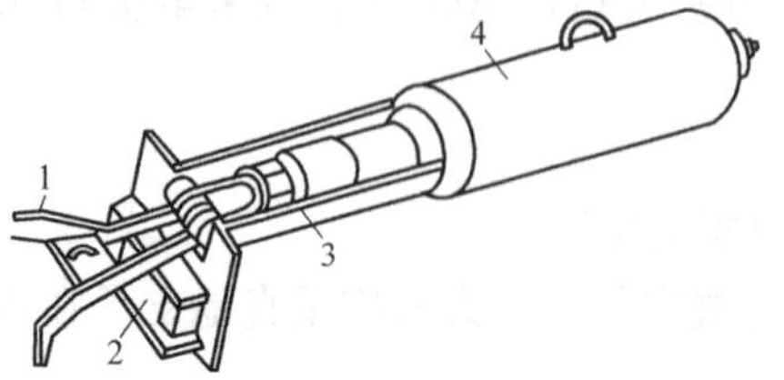

图2-42 张拉钩

1—张拉钩 2—承力架 3—连接套筒 4—拉杆式千斤顶

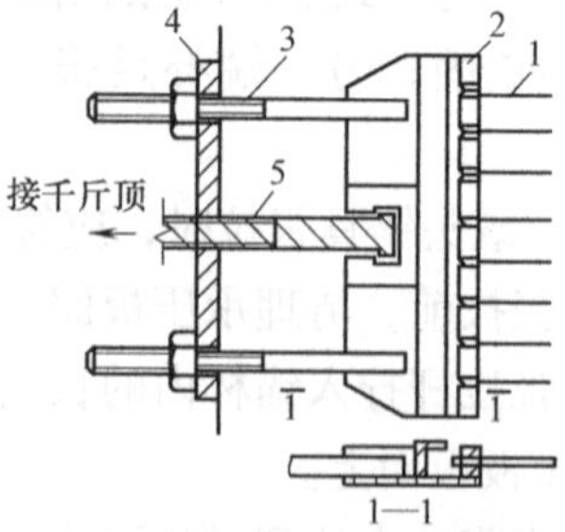

图2-43 刻痕钢丝用的镦头梳筋板夹具

1—带镦头的钢丝 2—梳子板 3—固定螺杆

4—U形垫板 5—张拉连接杆

十一、灌浆与封锚

1. 实际案例展示

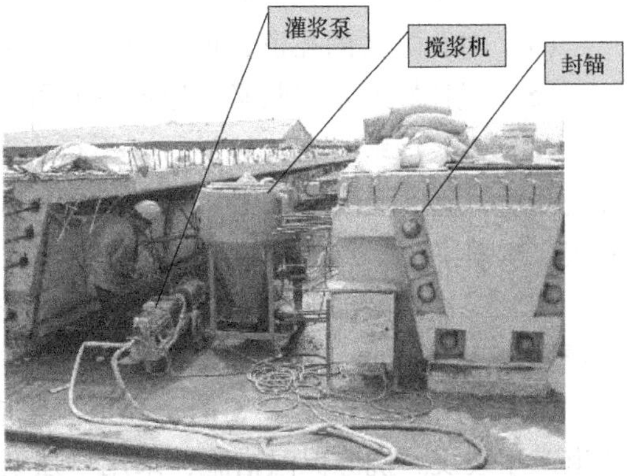

2. 灌浆施工

（1）预应力筋张拉后，孔道应尽快灌浆。用连接器连接的多跨连续预应力筋的孔道灌浆，应张拉完一跨随即灌筑一跨，不应在各跨全部张拉完毕后一次连续灌浆。

（2）灌浆前应对锚具夹片空隙和其他可能产生的漏浆处采用水泥浆或结构胶封堵。

（3）灌浆顺序应先下后上。

（4）对孔隙大的孔道，可采用砂浆灌浆。

（5）搅拌好的水泥浆必须通过过滤器置于贮浆桶内，并不断搅拌，以防泌水沉淀。

（6）灌浆应缓慢均匀地进行，不得中断，并应排气通顺；在孔道两端冒出浓浆并封闭排气孔后，应再继续加压至 $0.5\sim0.7\mathrm{N/mm^2}$，稍后封闭灌浆孔。不掺外加剂的水泥浆，可采用二次灌浆法。封闭顺序沿灌注方向依次封闭。

（7）二次灌浆时间要掌握恰当，一般在水泥浆泌水基本完成，初凝尚未开始时进行（夏季约30~45min，冬季约1~2h）。

（8）室外温度低于15℃时，孔道灌浆应采取抗冻保温措施，防止浆体冻涨使混凝土沿孔道产生裂纹。抗冻保温措施：采用早强型普通硅酸盐水泥，掺入一定量的防冻剂；水泥浆用温水拌和；灌浆后将构件保温，宜采用木模，待水泥浆强度上升后，再拆除模板。灌浆时水泥浆的温度宜为10~25℃。

（9）灌浆泵使用应注意下列事项：

1）使用前应检查球阀是否损坏或存有干灰浆等。

2）启动时应进行清水试车，检查各管道接头和泵体盘根是否漏水。

3）使用时应先开动灌浆泵，然后再放灰浆。

4）使用时应随时搅拌灰斗内灰浆，防止沉淀。

3. 封锚施工

（1）锚具的封闭保护应符合设计要求。预应力筋的外露锚具必须有严格的密封保护，应采取防止锚具受机械损伤或遭受腐蚀的有效措施。

（2）无黏结预应力筋张拉完毕后，对镦头锚具，应先用油枪通过锚杯注油孔向连接套管内注入足量防腐油脂（以油脂从另一注油孔溢出为止），然后用防腐油脂将锚杯内充填密实，并用塑料或金属帽盖严（图2-44a），再在锚具及承压板表面涂以防水涂料；对夹片锚

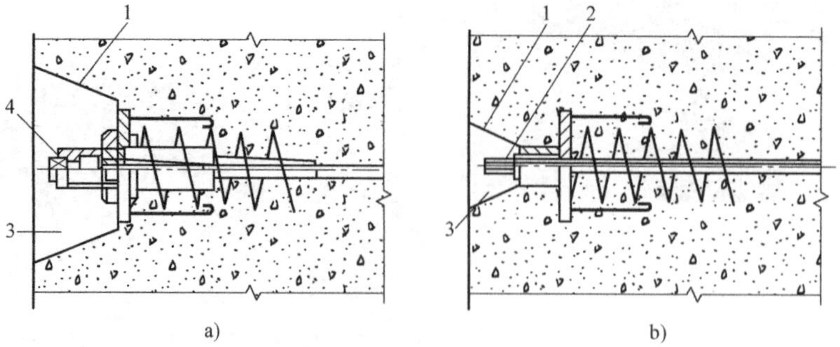

图2-44 锚具的保护

a）镦头锚具的保护 b）夹片锚具的保护

1—涂胶粘剂 2—涂防水涂料 3—后浇混凝土 4—塑料或金属帽

具，可先切除外露无黏结预应力筋多余长度，然后在锚具及承压板表面涂以防水涂料（图2-44b）。

（3）按上述规定进行处理后的无黏结预应力筋锚固区，应用后浇膨胀混凝土或低收缩防水砂浆或环氧砂浆密封。在浇筑砂浆前，宜在槽口内壁涂以环氧树脂类胶粘剂。锚固区也可用后浇的外包钢筋混凝土圈梁进行封闭。

（4）对不能使用混凝土或砂浆包裹层的部位，应对无黏结预应力筋的锚具全部涂以与无黏结预应力筋涂料层相同的防腐油脂，并用具有可靠防腐和防火性能的保护套将锚具全部密闭。

第四节　混凝土工程

一、原材料、预拌混凝土

1. 实际案例展示

2. 检查要点

（1）水泥进场时应对其品种、级别、包装或散装仓号、出厂日期等进行检查，并应对其强度、安定性及其他必要的性能指标进行复验，其质量必须符合现行国家标准《通用硅酸盐水泥》（GB 175—2007）等的规定。

当在使用中对水泥质量有怀疑或水泥出厂超过三个月（快硬硅酸盐水泥超过一个月）时，应进行复验，并按复验结果使用。

钢筋混凝土结构、预应力混凝土结构中，严禁使用含氯化物的水泥。

（2）混凝土中掺用外加剂的质量及应用技术应符合现行国家标准《混凝土外加剂》（GB 8076—2008）、《混凝土外加剂应用技术规范》（GB 50119—2013）等和有关环境保护的规定。预应力混凝土结构中，严禁使用含氯化物的外加剂。钢筋混凝土结构中，当使用含氯化物的外加剂时，混凝土中氯化物的总含量应符合现行国家标准《混凝土质量控制标准》（GB 50164—2011）的规定。

（3）混凝土中氯化物和碱的总含量应符合现行国家标准《混凝土结构设计规范》（GB

50010—2010）和设计的要求。

（4）混凝土中掺用矿物掺合料的质量应符合现行国家标准《用于水泥和混凝土中的粉煤灰》（GB 1596—2005）等的规定。矿物掺合料的掺量应通过试验确定。

（5）普通混凝土所用的粗、细骨料的质量应符合国家现行标准《普通混凝土用砂、石质量及检验方法标准》（JGJ 52—2006）的规定。

（6）拌制混凝土宜采用饮用水；当采用其他水源时，水质应符合国家现行标准《混凝土用水标准》（JGJ 63—2006）的规定。

二、混凝土搅拌

1. 实际案例展示

2. 施工要点

（1）混凝土搅拌可分为现场搅拌和场外预拌。现场混凝土搅拌所用机械一般为自落式和强制式两大类。混凝土搅拌机停放的场所应平坦坚硬，并有良好的排水条件。其场地要求还应符合建筑安全管理规定及国标 GB/T 24001—2004idt ISO 14001—2004 和企业程序文件的有关规定（包括沉淀池、污水排放、扬尘、施工噪声控制等）。

（2）搅拌要求：搅拌混凝土前使搅拌机加水空转数分钟，将积水倒净，使搅拌筒充分润湿。搅拌第一盘时考虑粘在搅拌机筒壁和叶片上的砂浆损失，石子用量应按配合比规定减半。每盘搅拌好的混凝土要卸净后再投入拌合料，搅拌下一盘混凝土，不得采取边出料边进料的方法进行搅拌。严格控制水灰比和坍落度，未经试验人员同意不得随意加减用水量。

（3）配合比控制：混凝土搅拌前，应将施工用混凝土配合比进行挂牌明示，并对混凝土搅拌施工人员进行详细技术交底。

混凝土原材料每盘称量的偏差应符合表 2-9 的规定，并于每工作班对原材料的计量情况进行不少于一次的复称。

表 2-9 原材料每盘称量的允许偏差

材料名称	允许偏差	材料名称	允许偏差
水泥、掺合料	±2%	水、外加剂	±2%
粗、细骨料	±3%		

注：1. 各种衡器应定期校验，每次使用前应进行零点校核，保持计量准确。

2. 当遇雨天或含水率有显著变化时，应增加含水率检测次数，并及时调整水和骨料的用量。

（4）搅拌。

1）每台班开始前，对搅拌机及上料设备进行检查并试运转；对所用计量器具进行检查并校对施工配合比；对所用原材料的规格、品种、产地、牌号及质量进行检查，并与施工配合比进行核对；对砂、石的含水率进行检查，如有变化，及时通知试验人员调整用水量。一切检查符合要求后，方可开盘拌制混凝土。

2）混凝土搅拌时的装料顺序是石子——水泥——砂。

在每次开始搅拌之后或开始按新的配合比拌制或原材料有变化时，应对开拌后的第二三罐混凝土拌合物做开盘鉴定：记录搅拌时间（从原材料全部投入搅拌机筒开始到混凝土拌合物开始卸出为止的时间）；观察拌合物的颜色是否一致，搅拌是否均匀；和易性和坍落度是否符合要求等。若经鉴定其工作性能符合要求，则继续搅拌；若不符合要求，则立即进行调整，直到符合要求为止。

3）混凝土拌合物的搅拌时间，随搅拌机的类型及混凝土的组成材料不同而异，在生产中应根据混凝土拌合物要求的均匀性、所使用搅拌类型、混凝土的强度增长效果及生产效率多种因素，规定合适的搅拌时间，但混凝土搅拌最短时间应符合表2-10的规定。

表2-10　混凝土搅拌最短时间　（单位：s）

混凝土坍落度/mm	搅拌机类型	搅拌机容积/L		
		小于250	250～500	大于500
小于及等于30	自落式	90	120	150
	强制式	60	90	120
大于30	自落式	90	90	120
	强制式	60	60	90

注：掺有外加剂时，搅拌时间应适当延长。

在拌和掺有掺合料（如粉煤灰等）的混凝土时，宜先以部分水、水泥及掺合料在机内拌和后，再加入砂、石及剩余水，并适当延长搅拌时间。

4）使用外加剂时，应注意检查核对外加剂品名、生产厂家、牌号等。当采用粉状外加剂时，预先按每罐用量做成小包装；当用液体外加剂时，应经常检查外加剂的浓度，并应经常搅拌，使其浓度均匀一致，防止沉淀，使用带刻度的量筒添加。

三、混凝土运输

1. 实际案例展示

2. 施工要点

（1）混凝土运输到浇筑地点，应符合混凝土浇筑时规定的坍落度。在混凝土运输中应控制混凝土运至浇筑地点后，不离析、不分层、组成成分不发生变化，并保证混凝土施工所需要的工作性能。运送混凝土的容器和管道，要不吸水、不漏浆，并保证卸料及输送通畅。容器和管道在冬、夏季都要有保温或隔热措施。

（2）混凝土应以最少的转运次数和最短时间，从搅拌地点运到浇筑地点。采用搅拌车运输时，混凝土从搅拌机中卸出到浇筑完毕的延续时间不宜超过表2-11的规定。

表2-11 混凝土从搅拌机中卸出到浇筑完毕的延续时间 （单位：min）

混凝土强度等级	气温	
	不高于25℃	高于25℃
不高于C30	120	90
高于C30	90	60

注：对掺加外加剂或快硬水泥拌制的混凝土，其延续时间应按试验确定。

（3）当采用机动翻斗车运输时，场内道路应平坦，临时坡道和支架应牢固，接头须平顺，以减少混凝土在运输过程中因振荡、颠簸造成分层离析或遗撒。

四、混凝土泵送

1. 实际案例展示

2. 施工要点

（1）泵送混凝土宜采用商品混凝土。不得采用人工拌制的混凝土进行泵送。泵送混凝土宜用混凝土搅拌运输车运送。

（2）当混凝土泵送连续作业时，每台混凝土泵所需配备的混凝土搅拌运输车台数，可按式（2-8）计算

$$N_1 = Q_1/60S_0 \times (60L_1/v_1 + T_1) \tag{2-8}$$

式中 N_1——混凝土搅拌运输车台数（台）；

Q_1——每台混凝土泵的实际平均输出量（m^3/h）；

S_0——每台混凝土搅拌运输车容量（m^3）；

v_1——混凝土搅拌运输车平均行车速度（km/h）；

L_1——混凝土搅拌运输车往返距离（km）；

T_1——每台混凝土搅拌运输车总计停歇时间（min）。

（3）混凝土泵的平均输出量，可根据混凝土泵的最大输出量、配管情况和作业效率，按式（2-9）计算

$$Q_1 = Q_{max} \times \alpha_1 \times \eta \qquad (2\text{-}9)$$

式中　Q_1——每台混凝土砂的平均输出量（m^3/h）；

Q_{max}——每台混凝土泵的实际平均最大输出量（m^3/h）；

α_1——配管条件系数，可取0.8～0.9；

η——作业效率。根据混凝土搅拌运输车向混凝土泵供料的间断时间，拆装混凝土输送管和布料停歇等情况，可取0.5～0.7。

（4）混凝土泵的最大水平输送距离可按式（2-10）计算

$$L_{max} = P_{max}/\Delta\rho H \qquad (2\text{-}10)$$

其中：

$$\Delta\rho H = 2/r_0[K_1 + K_2(1 + t_2/t_1)v_2]\alpha_2 \qquad (2\text{-}11)$$

$$K_1 = (3.00 - 0.1S_1)\cdot 10^2 \qquad (2\text{-}12)$$

$$K_2 = (4.00 - 0.1S_1)\cdot 10^2 \qquad (2\text{-}13)$$

式中　L_{max}——混凝土泵的最大水平输送距离（m）；

P_{max}——混凝土泵的最大出口压力（Pa）；

$\Delta\rho H$——混凝土在水平输送管内流动每米产生的压力损失（Pa/m）；

r_0——混凝土输送管半径（m）；

K_1——黏着系数（Pa）；

K_2——速度系数［Pa/(m·s)］；

S_1——混凝土坍落度（mm）；

t_2/t_1——混凝土泵分配阀切换时间与活塞推压混凝土时间之比，一般取0.3；

v_2——混凝土在输送管内的平均流速（m/s）；

α_2——径向压力与轴向压力之比，对普通混凝土取0.90。

（5）混凝土泵送的换算压力损失，可按表2-12和表2-13换算。

表2-12　混凝土泵送的换算压力损失

管件名称	换算值	换算压力损失/MPa	管件名称	换算值	换算压力损失/MPa
水平管	每20m	0.10	90°弯管	每只	0.10
垂直管	每5m	0.10	管卡	每个	0.80
45°弯管	每只	0.05	3～5m橡胶软管	每根	0.20

表2-13　附属于泵体的换算压力损失

部位名称	换算值	换算压力损失/MPa
Y形管175～125mm	每只	0.05
分配阀	每个	0.08
混凝土泵启动内耗	每台	2.80

（6）混凝土泵的台数，可根据混凝土浇筑的数量和混凝土泵单机的实际平均输出量和施工作业时间，按式（2-14）计算

$$N_2 = Q/Q_1 T_0 \tag{2-14}$$

式中 N_2——混凝土泵数量（台）；

Q——混凝土浇筑数量（m^3）；

Q_1——每台混凝土泵的平均输出量（m^3/h）；

T_0——混凝土泵送施工作业时间（h）。

重要工程的混凝土泵送施工，混凝土泵的所需台数，除根据计算确定外，宜有一定的备用台数。

（7）混凝土泵的布置要求。

1）混凝土泵车的布置应考虑下列条件：

① 混凝土泵设置处，应场地平整、坚实，道路畅通，供料方便，距离浇筑地点近，便于配管，具有重车行走条件。混凝土泵应尽可能靠近浇筑地点。在配制泵送混凝土布料设备时，应根据工程特点、施工工艺、布料要求等进行选择。布置布料设备应根据结构平面尺寸、配管情况等考虑，要求布料设备应能覆盖整个结构平面，并能均匀、迅速地进行布料。设备应牢固、稳定，且不影响其他工序的正常操作。布料设备不得碰撞或直接搁置在模板上。布料杆或布料机应设钢支架架空，不得直接支承在钢筋骨架上。

泵机必须放置在坚固平整的地面上。在安置混凝土泵时，应根据要求将其支腿完全伸出，并插好安全销。在场地软弱时，采取措施在支腿下垫枕木等，以防混凝土泵移动或倾翻。混凝土泵与输送管连通后，应按所用混凝土泵使用说明书的规定进行全面检查，符合要求后方能开机进行空运转。

② 在使用布料杆或布料机作业时，能使浇筑部位尽可能地在布料杆的工作范围内，尽量少移动泵车即能完成浇筑。多台混凝土泵或泵车同时浇筑时，选定的位置要使其各自承担的浇筑量接近，最好能同时浇筑完毕，避免留置施工缝。

③ 接近排水设施和供水、供电方便。在混凝土泵的作业范围内，不得有阻碍物、高压电线，同时要有防范高空坠物的设施。

④ 当高层建筑或高耸构筑物采用接力泵泵送混凝土时，接力泵的设置位置应使上、下泵的输送能力相匹配。设置接力泵的楼面或其他结构部位应验算其结构所能承受的荷载，必要时应采取加固措施。

2）混凝土输送管应根据粗骨料最大粒径、混凝土泵型号、混凝土输出量和输送距离，以及输送难易程度等进行选择。输送管应使用无龟裂、无凹凸损伤和无弯折的管段。输送管的接头应严密，有足够强度，并能快速装拆。常用混凝土输送管规格见表 2-14。混凝土输送管管径与粗骨料最大粒径的关系见表 2-15。

表 2-14 常用混凝土输送管规格

混凝土输送管种类		管径/mm		
		100	125	150
焊接直管	外径	109.0	135.0	159.2
	内径	105.0	131.0	155.2
	壁厚	2.0	2.0	2.0
无缝直管	外径	114.3	139.8	165.2
	内径	105.3	130.8	155.2
	壁厚	4.5	4.5	5.0

表 2-15　混凝土输送管道与粗骨料最大粒径的关系

粗骨料最大粒径/mm		输送管最小管径/mm
卵　石	碎　石	
20	20	100
25	25	100
40	40	125

（8）混凝土的泵送施工。

1）泵送前准备：混凝土泵的操作是一项专业技术工作。安全使用及操作，应严格执行使用说明书及其他有关规定。同时应根据使用说明书制订专门操作要点。操作人员必须经过专门培训后，方可上岗独立操作。

混凝土泵施工现场，应有统一指挥和调度，以保证顺利施工。

泵送施工时，应规定联络信号和配备通信设备，可采用有线或无线通信设备等进行混凝土泵、搅拌运输车和搅拌站与浇筑地点之间的通信联络。

2）泵送混凝土：混凝土泵启动后，应先泵送适量水（约 10L）以湿润混凝土泵的料斗、活塞及输送管的内壁等直接与混凝土接触部位。经泵送水检查，确认混凝土泵和输送管路无异常后，先泵送砂浆（可采用与将泵送的混凝土同配合比的去石水泥砂浆或 1∶2 水泥砂浆）润滑管道，润滑用的砂浆应分散布料，不得集中浇筑在同一处。

开始泵送时，混凝土泵应处于慢速，匀速并随时可能反泵的状态。泵送的速度应先慢，后加速。同时，应观察混凝土泵的压力和各系统的工作情况，待各系统运转顺利，方可以正常速度进行泵送。混凝土泵送应连续进行。如必须中断时，其中断时间不得超过搅拌至浇筑完毕所允许的延续时间。

泵送混凝土时，混凝土泵的活塞应尽可能保持在最大行程运转。一是提高混凝土泵的输出效率，二是有利于机械的保护。混凝土泵的水箱或活塞清洗室中应经常保持充满水。如输送管内吸入了空气，应立即进行反泵吸出混凝土，将其置于料斗中重新搅拌，排出空气后再泵送。

在混凝土泵送过程中，如果需要接长输送管长于 3m 时，仍应用水和水泥砂浆润滑管道内壁。混凝土泵送中，不得把拆下的输送管内的混凝土撒落在未浇筑的地方。

在泵送过程中，当混凝土泵出现压力升高且不稳定、油温升高、输送管有明显振动等现象而泵送困难时，不得强行泵送，应立即查明原因，采取措施排除。一般可先用木槌敲击输送弯管、锥形管等部位，并进行慢速泵送或反泵，防止堵塞。当输送管堵塞时，应采取下列措施排除：

① 反复进行反泵和正泵，逐步吸出混凝土至料斗中，重新搅拌后再泵送。

② 可用木槌敲击等方法，查明堵塞部位，可在管外敲击以击松管内混凝土，并重复进行反泵和正泵，排除堵塞。

③ 当上述两种方法均无效时，应在混凝土卸压后，拆除堵塞部位的输送管，排出混凝土堵塞物后，再接通管道。重新泵送前，应先排除管中空气，拧紧接头。

在泵送混凝土过程中，若需要有计划中断泵送时，应预先考虑确定的中断浇筑部位，停止泵送；并且中断时间不要超过1h。同时应采取下列措施：

① 混凝土泵车卸料清洗后重新泵送，采取措施或利用臂架将混凝土泵入料斗中，进行慢速间歇循环泵送；用配管输送混凝土时，可进行慢速间歇泵送。

② 固定式混凝土泵，可利用混凝土搅拌车内的料，进行慢速间歇泵送；或利用料斗内的混凝土拌合物，进行间歇反泵和正泵。

③ 慢速间歇泵送时，应每隔4~5min进行四个行程的正、反泵。

当向下输送时，应先把输送管上气阀打开，待输送管下段混凝土有了一定压力时，方可关闭气阀。

当混凝土泵送即将结束时，应正确计算尚需用的混凝土数量，并应及时告知混凝土搅拌站，防止剩余过多的混凝土。

泵送过程中被废弃的混凝土和泵送终止多余的混凝土，应按预先确定的处理方法和场所进行妥善处理。

泵送完毕，应将混凝土泵和输送管清洗干净。在排除堵塞物，重新泵送或清洗混凝土泵时，布料设备的出口应朝向安全方向，以防堵塞物或废浆飞出伤人。

五、混凝土浇筑

1. 实际案例展示

振捣棒

扫毛

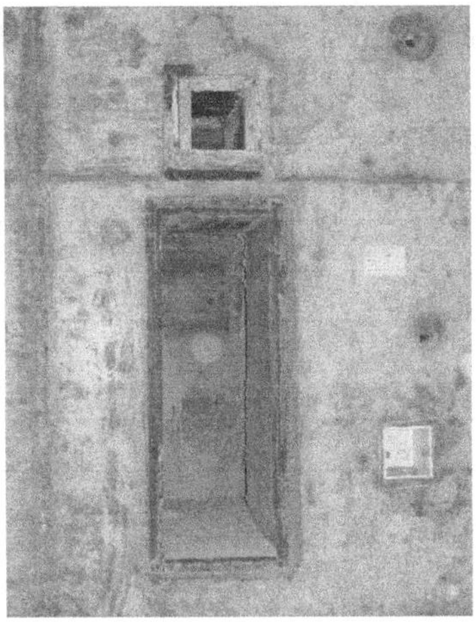

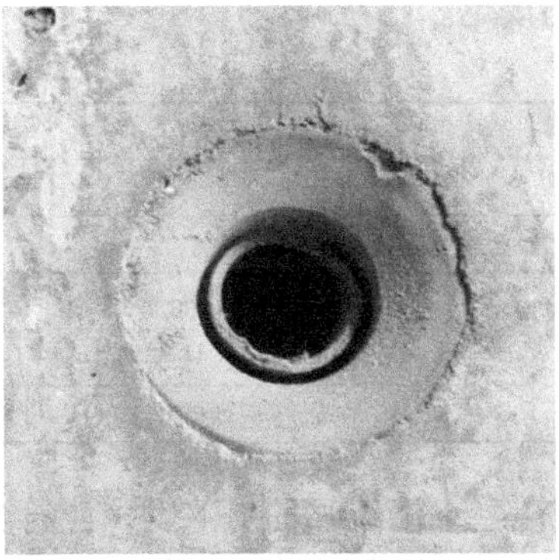

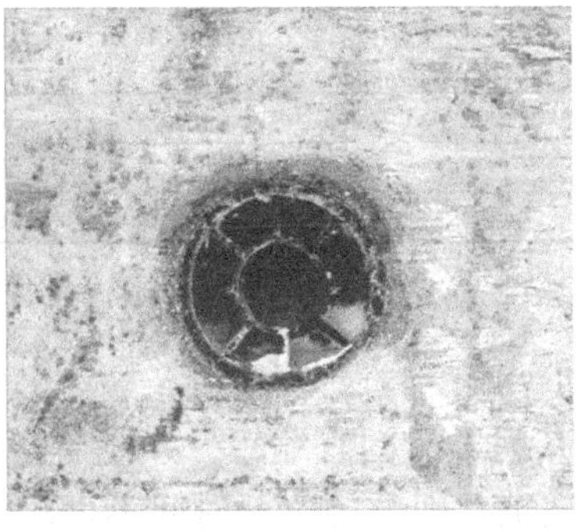

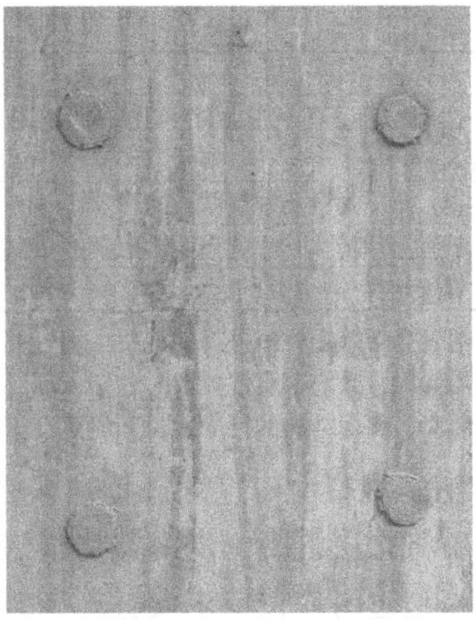

2. 施工要点

（1）混凝土浇筑应根据工程对象、结构特点，结合现场具体条件制订混凝土浇筑施工方案。

（2）混凝土浇筑前，搅拌机、运输车、料斗、串筒、振动器等机具设备按需要准备充足，并考虑发生故障时的修理时间。重要工程，应有备用的搅拌机和振动器。特别是采用泵送混凝土，一定要有备用泵。所用的机具均应在浇筑前进行检查和试运转，同时配有专职技工，随时检修。浇筑前，必须核实一次浇筑完毕或浇筑至某施工缝前的工程材料，以免停工待料。

（3）在混凝土浇筑期间，应保证水、电照明不中断。为了防止施工中突然临时停电，事先应与供电部门联系，重要工程应在现场设备用发电机组，以防出现意外停电造成质量事故。

（4）加强气象预测预报的联系工作。在混凝土施工阶段应掌握天气的变化情况，特别在雷雨台风季节和寒流突然袭击之际，更应注意，以保证混凝土连续浇筑顺利进行，确保混凝土质量。

根据工程需要和季节施工特点，应准备好在浇筑过程中所必需的抽水设备和防雨、防暑、防寒等物资。

（5）混凝土应分层浇筑，每层浇筑厚度应根据混凝土的振捣方法而定，其厚度应符合表2-16的规定。

表2-16　混凝土浇筑层厚度　（单位：mm）

捣实混凝土的方法		浇筑层的厚度
插入式振捣		振捣器作用部分长度的1.25倍
表面振动		200
人工捣固	在基础、无筋混凝土或配筋稀疏的结构中	250
	在梁、墙板、柱结构中	200
	在配筋密列的结构中	150

（6）混凝土浇筑时的坍落度，应符合表2-17的规定，如采用预拌及泵送混凝土时，其坍落度应根据工程实际需要确定。

表2-17　混凝土浇筑时的坍落度　（单位：mm）

项次	结构种类	坍落度
1	基础或地面等的垫层、无配筋的厚大结构（挡土墙、基础或厚大的块体等）或配筋稀疏的结构	10～30
2	板、梁及大型及中型截面的柱子等	30～60
3	配筋密列的结构（薄壁、斗仓、筒仓、细柱等）	50～70
4	配筋特密的结构	70～90

注：1. 本表是指采用机械振捣的混凝土坍落度，采用人工振捣时可适当增大混凝土坍落度。
2. 需要配置大坍落度混凝土时应加入混凝土外加剂。
3. 曲面、斜面结构的混凝土，其坍落度应根据需要另行选用。

（7）浇筑混凝土应连续进行，如必须间歇时，其间歇时间宜缩短，并应在前层混凝土初凝之前，将次层混凝土浇筑完毕。混凝土运输、浇筑及间歇的全部时间不得超过表2-18的规定，当超过时应按要求设置施工缝。

表 2-18 混凝土运输、浇筑和间歇的允许时间 （单位：min）

混凝土强度等级	气温	
	≤25℃	>25℃
≤C30	210	180
>C30	180	150

注：当混凝土中掺加有促凝或缓凝型外加剂时，其允许时间应根据试验结果确定。

（8）混凝土浇筑应符合以下规定：

1）在混凝土浇筑工序中，应控制混凝土的均匀性和密实性。混凝土拌合物运至浇筑地点后，应立即浇筑入模。在浇筑过程中，如发现混凝土拌合物的均匀性和稠度发生较大的变化，应立即进行处理。

2）浇筑混凝土时，应注意防止混凝土的分层离析。混凝土由料斗、漏斗内卸出进行浇注时，其自由倾落高度一般不宜超过2m，在竖向结构中浇筑混凝土的高度不得超过3m，否则应采用串筒、斜槽、溜管等下料。

3）浇筑竖向结构混凝土前，底部应先填以50~100mm厚与混凝土成分相同的水泥砂浆。

4）在浇筑混凝土时，应经常观察模板、支架、钢筋、预埋件和预留孔洞的情况，当发现有变形、移位时，应立即停止浇筑，并应在已浇筑的混凝土凝结前修整完好。

5）混凝土在浇筑及静置过程中，应采取措施防止产生裂缝。由于混凝土的沉降及干缩产生的非结构性的表面裂缝，应在混凝土终凝前予以修整。在浇筑与柱和墙连成整体的梁和板时，应在柱和墙浇筑完毕后停歇1~1.5h，使混凝土获得初步沉实后，再继续浇筑，以避免接缝处出现裂缝。

6）梁和板应同时浇筑混凝土。较大尺寸的梁（梁的高度大于1m）、拱和类似的结构，可独立浇筑混凝土。但施工缝的设置应符合有关规定。

（9）基础混凝土浇筑。

1）基础浇筑前，应根据混凝土基础顶面的标高在两侧模板上弹出标高线。

在地基上浇筑混凝土垫层时，对地基应事先按设计标高和轴线等进行校正，并应清除淤泥和杂物；并应有排水和防水；对干燥的非黏性土，应洒水湿润，并防止产生积水。

2）浇筑条形基础应分段分层连续进行，一般不留施工缝。各段各层间应互相衔接，每段长2~3m，逐段逐层呈阶梯形推进。

3）浇筑台阶式基础，应按每一台阶高度内分层一次连续浇筑完成（预制柱的高杯口基础的高台部分应另行分层），不允许留设施工缝，每层先浇边角，后浇中间，摊铺均匀，振捣密实。每一台阶浇完，台阶部分表面应随即原浆抹平。浇筑台阶式柱基时，为防止垂直交角处可能出现吊脚（上层台阶与下口混凝土脱空）现象，在浇筑台阶式柱基时，采取如下措施：

① 在第一级混凝土捣固下沉20~30mm后暂不填平，继续浇筑第二级，先用铁锹沿第二级模板底圈做成内外坡，然后再分层浇筑，外圈边坡的混凝土于第二级振捣过程中自动振实。待第二级混凝土浇筑后，再将第一级混凝土齐模板顶边拍实抹平。

② 在第二级模板外先压以200mm×100mm的压角混凝土并加以振捣后，再继续浇筑第二级。待压角混凝土接近初凝时，将其铲平重新搅拌利用；如果条件许可，宜采用柱基流水作业方式，即顺序先浇一排杯基第一级混凝土，回转依次浇筑第二级。这样对已浇筑好的第

一阶混凝土将有一个下沉的时间，在振捣二阶混凝土时必须保证不出现施工缝。

4）为保证杯形基础杯口底标高的正确性，宜先将杯口底混凝土振实并稍停片刻，再浇筑振捣杯口模四周的混凝土，振动时间尽可能缩短。同时还应特别注意杯口模板的位置，应在两侧对称浇筑，以免杯口模挤向一侧或由于混凝土泛起而使芯模上升。

5）锥式基础，应注意斜坡部位混凝土的捣固质量，在振捣器振捣完毕后，把斜坡表面拍平，使其符合设计要求。

6）浇筑现浇柱基础应保证柱子插筋位置的准确，防止位移和倾斜。浇筑时，先满铺一层50~100mm厚的混凝土，并捣实，使柱子插筋下端与钢筋网片的位置基本固定，然后再继续对称浇筑，并避免碰撞钢筋。

7）混凝土捣固一般采用插入式振动器，其移动间距不大于作用半径的1.25倍。

8）在厚大无筋基础混凝土中，经设计同意，可填充部分大卵石或块石，但其数量一般不超过混凝土体积的25%，并应均匀分布，间距不小于100mm，最上层应有不小于10mm厚的混凝土覆盖层。

9）混凝土浇筑过程中，应有专人负责注意观察模板、支撑、管道和预留孔洞有无移动情况，当发现变形位移时，应立即停止浇筑，并应在已浇筑的混凝土凝结前修整完好，才能继续浇筑。混凝土浇筑完后表面应用木抹子压实搓平，已浇筑完的混凝土，应在12h内覆盖并适当浇水养护，一般养护不少于7d。

10）设备基础浇筑：设备基础一般要求一次连续浇筑完成。一般应分层浇筑，并保证上下层之间不留施工缝，每层混凝土的厚度为200~300mm。每层浇筑顺序应从低处开始，沿长边方向自一端向另一端浇筑，也可采取中间向两端或两端向中间浇筑的顺序。

浇筑过程中，对一些特殊部分要引起注意，以确保工程质量。

① 地脚螺栓：地脚螺栓一般利用木方固定在模板上口，混凝土浇筑时要注意控制混凝土的上升速度，使两边均匀上升，不使模板上口位移，以免造成螺栓位置偏差。对于大直径地脚螺栓，在混凝土浇筑过程中，应用经纬仪随时观测，发现偏差及时纠正。地脚螺栓的螺纹部分应预先涂好黄油，用塑料布进行保护。

② 预留栓孔：预留栓孔一般采用楔形木塞或模板留孔，由于一端固定，在混凝土浇筑时应注意保证其位置垂直正确。木塞宜涂以油脂以易于脱模。浇筑后，应在混凝土初凝时及时将木塞取出，否则将会造成难拔并可能损坏预留孔附近的混凝土。

③ 预埋管道：浇筑有预埋大型管道的混凝土时，常会出现蜂窝。为此，在浇筑混凝土时应注意粗骨料颗粒不宜太大，稠度应适宜，先振捣管道的底面和两侧混凝土，待有浆冒出时，再浇筑管面混凝土。

受动力作用的设备基础的上表面与设备基座底部之间，用混凝土（或砂浆）进行二次浇筑时，应遵守下列规定：

浇筑前应先清除地脚螺栓、设备底座部分及垫板等处的油污、浮锈等杂物，基础混凝土表面冲洗干净，保持湿润。浇筑混凝土（或砂浆），必须在设备安装调整合格后进行。其强度等级应按设计确定；如设计无规定时，可按原基础的混凝土强度等级提高一级，并不得低于C15。混凝土的粗骨料粒径可根据缝隙厚度选用5~15mm，当缝隙厚度小于40mm时，宜采用水泥砂浆。

二次浇筑混凝土的厚度超过200mm时，应加配钢筋，配筋方法由设计确定。

11）地下室混凝土的浇筑：地下室混凝土浇筑一般采取分段进行，浇筑顺序为先底板，后墙壁、柱，最后顶部梁板。外墙水平施工缝应在底板面上部300～500mm范围内和无梁顶板下部300～500mm处，并做成企口形式，有严格防水要求，应在企口中部设钢板（或塑料）止水带，内墙与外墙之间可留垂直缝。大型地下室，长度超过40m，为避免出现温度收缩裂缝，可按设计要求留设后浇带或膨胀加强带，主筋按原设计不切断，经设计要求的预置时间后，再在预留的后浇带用高一强度等级的微膨胀混凝土灌筑密实（膨胀加强带在浇筑混凝土时先用高一级的膨胀混凝土浇筑），接着正常浇筑混凝土。施工中如有间歇，外墙的水平施工缝宜留凸缝；垂直施工缝（后浇缝、带）宜用凹缝；内墙的水平和垂直施工缝多采用平缝；内墙与外墙之间可留垂直缝。

地下室底板、墙和顶板浇筑完后，要加强覆盖，并浇水养护；冬期要保温，防止温差过大出现裂缝。地下室混凝土浇筑完毕应防止长期暴露，要抓紧基坑的回填，回填土要在相对的两侧或四周同时均匀进行，分层夯实。

（10）竖向结构混凝土浇筑：

1）柱、墙混凝土浇筑前底部应先填以50～100mm厚与混凝土配合比相同减半石水泥砂浆。

2）混凝土自吊斗口下落的自由倾落高度不得超过2m，浇筑高度如超过2m时必须采取措施，用串桶、溜管、振动溜管使混凝土下落，或在柱、墙体模板上留设浇捣孔等。浇筑混凝土时应分段分层连续进行，浇筑层高度应根据结构特点、钢筋疏密决定，一般为振捣器作用部分长度的1.25倍，最大不超过500mm。

3）使用插入式振捣器应快插慢拔，插点要均匀排列，逐点移动，顺序进行，不得遗漏，做到均匀振实。移动间距不大于振捣作用半径的1.25倍（一般为300～400mm）。振捣上一层时应插入下层50mm，以消除两层间的接缝。

4）浇筑混凝土应连续进行，如必须间歇，其间歇时间应尽量缩短，并应在前层混凝土凝结之前，将次层混凝土浇筑完毕。间歇的最长时间应按所用水泥品种、气温及混凝土凝结条件确定，一般超过2h应按施工缝处理。混凝土运输、浇筑和间歇的全部时间不得超过表2-19的规定，当超过规定时间应留置施工缝。

5）在浇筑混凝土时，应经常观察模板、钢筋、预留孔洞、预埋件和插筋等有无移动、变形或堵塞情况，发现问题应立即处理，并应在已浇筑的混凝土凝结前修正完好。

（11）水平结构混凝土浇筑：

1）梁、板应同时浇筑，浇筑方法应由一端开始用“赶浆法”，即先浇筑梁，根据梁高分层浇筑成阶梯形，当达到板底位置时再与板的混凝土一起浇筑，随着阶梯形不断延伸，梁板混凝土浇筑连续向前进行。浇筑混凝土时，应经常观察模板、钢筋、预留孔洞、预埋件和插筋等有无移动、变形或堵塞情况，发现问题应立即处理，并应在已浇筑的混凝土凝结前修正完好。

与板连成整体高度大于1m的梁，允许单独浇筑，其施工缝应留在板底以下20～30 mm处。浇捣时，浇筑与振捣必须紧密配合，第一层下料慢些，梁底充分振实后再下二层料，用“赶浆法”保持水泥浆沿梁底包裹石子向前推进，每层均应振实后再下料，梁底及梁帮部位要注意振实，振捣时不得触动钢筋及预埋件。

2）梁柱节点钢筋较密时，浇筑此处混凝土时宜用小粒径石子同强度等级的混凝土浇筑，并用小直径振捣棒振捣。

3）浇筑板混凝土的虚铺厚度应略大于板厚，用平板振捣器垂直浇筑方向来回振捣，厚板可用插入式振捣器顺浇筑方向拖拉振捣，振捣完毕后用大杠刮平、长木抹子抹平。施工缝或有预埋件及插筋处用木抹子找平。浇筑板混凝土时不允许用振捣棒铺摊混凝土。

4）当梁柱混凝土强度等级不同时，梁柱节点区高强度等级混凝土与梁的低强度等级混凝土交界面处理，应按设计要求执行。当设计无规定时，梁柱节点区混凝土强度等级应与柱相同，并应先浇筑梁柱节点区高强度等级混凝土，再浇筑梁的低强度等级混凝土，两种强度等级混凝土的交界面应设在梁上（图2-45），并在浇筑节点区高强度等级混凝土时，用钢丝网在临时间断处隔开，以防止高强度等级混凝土过多地流入梁内，并保证节点区混凝土能够振捣密实。梁的混凝土必须在节点区混凝土初凝前浇筑。

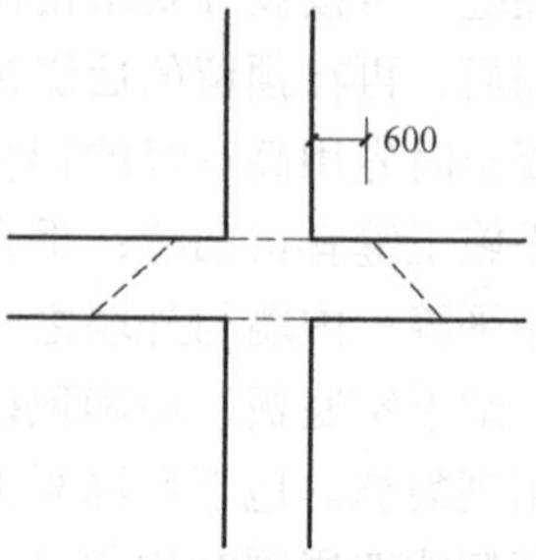

图2-45　梁、柱不同强度等级混凝土交界面处理

注：图中交界面倾角为45°

（12）楼梯混凝土浇筑：

1）楼梯段混凝土自下而上浇筑，先振实底板混凝土，达到踏步位置时再与踏步混凝土一起浇捣，不断连续向上推进，并随时用木抹子（或塑料抹子）将踏步上表面抹平。

2）施工缝位置：楼梯混凝土宜连续浇筑完，多层楼梯的施工缝应留置在楼梯段1/3的部位。

（13）拱壳混凝土浇筑：

1）拱壳结构属于大跨度空间结构，其外形尺寸的准确与否对结构受力性能大有影响，在施工中不仅要保持准确的外形，同时对混凝土的均匀性、密实性、整体性及结构安全性能等要求较高。

2）混凝土浇筑的程序要以拱壳结构的外形构造和施工特点为基础，着重注意施工荷载的均匀分布及混凝土的连续作业。一般要求对称进行施工。

3）长条形拱：一般应沿其长度分段浇筑，各分段的接缝应与拱的纵向轴线垂直。浇筑混凝土时，为使模板保持设计形状，在每一区段中应自拱脚到拱顶对称地浇筑拱顶两侧部分，施工时应注意观察拱顶模板的变化，当有升起情况时，可在拱顶尚未被浇筑的模板上加砂袋等荷载。

4）筒形薄壳：筒形薄壳结构，也应对称连续浇筑混凝土至板和横隔板的上部。多跨连续筒形薄壳结构，可自中央跨开始或自两边向中央对称地逐跨进行浇筑施工混凝土。

5）球形薄壳：球形薄壳结构，可自薄壳的周边向壳顶呈放射线状或螺旋状环绕壳体对称浇筑混凝土，施工缝应避免设置在下部结构的接合部分和四周的边梁附近，可按周边为等圆环形状设置。

6）扁壳结构：扁壳结构混凝土施工应以四面横隔交角处为起点，分别对称地向扁壳的中央和壳顶推进，到将壳体四周的三角形部分浇筑完毕，使上部壳体成圆球形时，再按球形壳的浇筑方法进行施工。施工缝应避免设置在下部结构的接合部分、四面横隔与壳板的接合部分和扁壳的四角处。

7）浇筑拱形结构的拉杆，如拉杆有拉紧装置，应先拉紧拉杆，并在拱架落下后，再行浇筑。

8）浇筑壳体结构应采取的措施。浇筑壳体结构时，为了不减低周边壳体的抗弯能力和经济效果，施工时应保证其厚度一定要准确，在浇筑混凝土时应严加控制。控制其厚度可采取如下措施：

① 选择混凝土坍落度时，按机械振捣条件进行试验，以保证混凝土浇筑时，在模板上不致出现坍流现象为原则。

② 当周边壳体模板的最大坡度角大于35°～40°时，要用双层模板，并做好和壳体同厚度同强度等级的混凝土立方块，固定在模板之间，沿着纵横方向，摆成1～2m间距的控制网，以保证混凝土的设计厚度。当坡度不大时可在一半或整个薄壳断面上根据混凝土的各点厚度，做成几个厚度控制尺。在浇筑时以尺的上缘为准进行找平。浇筑后取出并补平。

（14）高强混凝土浇筑。

1）在高强混凝土施工前，工地技术负责人必须对混凝土的原材料及所配制混凝土的性能提出报告（含试验数据），待监理单位认可后方可施工。

2）对每天的第一车混凝土，应做空气含量、单位重量、坍落度与温度的量测，确定配料满足要求。如果对拌合物的配合比作了调整，则对调整后的第一车混凝土也应取样，第一车以后的试验应在随机的基础上进行。当目测检验发现混凝土前后不一致时，除非有额外的试验能说明其合格性，否则应予拒收。

3）施工技术负责人应检测并记录周围大气温度以及大型混凝土部件的表面与中心温度。对于重要工程，应同时抽取多组标准立方体试件，分别进行标准养护、密封下的同温养护（养护温度随结构构件内部实测温度变化）和密封下的标准温度（20±2℃）养护，以对实际结构中的混凝土强度做出正确评估。

4）混凝土自由倾落的高度不应大于3m。当拌合物水灰比偏低且外加掺合料后有较好黏聚性时，在不出现分层离析的条件下允许增加自由倾落高度，但不应大于6m。

5）浇筑高强混凝土必须采用振捣器捣实。一般情况下宜采用高频振捣器，且垂直点振，不得平拉。当混凝土拌合物的坍落度低于120mm时，应加密振点。

6）不同强度等级混凝土现浇构件相连接时，应遵守设计或《高强混凝土结构技术规程》（CECS 104—1999）的规定。

六、施工缝的设置与处理

1. 实际案例展示

2. 施工要点

由于施工技术和施工组织上的原因，不能连续将结构整体浇筑完成，并且间歇的时间预计将超出表2-19规定的时间时，应在施工之前确定施工缝的留置位置。混凝土施工缝不应随意留置，其位置应按设计要求和施工技术方案事先确定，留置部位应便于施工。施工缝的处理应按技术方案执行。

（1）施工缝的位置应设置在结构受剪力较小且便于施工的部位。留缝应符合下列规定：

1）柱子宜留置在基础的顶面、梁或吊车梁牛腿的下面、吊车梁的上面、无梁楼板柱帽的下面。

2）与板连成整体的大断面梁，留置在板底面以下20～30mm处。当板下有梁托时，施工缝留在梁托下部。

3）单向板，留置在平行于板的短边的任何位置；楼梯的施工缝应留置在楼梯段1/3的部位。

4）有主次梁的楼板，宜顺着次梁方向浇筑，施工缝应留置在次梁跨度的中间1/3范围内。

5）墙，留置在门洞口过梁跨中1/3范围内，也可留在纵横墙的交接处。

6）双向受力楼板、大体积混凝土结构、拱、穹拱、薄壳、蓄水池、斗仓、多层刚架以及其他结构复杂的工程，施工缝的位置应按设计要求留置。

7）承受动力作用的设备基础不应留施工缝；如必须留施工缝时，应征得设计单位同意，并按施工技术方案执行。

8）设备基础的地脚螺栓范围内，留置施工缝时，还应符合下列要求：水平施工缝的留置，必须低于地脚螺栓底端，其与地脚螺栓底端距离应大于150mm（当地脚螺栓直径小于30mm时，水平施工缝可留置在不小于地脚螺栓埋入混凝土部分总长度的3/4）；标高不同的两个水平施工缝，其高低结合处应留置成台阶形，台阶的高宽比不得大于1.0。垂直施工缝离地脚螺栓中心线的距离不得小于250mm，且不得小于螺栓直径的5倍；垂直施工缝处应加钢筋，钢筋直径为12～16mm，长度为500～600mm，间距为500mm。在台阶式施工缝的垂直面上也应补设钢筋。

（2）施工缝的浇筑与处理。

1）在施工缝处继续浇筑混凝土时，已浇筑的混凝土的抗压强度必须达到1.2MPa以上，其所需龄期应符合表2-19。在施工缝施工时，应在已硬化的混凝土表面上，清除水泥薄膜和松动的石子以及软弱的混凝土层，同时还应加以凿毛，用水冲洗干净并充分湿润，一般不宜少于24h，残留在混凝土表面的积水应予清除，并在施工缝处铺一层水泥浆或与混凝土内成分相同的水泥砂浆。

2）注意施工缝位置附近回弯钢筋时，要做到钢筋周围的混凝土不松动和损坏。钢筋上的油污、水泥砂浆及浮锈等杂物也应清除。

3）在浇筑前，水平施工缝宜先铺上10～15mm厚的水泥砂浆一层，其配合比与混凝土内的砂浆成分相同。

表 2-19　普通混凝土达到 1.2MPa 强度所需龄期参考表

外界温度	水泥品种及级别	混凝土强度等级	期限/h	外界温度	水泥品种及级别	混凝土强度等级	期限/h
1～5℃	普通 42.5	C15	48	10～15℃	普通 42.5	C15	24
		C20	44			C20	20
	矿渣 32.5	C15	60		矿渣 32.5	C15	32
		C20	50			C20	24
5～10℃	普通 42.5	C15	32	15℃以上	普通 42.5	C15	20 以上
		C20	28			C20	20 以上
	矿渣 32.5	C15	40		矿渣 32.5	C15	20
		C20	32			C20	20

4）从施工缝处开始继续浇筑时，要注意避免直接靠近缝边下料。机械振捣前，宜向施工缝处逐渐推进，并距 800～1000mm 处停止振捣，但应加强对施工缝接缝的捣实工作。

5）承受动力作用的设备基础的施工缝处理，应遵守下列规定：标高不同的两个水平施工缝，其高低接合处应留成台阶形，台阶的高度比不得大于 1.0。在水平施工缝上继续浇筑混凝土前，应对地脚螺栓进行一次观测校正；垂直施工缝处应加插钢筋，其直径为 12～16mm，长度为 500～600mm，间距为 500mm，在台阶式施工缝的垂直面上亦应补插钢筋。

七、后浇带施工

1. 实际案例展示

2. 工艺做法

在高层建筑物中，由于功能和造型的需要，往往把高层主楼与低层裙房连在一起，裙房包围了主楼的大部分。从传统的结构观点看，希望将高层与裙房脱开，这就需要设变形缝；但从建筑要求看又不希望设缝。因为设缝会出现双梁、双柱、双墙，使平面布局受局限，因此施工后浇带法便应运而生。施工后浇带分为后浇沉降带、后浇收缩带和后浇温度带，分别用于解决高层主楼与低层裙房间差异沉降、钢筋混凝土收缩变形或减小温度应力等问题。

（1）由于施工原因需设置后浇带时，应视工程具体结构形状而定，留设位置应经设计院认可。

（2）后浇带的保留时间。应按设计要求确定，当设计无要求时，应不少于40d；在不影响施工进度的情况下，应保留60d。

（3）后浇带的保护。基础承台的后浇带留设后，应采取保护措施，防止垃圾杂物掉入。保护措施可采用木盖覆盖在承台的上皮钢筋上，盖板两边应比后浇带各宽出500mm以上。地下室外墙竖向后浇带可采用砌砖保护。楼层面板后浇带两侧的梁底模及梁板支承架不得拆除。

（4）后浇带的封闭。浇筑结构混凝土时，后浇带的模板上应设一层钢丝网，后浇带施工时，钢丝网不必拆除。后浇带无论采用何种形式设置，都必须在封闭前仔细地将整个混凝土表面的浮浆凿除，并凿成毛面，彻底清除后浇带中的垃圾及杂物，并隔夜浇水湿润，铺设水泥浆，以确保后浇带混凝土与先浇捣的混凝土连接良好。地下室底板和外墙后浇带的止水处理，按设计要求及相应施工验收规范进行。后浇带的封闭材料应采用比先浇捣的结构混凝土设计强度等级提高一级的微膨胀混凝土（可在普通混凝土中掺入微膨胀剂 UEA，掺量为 12% ~15%）浇筑振捣密实，并保持不少于 14d 的保温、保湿养护。

3. 施工要点

（1）后浇带混凝土中使用的微膨胀剂和外加剂品种，应根据工程性质和现场施工条件选择，并事先通过试验确定掺入量。

（2）所有微膨胀剂和外加剂必须具有出厂合格证及产品技术资料，并符合相应技术标准和设计要求。

（3）微膨胀剂的掺量直接影响混凝土的质量，因此，其称量应由专人负责，允许误差一般为掺入量的 ±2%。

（4）混凝土应搅拌均匀，否则会产生局部过大或过小的膨胀，影响混凝土质量。所以应对掺微膨胀剂的混凝土搅拌时间适当延长。

（5）后浇带混凝土应密实，与先浇捣的混凝土连接应牢固，受力后不应出现裂缝。

（6）在预应力结构中，后浇带内的非预应力筋必须为预应力筋的锚固、张拉等留出必要空间。

（7）预应力结构中的后浇带内有非预应力筋、预应力筋、锚具、各种管线等，此处的后浇带混凝土浇捣时，应高度注意其密实度。

（8）地下室底板中后浇带内的施工缝应设置在底板厚度的中间，形状为“U”字形。

（9）后浇带混凝土浇筑完毕后应采取带模保温保湿条件下的养护，应按规范规定，浇水养护时间一般混凝土不得少于 7d，掺外加剂或有抗渗要求的混凝土不得少于 14d。

（10）浇筑后浇带的混凝土如有抗渗要求，还应按规范规定制作抗渗试块。

八、大体积混凝土

1. 实际案例展示

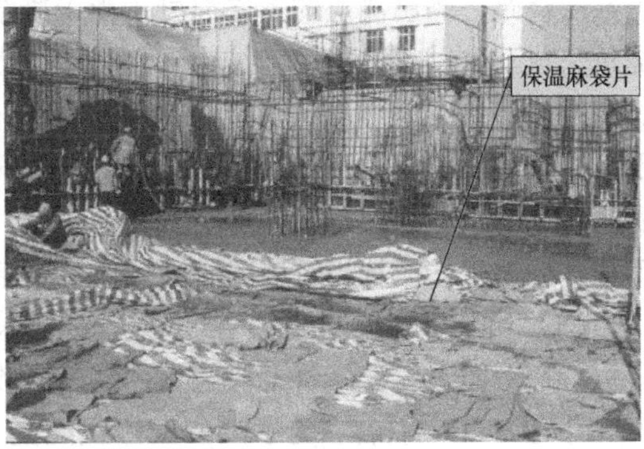

2. 施工要点

（1）在正常情况下，通过热工计算，混凝土水化热所产生的应力足以使该混凝土产生裂缝，这样的混凝土视为大体积混凝土，应采取大体积混凝土施工措施。大体积混凝土施工设计配合比时尽量利用混凝土60d或90d的后期强度，以满足减少水泥用量的要求。但必须征得设计单位的同意和满足施工荷载的要求。

（2）大体积混凝土施工前，应对混凝土中的温度场进行分析，并根据气温、使用的材料和现场条件进行热工计算，确定浇筑顺序、浇筑方法、保温或隔热养护措施和时间、测温方法，保温或隔热养护、测温人员的安排，以及出现异常情况的预案措施等，制订有针对性的施工方案。

1）大体积混凝土的施工，一般宜在较低温条件下进行；即最高气温≤30℃时为宜。气温>30℃时，应周密分析和计算温度（包括收缩）应力，并采取相应地降低温差和减少温度应力的措施。

2）对于混凝土的施工过程的控制，可依据大体积混凝土内在质量控制系统所得到的实测曲线，对保温、养护措施进行适时的调整，混凝土内外的温差应小于25℃。

3）大体积混凝土的浇筑，应根据整体连续浇筑的要求，结合结构尺寸的大小、钢筋疏密、混凝土供应条件等具体情况，选用以下三种方法：全面分层法，即将整个结构浇筑层分为数层浇筑，当已浇筑的下层混凝土尚未凝结时，即开始浇筑第二层，如此逐层进行，直至浇筑完成。这种方法适用于结构平面尺寸不太大的工程。一般长方形底板宜从短边开始，沿长边推进浇筑，也可从中间向两端或从两端向中间同时进行浇筑；分段（块）分层法适用于厚度较薄而面积或长度较大的工程。施工时从底层一端开始浇筑混凝土，进行到一定距离后浇筑第二层，如此依次向前浇筑其他各层；斜面分层法适用于结构的长度和厚度都较大的工程，振捣工作应从浇筑层的底层开始，逐渐上移，以保证分层混凝土之间的施工质量。

（3）当基础底板厚度超过1.3m时，应采取分层浇筑。分层厚度宜为500mm。对于大块底板，在平面上应分成若干块施工，以减少收缩和温度应力，有利于控制裂缝，一般分块最大尺寸宜为30m左右。为了减少大体积混凝土底板的内外约束，浇筑前宜在基层设置滑移层。为了减少分块间后浇缝处钢筋的连接约束，应将钢筋的连接设在后浇缝处。

（4）混凝土的泌水和表面处理。

1）混凝土泌水的处理：大体积混凝土施工，由于采用大流动性混凝土进行分层浇筑，上下层施工的间隔时间较长（一般为1.5～3h），经过振捣后上涌的泌水和浮浆易顺着混凝土坡面流到坑底。当采用泵送混凝土施工时，混凝土泌水现象尤为严重，解决的办法是在混凝土垫层施工时，预先在横向上做出20mm的坡度；在结构四周侧模的底部开设排水孔，使泌水及时从孔中自然流出；少量来不及排除的泌水，随着混凝土的浇筑向前推进被赶至基坑顶端，由顶端模板下部的预留孔排至坑外。当混凝土大坡面的坡脚接近顶端模板时，应改变混凝土的浇筑方向，即从顶端往回浇筑，与原斜坡相交成一个集水坑，另外有意识地加强两侧模板外的混凝土浇筑强度，这样集水坑逐步在中间缩小成小水潭，然后用软轴泵及时将泌水排除。这种方法适用于排除最后阶段的水分。

2）混凝土的表面处理：大体积混凝土（尤其采用泵送混凝土工艺），其表面水泥浆较厚，不仅会引起混凝土的表面收缩开裂，而且会影响混凝土的表面强度。因此，在混凝土浇筑结束后要认真进行表面处理。处理的基本方法是在混凝土浇筑4～5h左右，先初步按设计标高用长刮杠刮平，在初凝前用铁滚筒碾压数遍，再用木抹子压实进行二次收光处理。经12～14h后，覆盖一层塑料薄膜、二层草袋充分浇水湿润养护。

（5）大体积混凝土养护：

1）养护时间：大体积混凝土浇筑完毕后，应在12h内加以覆盖和浇水。普通硅酸盐水泥拌制的混凝土不得少于14d；矿渣水泥、火山灰质水泥、大坝水泥、矿渣大坝水泥拌制的混凝土不得不于21d。

2）大体积混凝土养护方法，分降温法和保温法两种。降温法，即在混凝土浇筑成型后，用蓄水、洒水或喷水养护；保温法是在混凝土成型后，使用保温材料覆盖养护（如塑料薄膜、草袋等）及薄膜养生液养护，可视具体条件选用。

夏期施工时，一般可使用草袋覆盖、洒水、喷水养护或喷刷养生液养护。

冬期施工时，一般可使用塑料薄膜、草袋覆盖保温、保湿养护。

冬期施工时，由于环境气温较低，一般可利用保温材料以提高新浇筑的混凝土表面和四周温度，减少混凝土的内外温差。另外也可使用薄膜养生液、塑料薄膜等封闭料，来封闭混凝土中多余拌合水，以实现混凝土的自养护。但应选用低温下成膜性能好的养生液。养生液要求涂刷均匀，最好能互相垂直地涂刷两道，或用农用喷雾器进行喷涂。

（6）混凝土测温：为了掌握大体积混凝土的升温和降温的变化规律以及各种材料在各种条件下的温度影响，需要对混凝土进行温度监测控制。

1）测温点的布置：必须具有代表性和可比性。沿浇筑的高度，应布置在底部、中部和表面，垂直测点间距一般为500～800mm；平面则应布置在边缘与中间，平面测点间距一般为2.5～5m。当使用热电偶温度计时，其插入深度可按实际需要和具体情况而定，一般应不小于热电偶外径的6～10倍，则测温点的布置，距边角和表面应大于100mm。测温宜采用热电偶或半导体液晶温度计。

2）测温制度：在混凝土温度上升阶段每2～4h测一次，温度下降阶段每8h测一次，同时应测大气温度。

3）所有测温孔均应编号，进行混凝土内部不同深度和表面温度的测量。

4）测温工作应由经过培训、责任心强的专人负责。测温记录，每天应报技术负责人查验并签字，作为对混凝土施工和质量的控制依据。

5）在测温过程中，当发现混凝土内外温度差接近25℃时，应按预案措施及时增加保温层厚度或延缓拆除保温材料，以防止混凝土产生温差应力和裂缝。

九、混凝土养护

1. 实际案例展示

2. 施工要点

混凝土浇筑完毕后，为保证已浇筑好的混凝土在规定龄期内达到设计要求的强度，并防止产生收缩，应按施工技术方案及时采取有效的养护措施。混凝土养护并应符合下列规定：

（1）应在浇筑完毕后的12h以内对混凝土加以覆盖并保湿养护；高强混凝土浇筑完毕后，必须立即覆盖养护或立即喷洒或涂刷养护剂，以保持混凝土表面湿润。

（2）混凝土浇水养护的时间：对采用硅酸盐水泥、普通硅酸盐水泥或矿渣硅酸盐水泥拌制的混凝土，不得少于7d；对掺用缓凝型外加剂或有抗渗要求的混凝土，不得少于14d；当采用其他品种水泥时，混凝土的养护应根据所采用水泥的技术性能确定。

（3）浇水次数应能保持混凝土处于湿润状态；混凝土养护用水应与拌制用水相同。

（4）采用塑料布覆盖养护的混凝土，其全部表面应覆盖严密，并应保持塑料布内有凝结水。

（5）混凝土强度达到1.2N/mm^{2}前，不得在其上踩踏或安装模板及支架。

3. 常用的养护方法

1）覆盖浇水养护：利用平均气温高于+5℃的自然条件，用适当的材料对混凝土表面加以覆盖并浇水，使混凝土在一定的时间内保持水泥水化作用所需要的适当温度和湿度条件。

2）薄膜布养护：在有条件的情况下，可采用不透水、气的薄膜布（如塑料薄膜布）养护。用薄膜布把混凝土表面敞露的部分，全部严密地覆盖起来，保证混凝土在不失水的情况下得到充足的养护。但应保持薄膜布内有凝结水。

3）薄膜养生液养护：混凝土的表面不便浇水或使用塑料薄膜布养护时，可采用涂刷薄膜养生液，防止混凝土内部水分蒸发的方法进行养护。这种养护方法一般适用于表面积大的混凝土施工和缺水地区。

十、现浇混凝土

1. 实际案例展示

2. 标准要求

（1）外观要求。

1）现浇结构的外观质量缺陷，应由监理（建设）单位、施工单位等各方根据其对结构性能和施工功能影响的严重程度，按表2-20确定。

表2-20　现浇结构外观质量缺陷

名　称	现　象	严重缺陷	一般缺陷
露筋	构件内钢筋未被混凝土包裹而外露	纵向受力钢筋有露筋	其他钢筋有少量露筋
蜂窝	混凝土表面缺少水泥砂浆而形成石子外露	构件主要受力部位有蜂窝	其他部位有少量蜂窝
孔洞	混凝土中孔穴深度和长度均超过保护层厚度	构件主要受力部位有孔洞	其他部位有少量孔洞
夹渣	混凝土中夹有杂物且深度超过保护层厚度	构件主要受力部位有夹渣	其他部位有少量夹渣
疏松	混凝土中局部不密实	构件主要受力部位有疏松	其他部位有少量疏松

（续）

名称	现象	严重缺陷	一般缺陷
裂缝	缝隙从混凝土表面延伸至混凝土内部	构件主要受力部位有影响结构性能或使用功能的裂缝	其他部位有少量不影响结构性能或使用功能的裂缝
连接部位缺陷	构件连接部位混凝土缺陷及连接钢筋、连接件松动	连接主要受力部位有影响结构性能或使用功能的裂缝	其他部位有少量不影响结构性能或使用功能的裂缝
外形缺陷	缺棱掉角、棱角不直、翘曲不平、飞边凸肋等	清水混凝土构件有影响使用功能或装饰效果的外形缺陷	其他混凝土构件有不影响使用功能的外形缺陷
外表缺陷	构件表面麻面、掉皮、起砂、沾污等	具有重要装饰效果的清水混凝土构件有外表缺陷	其他混凝土构件有不影响使用功能的外表缺陷

2）现浇结构拆模后，应由监理（建设）单位、施工单位对外观质量和尺寸偏差进行检查，做出记录，并应及时按施工技术方案对缺陷进行处理。

（2）尺寸偏差。

1）现浇结构不应有影响结构性能和使用功能的尺寸偏差。混凝土设备基础不应有影响结构性能和设备安装的尺寸偏差。

2）对超过尺寸允许偏差且影响结构性能和安装、使用功能的部位，应由施工单位提出技术处理方案，并经监理（建设）单位认可后进行处理。对经处理的部位，应重新检查验收。

3）现浇结构和混凝土设备基础拆模后的尺寸偏差应符合表2-21、表2-22的规定。

表2-21 现浇结构尺寸允许偏差和检验方法

项目			允许偏差/mm	检验方法
轴线位置	基础		15	钢尺检查
	独立基础		10	
	墙、柱、梁		8	
	剪力墙		5	
垂直度	层高	≤5m	8	用经纬仪或吊线、钢尺检查
		>5m	10	
	全高(*H*)		*H*/1000且≤30	用经纬仪、钢尺检查
标高	层高		±10	水准仪或拉线、钢尺检查
	全高		±30	
截面尺寸			+8，-5	钢尺检查
电梯井	井筒长、宽对定位中心线		+25,0	钢尺检查
	井筒全高(*H*)垂直度		*H*/1000且≤30	经纬仪、钢尺检查
表面平整度			8	用2m靠尺和楔形塞尺检查
预埋设施中心线位置	预埋件		10	钢尺检查
	预埋螺栓		5	
	预埋管		5	
预留洞中心线位置			15	

注：检查轴线、中心线位置，应沿纵、横两个方向量测，并取其中的较大值。

表2-22 混凝土设备基础尺寸允许偏差和检验方法

项目	允许偏差/mm	检验方法
坐标位置	20	钢尺检查
不同平面的坐标	0，-20	水准仪或拉线、钢尺检查
平面外形尺寸	±20	钢尺检查

（续）

项　　目		允许偏差/mm	检 验 方 法
凸台上平面外形尺寸		0，-20	钢尺检查
凹穴尺寸		+20，0	钢尺检查
平面水平度	每米	5	水平尺、塞尺检查
	全长	10	水准仪或拉线、钢尺检查
垂直度	每米	5	经纬仪或拉线、钢尺检查
	全高	10	
预埋地脚螺栓	标高（顶部）	+20，0	水准仪或拉线、钢尺检查
	中心距	±2	钢尺检查
预埋地脚螺栓孔	中心线位置	10	钢尺检查
	深度	+20，0	钢尺检查
	孔垂直度	10	吊线、钢尺检查
预埋活动地脚螺栓锚板	标高	+20，0	水准仪或拉线、钢尺检查
	中心线位置	5	钢尺检查
	带槽锚板平整度	5	钢尺、塞尺检查
	带螺栓孔锚板平整度	2	钢尺、塞尺检查

注：检查坐标、中心线位置时，应沿纵、横两个方向量测，并取其中的较大值。

第五节　装配式结构工程

一、构件堆放

1. 实际案例展示

2. 检查要点

构件堆放时应符合下列规定：

（1）堆放构件的场地应平整坚实，并具有排水措施，堆放构件时应使构件与地面之间留有一定空隙。

（2）应根据构件的刚度及受力情况，确定构件平放或立放，并应保持其稳定。

1）一般板、柱、桩类构件采用平放。

2）梁类采用立放（即平卧浇制的梁要翻身后堆放）。

3）构件的断面高宽比大于2.5时，堆放时下部应加支撑或有坚固的堆放架，上部应拉牢固定，以免倾倒。

（3）对于特殊和不规则形状的构件的堆放，应制订施工方案并严格执行。

（4）构件的最多堆放层数应按构件强度、地面耐压力、构件形状和重力等因素确定。一般可参见表2-23的规定。

表2-23 预制混凝土构件的最多堆放层数

构件类别	最多堆放层数	构件类别	最多堆放层数
预应力大型屋面板(高240mm)	10	民用高低天沟板	8
预应力槽型板、卡口板(高300mm)	10	天窗侧板	8
槽型板(高400mm)	6	预应力大楼板	9
空心板(高240mm)	10	设备实心楼板	12
空心板(高180mm)	12	隔墙实心板	12
空心板(高120mm~130mm)	14	楼梯段	10
大型梁、T形梁	3	阳台板	10
大型桩	3	带坡屋面梁(立放)	1
桩	8	桁架(立放)	1
工业天沟板	6		

（5）重叠堆放的构件，吊环应向上，标志应向外，面上有吊环的构件，两层构件之间的垫木应高于吊环。构件中有预留钢筋的，叠堆层不允许钢筋相互碰撞；其堆垛高度应根据构件与垫木的承载能力及堆垛的稳定性确定。各层垫木的位置应在一条垂直线上，最大偏差不应超过垫木横截面宽度的一半。构件支承点按结构要求以不起反作用为准，构件悬臂一般不应大于500mm。

（6）重叠底层的垫木要有足够的支承刚度和支承面积，其上的堆垛高度应按构件强度、地面承载力、垫木强度以及堆垛的稳定性确定，叠堆高度一般不宜超过2m，应避免堆垛的下沉或局部沉陷。

（7）叠堆应按构件型号分别堆放，构件型号应清楚易见，不同型号的构件不得混放在同一堆垛内。叠放后应平正、整齐、不歪斜，并应除净外突的水泥飞边。

（8）采用靠放架立放的构件，必须对称靠放和吊运，其倾斜角度应保持大于80°，构件上部宜用木块隔开。靠放架一般宜用金属材料制作，使用前要认真检查和验收，靠放架的高度应为构件高度的2/3以上。

3. 构件运输时应符合下列规定

（1）构件支承的位置和方法、构件端部的挑出长度应根据其受力情况经计算确定，不得引起混凝土超应力或损伤构件。

（2）构件装运时应绑扎牢固，防止移动或倾倒；对构件边部或与链索接触处的混凝土，应采用衬垫加以保护；在运输细长构件时，行车应平稳，并可根据需要对构件设置临时水平支撑。

（3）构件装卸车时，应缓慢、平稳地进行。构件应逐件搬运，能进行多件搬运的，起吊时应加垫木或软物隔离，以防受到破坏。

二、预制柱安装

1. 实际案例展示

2. 施工要点

(1) 钢筋混凝土杯形基础准备工作：在杯口的顶面弹出十字中线，根据中线检查杯口尺寸，测出杯底的实际高度，量出柱底至牛腿面的实际长度，与设计长度比较，计算出杯底标高的调整值并在杯口做出标志；用水泥砂浆或细石混凝土将杯底抹平至标志处。

(2) 在构件上弹出安装中心线，作为构件安装对位、校核的依据。在柱身三面弹出几何中心线：在柱顶弹出截面中心线，在牛腿上弹出吊车梁安装中心线。

(3) 绑扎柱子时要在吊索与柱之间垫以柔性材料，避免起吊时吊索磨损构件表面。吊点符合设计要求，若吊点无要求时，必须进行起吊验算。

(4) 柱子起吊应慢速起升，起吊索绷紧离地300mm高时停止上升，检查无误后方可起吊。

(5) 柱子就位临时固定：柱子转动到位就缓缓降落插入杯口，至离杯口底2~3 mm时，用八只楔块从柱的四边插入杯口，并用撬杠撬动柱脚，使柱子中心线对准杯口中心线，对准后略打紧楔块，放松吊钩，柱子沉至杯底，并复核无误后，两面对称打紧四周楔块，将柱子临时固定，起重机脱钩。

（6）柱子垂直度校正：用两台经纬仪从柱子互相垂直的两个面检查柱的安装中线垂直度，其允许误差：当柱高≤5m时，为8mm；柱高>5m时，为10mm。

校正方法：当柱的垂直偏差较小，可用打紧或稍放松楔块的方法纠正。柱偏差较大：可用螺旋千斤顶平顶法、螺旋千斤顶斜顶法、撑杆法校正。

（7）柱子固定：

1）校正完毕，在柱脚与杯口空隙处灌筑细石混凝土；灌筑分两次进行，第一次灌筑到楔块底部，第二次在第一次灌筑混凝土强度达到25%设计强度时，拔去楔块，将杯口灌满混凝土。

2）柱子中心线要准确，并使相对两面中心线在同一平面上。吊装前对杯口十字线及杯口尺寸要进行预检，防止柱子实际轴线偏离标准轴线。

3）杯口与柱身之间空隙太大时，应增加楔块厚度，不得将几个楔块叠合使用，并且不准随意拆掉楔块。

4）杯口与柱脚之间空隙灌筑混凝土时，不得碰动楔块，灌筑过程中，还应对柱子的垂直度进行观测，发现偏差及时纠正。

三、屋架安装

1. 实际案例展示

2. 施工要点

（1）重叠制作的屋架，当黏结力较大时，可采用撬杠撬动或使用倒链、千斤顶使屋架脱离，防止扶直时出现裂缝。屋架在上弦顶面弹出几何中心线；从跨中向两端分别弹出天窗架，屋面板安装准线；端头弹出安装中心线；上下弦两侧弹出支撑连接件的安装位置线，弹出竖杆中心线。

（2）屋架的绑扎与翻身就位：屋架的绑扎点应选在上弦节点处，左右对称；吊点的数目位置应符合设计要求，吊索与水平线的夹角，翻身扶直时不宜小于60°，起吊时不宜小于45°，当不能满足要求时应采用钢制横吊梁（俗称铁扁担）和“滑轮串绳法”，以保证吊索与构件的夹角要求或降低吊钩高度或使各吊索受力均匀。翻身前，屋架上表面应用杉木杆加固，以增加屋架平面外的刚度（图2-46）。

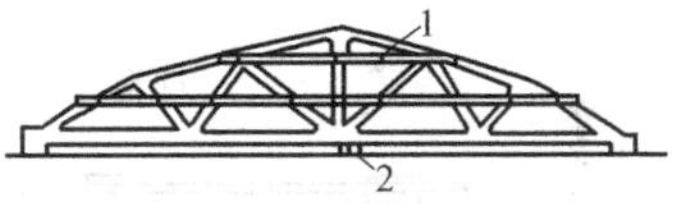

图2-46　设置中垫点翻屋架

1—加固木杆　2—下弦中节点垫点

重叠生产的屋架，翻身前，应在屋架两端用枕木搭设井字架，其高度与下一榀上平面相同，以便屋架扶直时平稳地搁置其上（图2-47）。翻身时，吊钩对准上弦中点，收紧吊钩，使屋架脱模，随之边收紧吊索边移动把杆，使屋架以下弦为轴缓慢转为直立状态。屋架扶直后，采用跨内吊装时，应按吊装顺序使屋架在跨内两侧斜向就位。就位的位置应能够使屋架安装时，起重机移动一次位置即可吊装一榀屋架（即起重机坐落在跨中心线上某一位置，吊钩能对准屋架中心，然后起钩吊离地面，然后通过提升、转臂即可将屋架安装到位）。屋架就位时为直立状态，两端支座处用方木垫牢，两侧加斜撑固定。

（3）屋架起吊对位：屋架两端绑设拉绳，先将屋架吊离地面约500mm，停歇瞬间，符合稳定要求后，然后转动把杆，将屋架吊至安装位置下方，使吊钩与屋架安装轴线中心重合（屋架轴线与安装轴线成一定夹角，如图2-48所示），起钩将屋架吊至超过柱顶300mm左右，用两端拉绳旋转屋架使其基本对准安装中心线，随之缓慢下落，在屋架刚接触柱顶时，即刹车对位，使屋架端头的中心线与柱顶中心线重合。

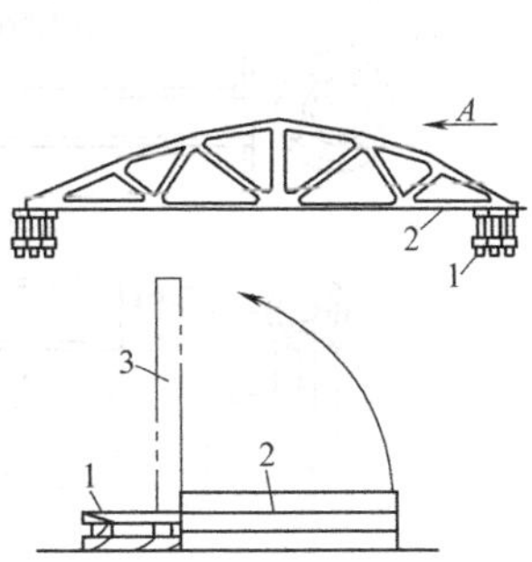

图2-47　重叠生产的屋架翻身

1—井字架　2—屋架　3—屋架立直

（4）屋架临时固定：对好线后即可做临时固定，屋架固定稳妥后，起重机才能脱钩。第一榀屋架安装就位后，用四根缆风绳从两边把屋架拉牢。若有抗风柱可与抗风柱连接固定。第二榀屋架用屋架校正器临时固定，每榀屋架至少用两个屋架校正器与前榀屋架连接临时固定（图 2-49）。

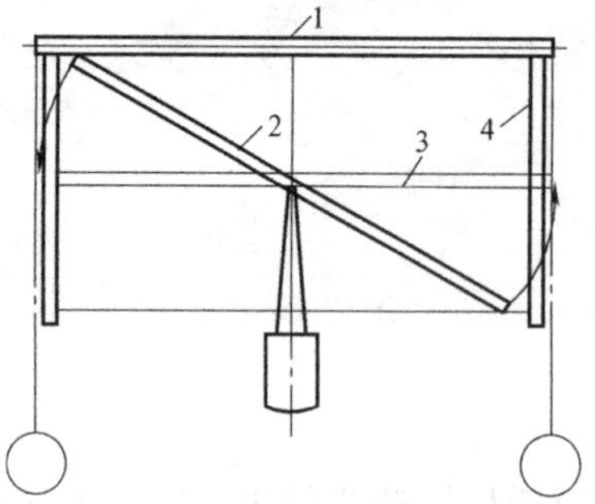

图 2-48 升钩时屋架对准跨度中心

1—已吊好的屋架 2—正吊装的屋架

3—正吊装屋架的安装位置 4—吊车梁

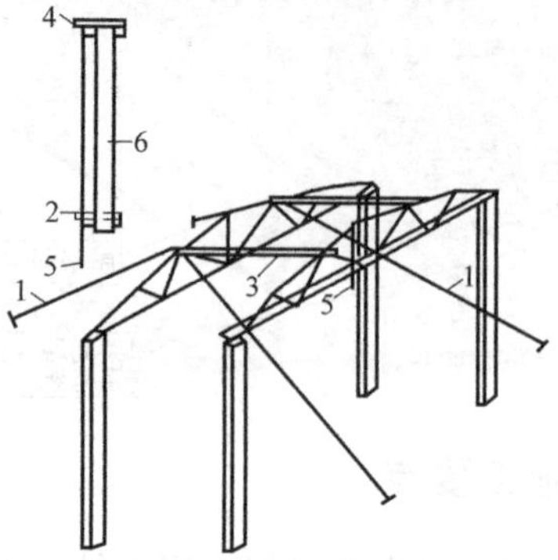

图 2-49 用屋架校正器临时固定和校正屋架

1—第一榀屋架上缆风 2—卡在屋架下弦的挂线卡子

3—校正器 4—卡在屋架上弦的挂线卡子

5—线锤 6—屋架

（5）屋架的校正、最后固定：可在屋架上弦安装三个卡尺（一个安装在屋架中央，两个安装在屋架两端）校正屋架垂直度。从屋架上弦几何中心线量出 300mm，在卡尺上作标志，在两端卡尺标志之间连一通线，从中央卡尺的标志向下挂垂球，检查三个卡尺是否在一垂面上，如偏差超出规定数值，转动屋架校正器纠正，校正无误后即用电焊焊牢，应对角施焊（屋架校正器如图 2-50 所示）。

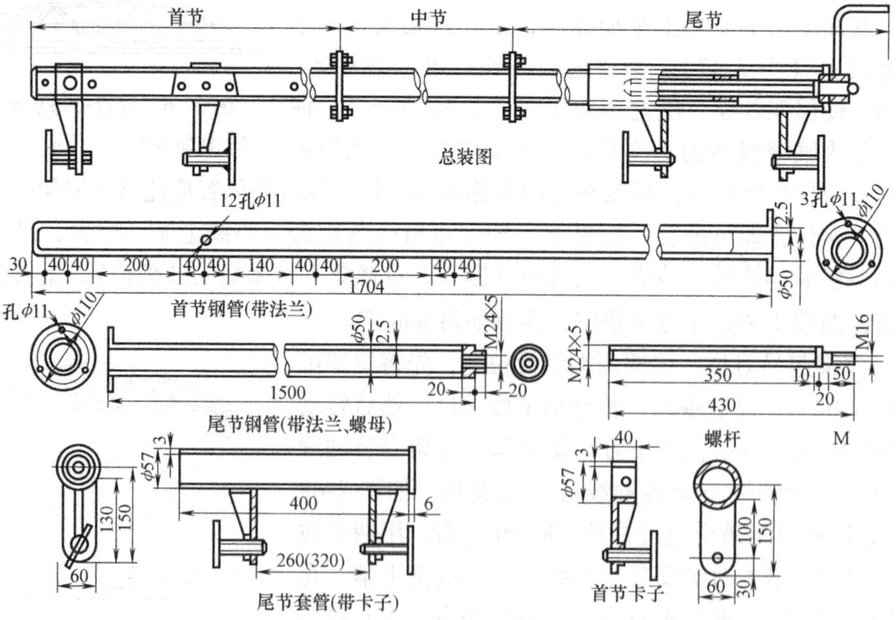

图 2-50 屋架校正器

（6）天窗架与屋面板组合一次安装，钢筋混凝土天窗架一般采用四点绑扎，校正和临时固定，可用缆风、木撑或临时固定器。

（7）屋面板的安装应自两边檐口左右对称地逐块铺向屋脊，上弦焊牢，每块屋面板可焊三点，最后一块只能焊两点。屋面板安装时尽量调整板缝，防止板边吃线或发生位移。

（8）起吊吊车梁、屋架等构件，要在构件两端设置拉绳、防止起吊的构件碰撞到已安装好的柱子。

四、预制板安装

1. 实际案例展示

2. 施工要点

（1）抹找平层或硬架支模。

1）预制板安装之前先将墙顶或梁顶清扫干净，检查标高及轴线尺寸，按设计要求抹水泥砂浆找平层，厚度一般为 15～20mm，配合比为 1∶3。

2）在现浇混凝土墙上安装预制板，一般墙体混凝土强度达 4MPa 以上，方准安装。

3）安装预制板也可采用硬架支模方法：按板底标高将 100mm×100mm 木方用钢管或木

支柱支承于承重墙边，木方承托板底的上面要平直，钢管或木支柱下边垫通长脚手板，保证板底标高准确。

（2）画板位置线：在承托预制板的墙或梁侧面，按设计图样要求画出板缝位置线，宜在梁或墙上标出板的型号，预制板之间按设计规定拉开板缝，板缝宽度一般为40mm，缝宽大于60mm时，应按设计要求配筋。

（3）吊装楼板：起吊时要求各吊点均匀受力，板面保持水平，避免扭翘使板开裂。如墙体采用抹水泥砂浆找平层方法，吊装楼板前先在墙或梁上洒素水泥浆（水灰比为0.45）。按设计图样核对墙上的板号是否正确，然后对号入座，不得放错。安装时板端对准位置线，缓缓下降，放稳后才允许脱钩。

（4）调整板位置。用撬棍拨动板端，使板两端支承长度及板间距离符合设计要求。

（5）绑扎或焊接锚固筋。如为短向板时，将板端伸出的锚固筋（胡子筋）经整理后弯成45°，并互相交叉。在交叉处绑1ф6通长连接筋。严禁将锚固筋上弯90°或压在板下，弯锚固筋时用套管缓弯，防止弯断。如为长向板时，安装就位后应按设计要求将锚固筋进行焊接，用1ф12通长筋，把每块板板端伸出的预应力钢筋与另一块板板端伸出的钢筋隔根点焊，但每块板至少点焊4根。焊接质量符合焊接规程的规定。

（6）应注意的质量问题。

1）防止安装不合格的楼板：安装楼板前不但要检查产品合格证，还应检查是否有裂纹或其他缺陷。防止就位后发现板不合格。

2）防止板端搭接在支座上的长度不够：板安装就位要准，使板两端搭接长度相等，安装就位后不得随意撬动板。

3）防止楼板瞎缝：安装前按设计图样要求画出缝宽位置线；就位后不得随意撬动板。

4）防止楼板与支座处搭接不实：扣板前应检查墙体标高，抹好砂浆找平层，扣板时浇水泥素浆。

5）防止堵孔过浅和楼板锚固筋折断：板端的圆孔，由构件厂出厂前用50mm厚，M2.5砂浆块坐浆堵严。安装前应检查是否堵好，砂浆块距板端距离为60mm。对预应力短向圆孔板板端锚固筋（胡子筋），应当用套管理顺，不能弯成死弯，防止断裂。

第三章　砌体结构

一、砖基础施工

1. 实际案例展示

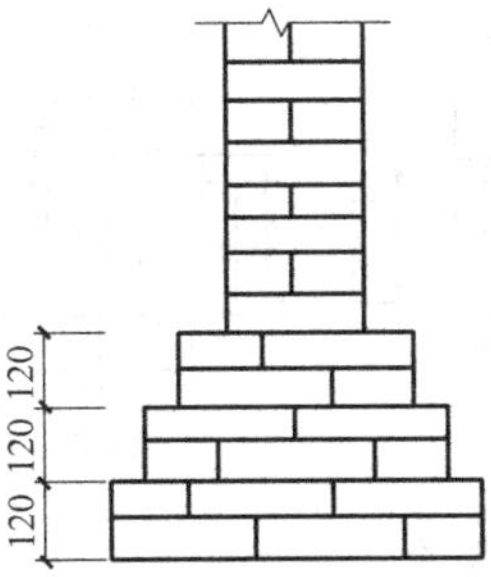

等高式

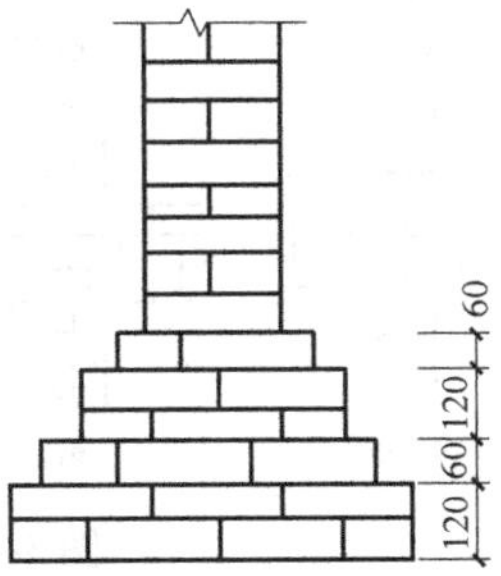

间隔式

2. 施工要点

（1）立皮数杆：在垫层转角处、交接处及高低处立好基础皮数杆。基础皮数杆要进行抄平，使杆上所示底层室内地面线标高与设计的底层室内地面标高一致。

（2）砖浇水湿润，基层表面清理、湿润：砖基础砌筑前，基础垫层表面应清扫干净，洒水湿润。砖提前 1～2d 浇水湿润，不得随浇随砌，对烧结普通砖、多孔砖含水率宜为 10%～15%；对灰砂砖、粉煤灰砖含水率宜为 8%～12%。现场检验砖含水率的简易方法采用断砖法，当砖截面四周融水深度为 15～20mm 时，视为符合要求的适宜含水率。

（3）排砖撂底：基础大放脚的撂底尺寸及收退方法必须符合设计图样规定，如一层一退，里外均应砌丁砖；如二层一退，第一层为条砖，第二层砌丁砖。

（4）盘角、挂线：砌筑时，可依皮数杆先在转角及交接处砌几皮砖，再在其间拉准线砌中间部分，其中第一皮砖应以基础底宽线为准砌筑。基础墙挂线：24 墙单面挂线，37 以上墙双面挂线。

（5）砂浆拌制：砂浆拌制应采用机械搅拌，投料顺序为：砂→水泥→掺合料→水。

（6）砌筑：大放脚部分一般采用一顺一丁砌筑形式。注意十字及丁字接头处的砖块搭接，在这些交接处，纵横基础要隔皮砌通。图 3-1 为二砖半底宽大放脚十字交接处的分皮砌法。

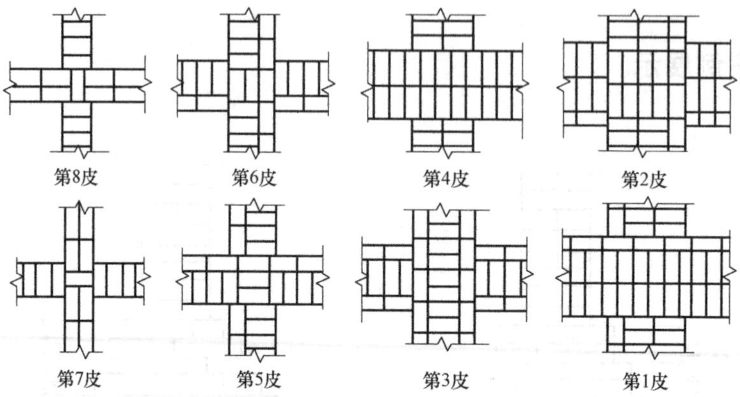

图 3-1　二砖半大放脚砌法

大放脚转角处应在外角加砌七分头砖（3/4 砖），以使竖缝上下错开。图 3-2 为二砖半底宽大放脚转角处分皮砌法。

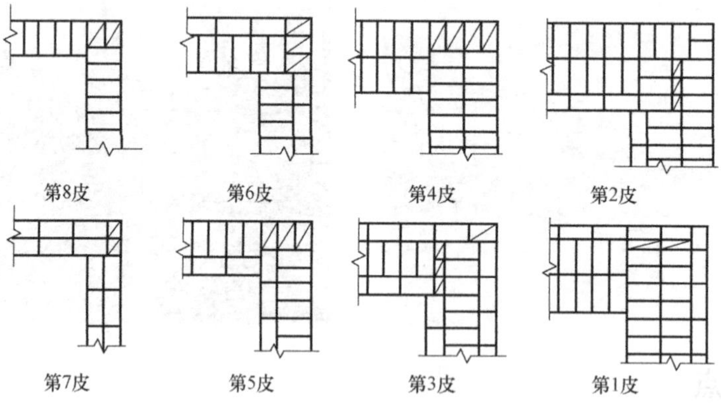

图 3-2　二砖半大放脚转角砌法

变形缝的墙角应按直角要求砌筑，先砌的墙要把舌头灰刮尽；后砌的墙可采用缩口灰，掉入缝内的杂物应随时清理。

暖气沟挑檐砖及上一层压砖，均应用丁砖砌筑，灰缝要严实，挑檐砖标高必须正确。

安装管沟和洞口过梁其型号、标高必须正确，底灰饱满；如坐灰超过 20mm 厚，用细石混凝土铺垫，两端搭墙长度应一致。

（7）抹防潮层：将墙顶活动砖重新砌好，清扫干净，浇水湿润，随即抹防水砂浆。设计无规定时，一般厚度为 15 ~ 20mm，防水粉掺量为水泥重量的 3% ~ 5%。

二、普通砖墙施工

1. 实际案例展示

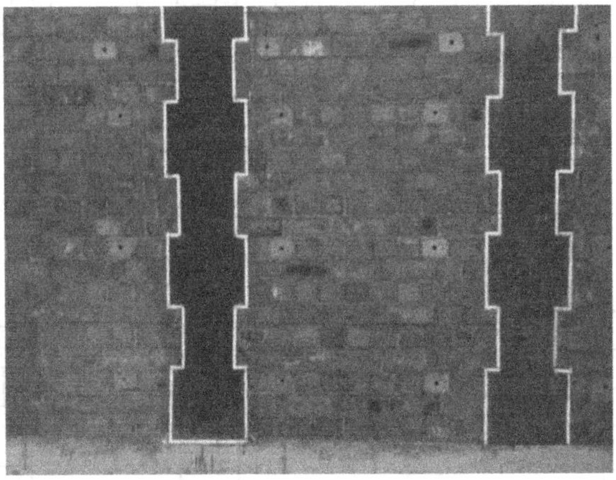

2. 施工要点

（1）组砌方法：砌体一般采用一顺一丁、梅花丁或三顺一丁砌法。

（2）排砖撂底：一般外墙第一层砖撂底时，两山墙排丁砖，前后檐纵墙排条砖。根据弹好的门窗洞口位置线，认真核对窗间墙、垛尺寸及位置是否符合排砖模数，如不符合模数时，可在征得设计同意的条件下将门窗的位置左右移动，使之符合排砖的要求。若有破活，七分头或丁砖应排在窗口中间、附墙垛或其他不明显的部位。移动门窗口位置时，应注意暖卫立管安装及门窗开启时不受影响。另外，排砖还要考虑在门窗口上边的砖墙合拢时也不串现破活。

（3）盘角：砌砖前应先盘角，每次盘角不要超过五层。新盘的大角，及时进行吊、靠。如有偏差要及时修整。盘角时要仔细对照皮数杆的砖层和标高，控制好灰缝大小，使水平灰缝均匀一致。大角盘好后再复查一次，平整度和垂直度完全符合要求后，再挂线砌墙。

（4）挂线：砌筑一砖半墙必须双面挂线，如果长墙几个人均使用一根通线，中间应设几个小支点，小线要拉紧，每层砖都要穿线看平，使水平缝均匀一致，平直通顺；砌一砖厚混水墙时宜采用外手挂线。

（5）砌筑：

1）砖墙的转角处，每皮砖的外角应加砌七分头砖。当采用一顺一丁砌筑形式时，七分头砖的顺面方向依次砌顺砖，丁面方向依次砌丁砖（图3-3）。

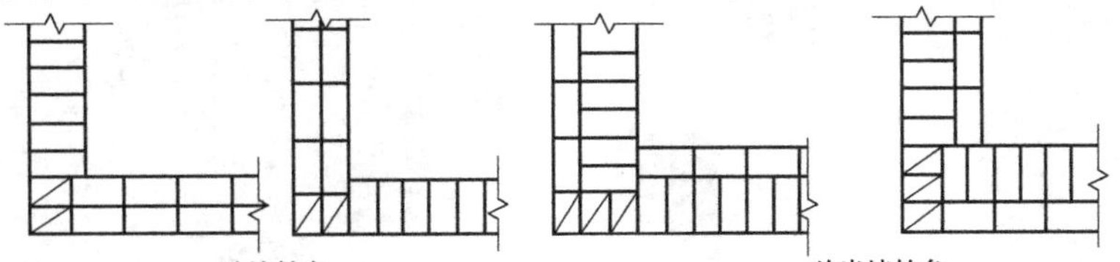

一砖墙转角　　一砖半墙转角

图3-3　一顺一丁转角砌法

2）砖墙的丁字交接处，横墙的端头皮加砌七分头砖，纵横隔皮砌通。当采用一顺一丁砌筑形式时，七分头砖丁面方向依次砌丁砖（图3-4）。

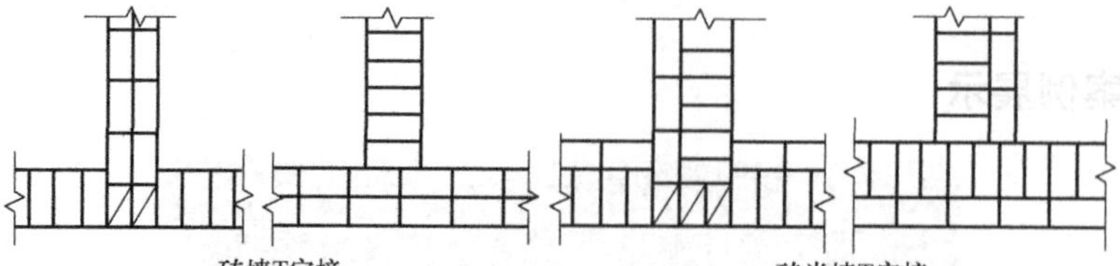

图3-4　一顺一丁的丁字交接处砌法

3）砖墙的十字交接处，应隔皮纵横墙砌通，交接处内角的竖缝应上下相互错开1/4砖长（图3-5）

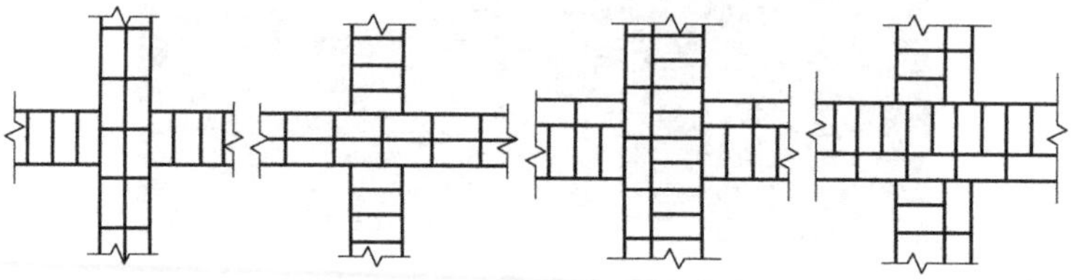

图3-5　一顺一丁的十字交接处砌法

4）宽度小于1m的窗间墙，应选用整砖砌筑，半砖和破损的砖应分散使用在受力较小的砖墙，小于1/4砖块体积的碎砖不能使用。

（6）留槎：外墙转角处应同时砌筑，隔墙与承重墙不能同时砌筑又留成斜槎时，可于承重墙中引出凸槎，并在承重墙的水平灰缝中预埋拉接筋，但每道墙不得少于2根。

（7）门窗洞口侧面木砖预埋时应小头在外，大头在内，木砖要提前做好防腐处理。木砖数量按洞口高度决定。洞口高在1.2m以内时，每边放2块；洞口高1.2～2m，每边放3块；洞口高2～3m，每边放4块；预埋木砖的部位上下一般距洞口上边或下边各四皮砖，中间均匀分布。

三、砖柱与砖垛砌筑施工

1. 实际案例展示

2. 施工要点

（1）砌筑前应在柱的位置近旁立皮数杆。成排同断面的砖柱，可仅在两端的砖柱近旁立皮数杆。

（2）砖柱的各皮高低按皮数杆上皮数线砌筑。成排砖柱，可先砌两端的砖柱，然后逐皮拉通线，依通线砌筑中间部分的砖柱。

（3）柱面上下皮竖缝应相互错开 1/4 砖长以上。柱心无通缝。严禁采用包心砌法，即先砌四周后填心的砌法，如图 3-6 所示。

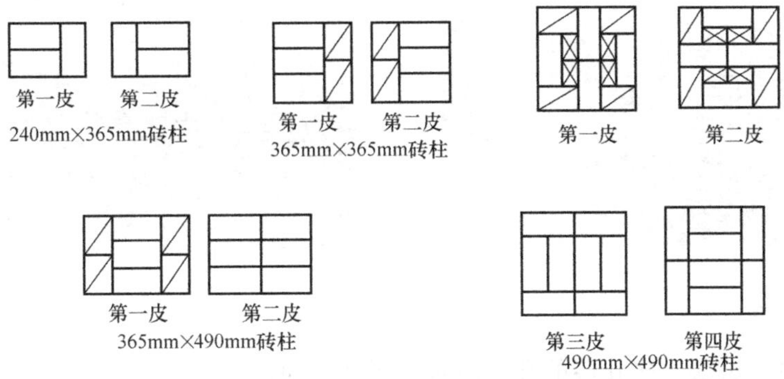

图 3-6 矩形柱砌法

（4）砖垛砌筑时，墙与垛应同时砌筑，不能先砌墙后砌垛或先砌垛后砌墙，其他砌筑要点与砖墙、砖柱相同。图 3-7 所示为一砖墙附有不同尺寸砖垛的分皮砌法。

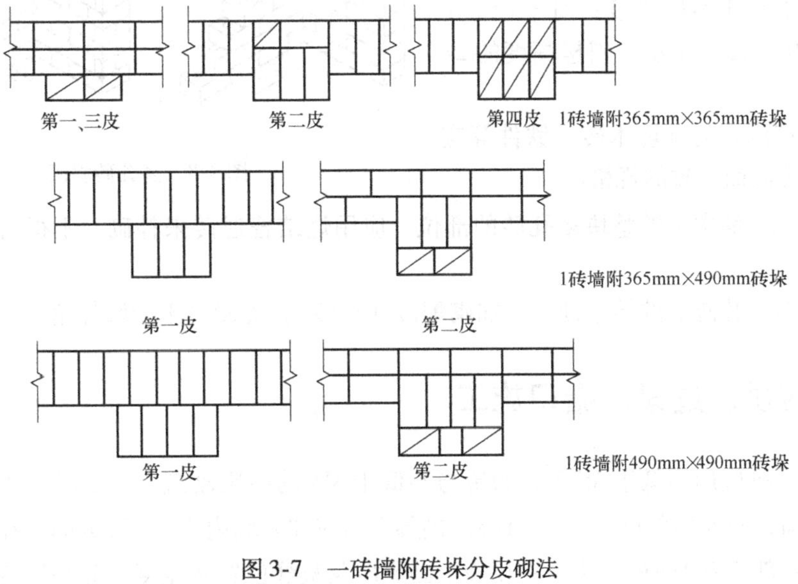

图 3-7 一砖墙附砖垛分皮砌法

（5）砖垛应隔皮与砖墙搭砌，搭砌长度应不小于 1/4 砖长，砖垛外表上下皮垂直灰缝应相互错开 1/2 砖长。

四、多孔砖墙施工

1. 实际案例展示

2. 施工要点

（1）砌筑时应试摆。多孔砖的孔洞应垂直于受压面。

（2）砌多孔砖宜采用“三一”砌筑法，竖缝宜采用刮浆法。

（3）多孔砖墙的转角处和交接处应同时砌筑，不能同时砌筑又必须留置的临时间断处应砌成斜槎。对于代号 M 多孔砖，斜槎长度应不小于斜槎高度；对于代号 P 多孔砖，斜槎长度应不小于斜槎高度的 2/3（图 3-8）。

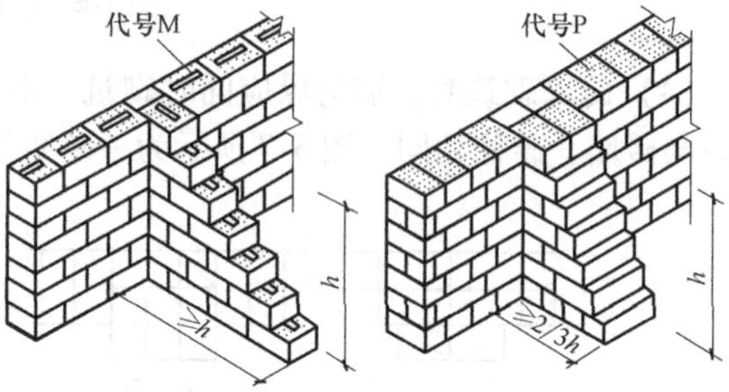

图 3-8　多孔砖斜砌

（4）门窗洞口的预埋木砖、铁件等应采用与多孔砖截面一致的规格。

（5）多孔砖墙中不够整块多孔砖的部位，应用烧结普通砖来补砌，不得将砍过的多孔砖填补。

（6）方形多孔砖墙的转角处，应加砌配砖（半砖），配砖位于砖墙外角。

五、砖拱、过梁、檐口施工

（1）砖平拱应用不低于 MU7.5 的砖与不低于 M5 的砂浆砌筑。砌筑时，在拱脚两边的墙端砌成斜面，斜面的斜度为 1/4～1/5，拱脚下面应伸入墙内不小于 20mm。在拱底处支设模板，模板中部应有 1% 的起拱。在模板上画出砖及灰缝位置及宽度，务必使砖的块数为单数。采用满刀灰法，从两边对称向中间砌，每块砖要对准模板上画线，正中一块应挤紧。竖向灰缝是上宽下窄成楔形，在拱底灰缝宽度应不小于 5mm；在拱顶灰缝宽度应不大于15mm。

（2）砖弧拱砌筑时，模板应按设计要求做成圆弧形。砌筑时应从两边对称向中间砌。灰缝成放射状，上宽下窄，拱底灰缝宽度不宜小于5mm，拱顶灰缝宽度不宜大于25mm。也可用加工好的楔形砖来砌，此时灰缝宽度应上下一样，控制在8～10mm。

（3）钢筋砖过梁采用的砖的强度应不低于MU7.5，砌筑砂浆强度不低于M2.5，砌筑形式与墙体一样，宜用一顺一丁或梅花丁。钢筋配置按设计而定，埋钢筋的砂浆层厚度不宜小于30mm，钢筋两端弯成直角钩，伸入墙内长度不小于240mm（图3-9）。

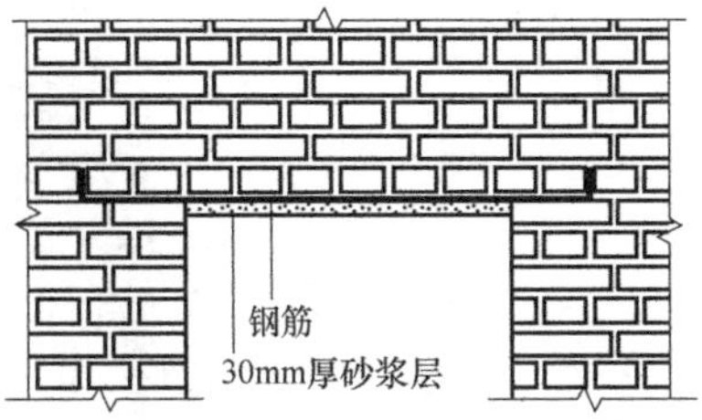

图3-9　钢筋砖过梁

钢筋砖过梁砌筑时，先在洞口顶支设模板，模板中部应有1%的起拱。在模板上铺设1∶3水泥砂浆层，厚30mm。将钢筋逐根埋入砂浆层中，钢筋弯钩要向上，两头伸入墙内长度应一致。然后与墙体一起平砌砖层。钢筋上的第一皮砖应丁砌。钢筋弯钩应置于竖缝内。

（4）过梁底模板，应待砂浆强度达到设计强度50%以上，方可拆除。

（5）砖挑檐可用普通砖、灰砂砖、粉煤灰砖及免烧砖等砌筑，多孔砖及空心砖不得砌挑檐。砖的规格宜采用240mm×115mm×53mm。砂浆强度等级应不低于M5。

无论哪种形式，挑层的下面一皮砖应为丁砌，挑出宽度每次应不大于60mm，总的挑出宽度应小于墙厚。

砖挑檐砌筑时，应选用边角整齐、规格一致的整砖。先砌挑檐两头，然后在挑檐外侧每一层底角处拉准线，依线逐层砌中间部分。每皮砖要先砌里侧后砌外侧，上皮砖要压住下皮挑出砖，才能砌上皮挑出砖。水平灰缝宜使挑檐外侧稍厚，里侧稍薄。灰缝宽度控制在8～10mm范围内。竖向灰缝砂浆应饱满，灰缝宽度控制在10mm左右。

六、混凝土小型空心砌块砌体工程

1. 实际案例展示

2. 施工要点

（1）定位放线：砌筑前应在基础面或楼面上定出各层的轴线位置和标高，并用1∶2水泥砂浆或C15细石混凝土找平。

（2）立皮数杆、拉线：在房屋四角或楼梯间转角处设立皮数杆，皮数杆间距不得超过15m。根据砌块高度和灰缝厚度计算皮数杆和排数，皮数杆上应画出各皮小砌块的高度及灰缝厚度。在皮数杆上相对小砌块上边线之间拉准线，小砌块依准线砌筑。

（3）拌制砂浆：砂浆拌制宜采用机械搅拌，搅拌加料顺序和时间：先加砂、掺合料和水泥干拌1min，再加水湿拌，总的搅拌时间不得少于4min。若加外加剂，则在湿拌1min后加入。

（4）砌筑：

1）砌筑一般采用"披灰挤浆"，先用瓦刀在砌块底面的周肋上满披灰浆，铺灰长度不得超过800mm，再在待砌的砌块端头满披头灰，然后双手搬运砌块，进行挤浆砌筑。

2）上下皮砌块应对孔错缝搭砌，不能满足要求时，灰缝中设置2根直径6mm的HPB235级钢筋；采用钢筋网片时，可采用直径4mm的钢筋焊接而成。拉结钢筋和或钢筋网片每端均应超过该垂直灰缝，其长度不得小于300mm（图3-10）。

3）砌筑应尽量采用主规格砌块（T字交接处和十字交接处等部位除外），用反砌法砌筑，从转角或定位处开始向一侧进行，内外墙同时砌筑，纵横墙交错搭接。外墙转角处应使小砌块隔皮露端面，见图3-11。

4）空心砌块墙的T字交接处，应隔皮使横墙砌块端面露头。当该处无芯柱时，应在纵墙上交接处砌两块一孔半的辅助规格砌块，隔皮砌在横墙露头砌块下，其半孔应位于中间（图3-12）。当该处有芯柱时，应在纵墙上交接处砌一块三孔大规格砌块，砌块的中间孔正对横墙露头砌块靠外的孔洞（图3-13）。

5）所有露端面用水泥砂浆抹平。

6）空心砌块墙的十字交接处，当该处无芯柱时，在交接处应砌一孔半砌块，隔皮相互垂直相交，其半孔应在中间。当该处有芯柱时，在交接处应砌三孔砌块，隔皮相互垂直相交，中间孔相互对正。

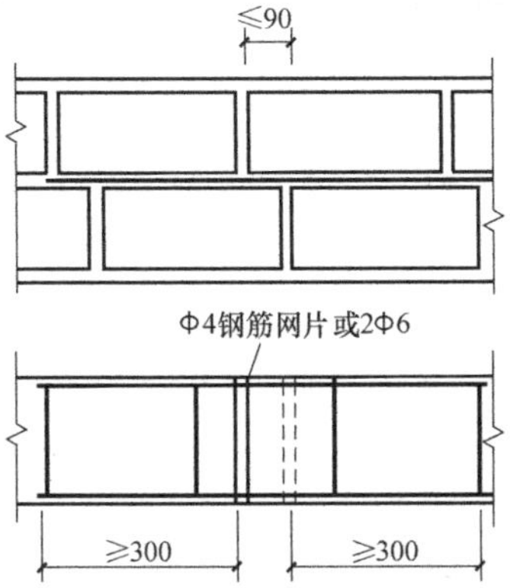

图 3-10　混凝土空心砌块墙灰缝中设置拉结钢筋或网片

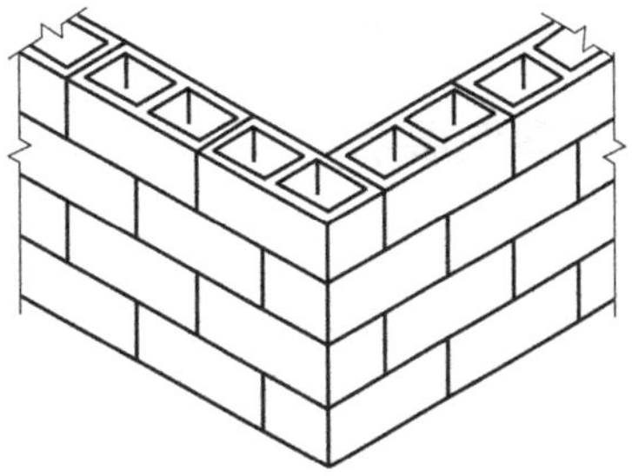

图 3-11　空心砌块墙转角砌法
（为表示小砌块孔洞情况，图中将孔洞朝上绘制，砌筑时孔洞应朝下，以下图同）

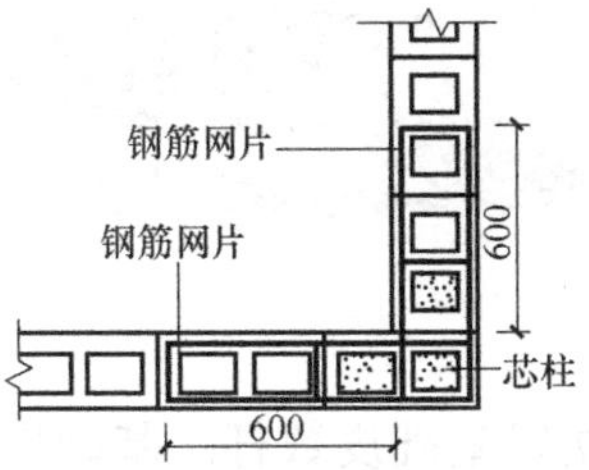

图 3-12　混凝土空心砌块墙 T 字转角处

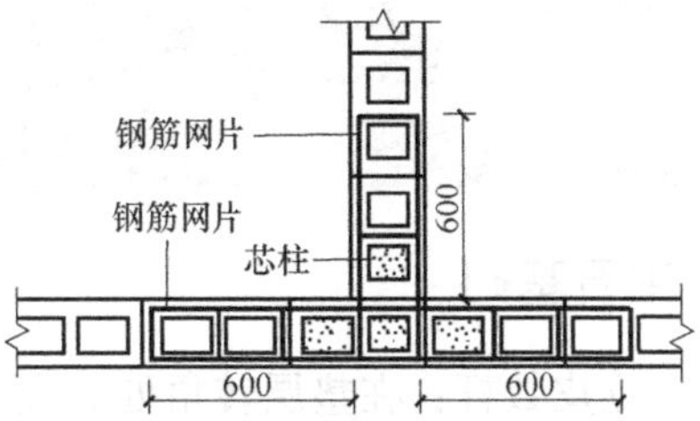

图 3-13　混凝土空心砌块墙 T 字交接处

7）空心砌块墙临时间断处的处理应符合标准规定。如留斜槎有困难，除外墙转角处及抗震设防地区，墙体临时间断处不应留直槎外，临时间断可从墙面伸出 200mm 砌成直槎，并沿墙每隔三皮砖（600mm）在水平灰缝设 2 根直径 6mm 的拉结筋或钢筋网片；拉结筋埋入长度，从留槎处算起，每边均不应小于 600mm，钢筋外露部分不得任意弯折（图 3-14）。

8）空心砌块墙临时洞口的处理：作为施工通道的临时洞口，其侧边离交接处的墙面不应小于 600mm，并在顶部设过梁。填砌临时洞口的砌筑砂浆强度等级宜提高一级。

9）脚手眼设置及处理：砌体内不宜设脚手眼，如必须设置时，可用 190mm × 190mm × 190mm 小砌块侧砌，利用其孔洞作脚手眼，砌体完工后用 C15 混凝土填实。

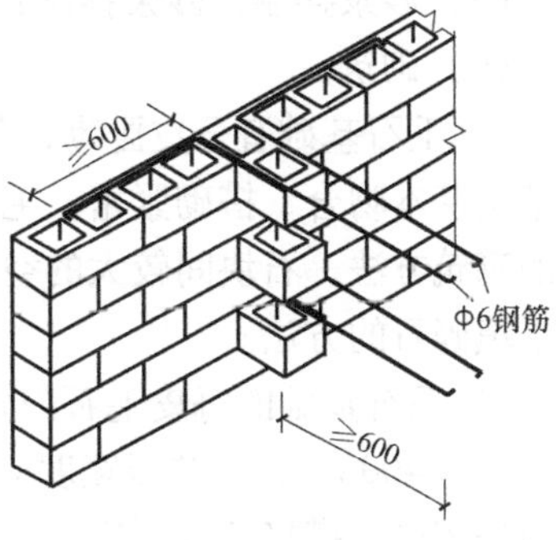

图 3-14　空心砌块墙直槎

10）在墙体的下列部位，应先用 C20 混凝土灌实砌块的孔洞，再行砌筑。

① 无圈梁的楼板支承面下的一皮砌块。

② 没有设置混凝土垫块的屋架、梁等构件支承面下，灌实高度不应小于 600mm，长度

不应小于600mm的砌体。

③ 挑梁支撑面下，距墙中心线每边不应小于300mm，高度不应小于600mm的砌体。

七、石砌体工程

1. 实际案例展示

2. 毛石基础

（1）立皮数杆：在垫层转角处、交接处及高低处立好基础皮数杆。基础皮数杆要进行抄平，使杆上所示底层室内地面标高与设计的底层室内地面标高一致。

（2）基层表面清理、湿润：毛石基础砌筑前，基础垫层表面应清扫干净，洒水湿润。

（3）砌筑前，应对弹好的线进行复查，位置、尺寸应符合设计要求，根据现场石料的规格、尺寸、颜色进行试排，撂底并确定组砌方法。

（4）试排、撂底：砌毛石基础应双面拉准线。第一皮按所放的基础边线砌筑，以上各皮按准线砌筑。

（5）砂浆拌制：砂浆拌制宜采用机械搅拌，投料顺序为：砂→水泥→掺合料→水。

（6）砌筑：

1）毛石基础宜分皮卧砌，各皮石块间应利用毛石自然形状经敲打修整，使能与先砌毛石基础基本吻合、搭砌紧密；毛石应上下错缝，内外搭砌，不得采用先砌外面石块后中间填心的砌筑方法，石块间较大的空隙应先填塞砂浆后用碎石嵌实，不得采用先塞碎石后塞砂浆或干填碎石的方法。

2）毛石基础的每皮毛石内每隔2m左右设置一块拉结石。拉结石宽度：如基础宽度等于或小于400mm，拉结石宽度应与基础宽度相等；如基础宽度大于400mm，可用两块拉结石内外搭接，搭接长度不应小于150mm，且其中一块长度不应小于基础宽度的2/3。

3）阶梯形毛石基础，上阶的石块应至少压砌下阶石块的1/2，相邻阶梯毛石应相互错缝搭接。毛石基础最上一皮，宜选用较大的平毛石砌筑。转角处、交接处和洞口处也应选用平毛石砌筑。

4）有高低台的毛石基础，应从低处砌起，并由高台向低台搭接，搭接长度不小于基础高度。

5）毛石基础转角处和交接处应同时砌筑，如不能同时砌又必须留槎时，应留成斜槎，斜槎长度应不小于斜槎高度，斜槎面上毛石不应找平，继续砌时应将斜槎面清理干净，浇水湿润。

3. 料石基础

（1）料石基础砌筑形式有丁顺叠砌和丁顺组砌。丁顺叠砌是一皮顺石与一皮丁石相隔砌筑，上下皮竖缝相互错开1/2石宽；丁顺组砌是同皮内1～3块顺石与一块丁石相隔砌筑，丁石中距不大于2m，上皮丁石坐中于下皮顺石，上下皮竖缝相互错开至少1/2石宽（图3-15）。

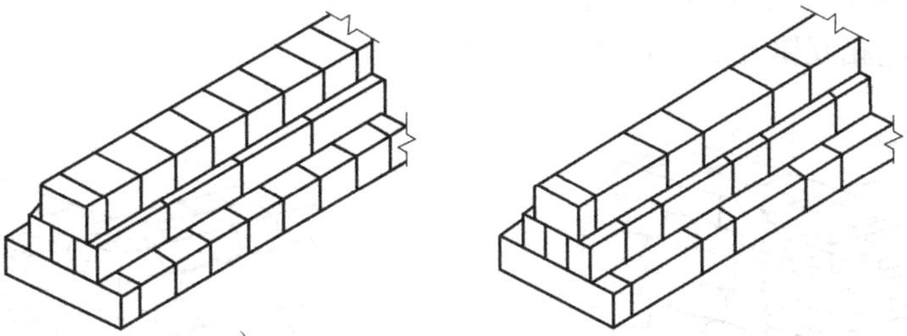

a) b)

图3-15 料石基础砌筑形式

a）丁顺叠砌 b）丁顺组砌

（2）阶梯形料石基础，上阶料石应至少压砌下阶料石的1/3。

（3）砌筑时，砂浆铺设厚度应略高于规定灰缝厚度，一般高出厚度为6～8mm。

4. 毛石墙

（1）立皮数杆、基层清理、湿润、试排、摞底、砂浆拌制：砌毛石墙应双面拉准线。第一皮按墙边线砌筑，以上各皮按准线砌筑。

（2）砌筑。

1）毛石墙应分皮卧砌，各皮石块间应利用自然形状，经敲打修整使能与先砌石块基本吻合、搭砌紧密，上下错缝，内外搭砌，不得采用外面侧立石块，中间填心的砌筑方法，中间不得有铲口石（尖石倾斜向外的石块）、斧刃石（下尖上宽的三角形石块）和过桥石（仅在两端搭砌的石块）。

2）毛石墙必须设置拉结石，拉结石应均匀分布，相互错开，一般每0.7m^2墙面至少设置一块，且同皮内的中距不大于2m。拉结石长度：墙厚等于或小于400mm，应与墙厚度相等；墙厚大于400mm，可用两块拉结石内外搭接，搭接长度不应小于150mm，且其中一块长度不应小于墙厚的2/3。

3）在毛石墙和普通砖的组合墙中，毛石与砖应同时砌筑，并每隔5～6皮砖用2～3皮丁砖与毛石拉结砌合，砌合长度应不小于120mm，两种材料间的空隙应用砂浆填满（图3-16）。

4）毛石墙与砖墙相接的转角处应同时砌筑。砖墙与毛石墙在转角处相接，可从砖墙每隔4～6皮砖高度砌出不小于120mm长的阳槎与毛石墙相接（图3-17）。亦可从毛石墙每隔

4～6 皮砖高度砌出不小于 120mm 长的阳槎与砖墙相接（图 3-18）。阳槎均应深入相接墙体的长度方向。

5）毛石墙与砖墙交接处应同时砌筑。砖纵墙与毛石墙交接处，应自砖墙每隔 4～6 皮砖高度引出不小于 120mm 长的阳槎与毛石墙相接（图 3-19）。毛石纵墙与砖横墙交接处，应自毛石墙每隔 4～6 皮砖高度引出不小于 120mm 长的阳槎与砖墙相接（图 3-20）。

6）砌筑毛石挡土墙时，除符合上述砌筑要点外，尚应注意以下几点：毛石的中部厚度不小于 200mm；每砌 3～4 皮毛石为一个分层高度，每个分层高度应找平一次；外露的灰缝宽度不得大于 40mm，上下皮毛石的竖向灰缝应相互错开 80mm 以上（图 3-21）。

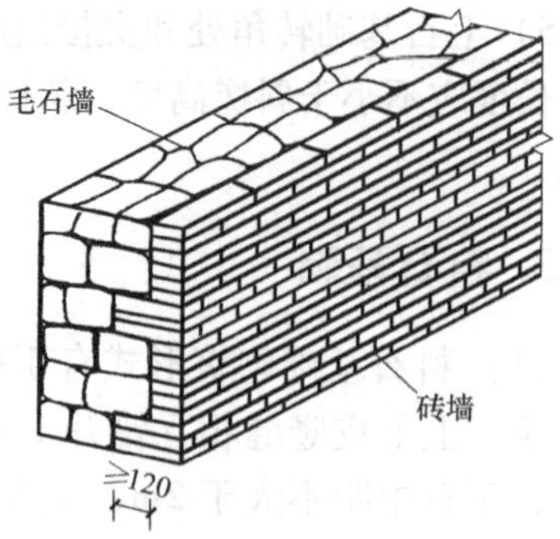

图 3-16　毛石墙和普通砖组合墙

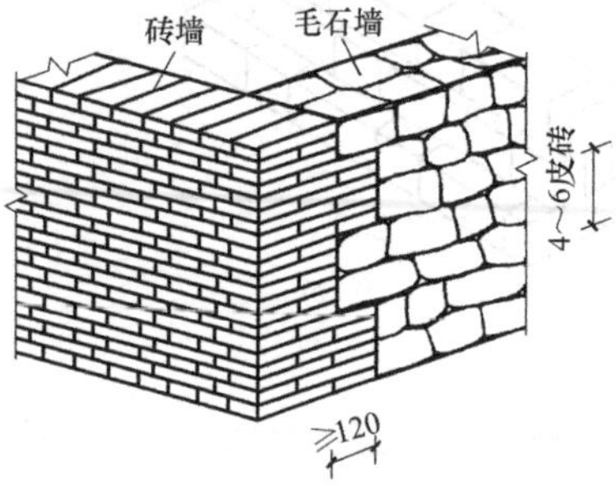

图 3-17　砖墙砌出阳槎与毛石墙相接

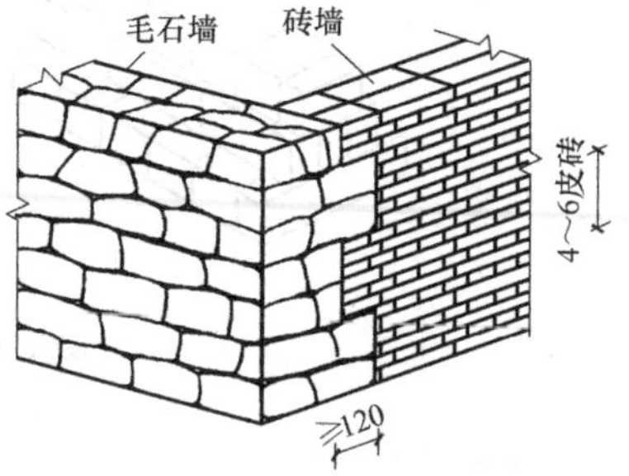

图 3-18　毛石墙砌出阳槎与砖墙相接

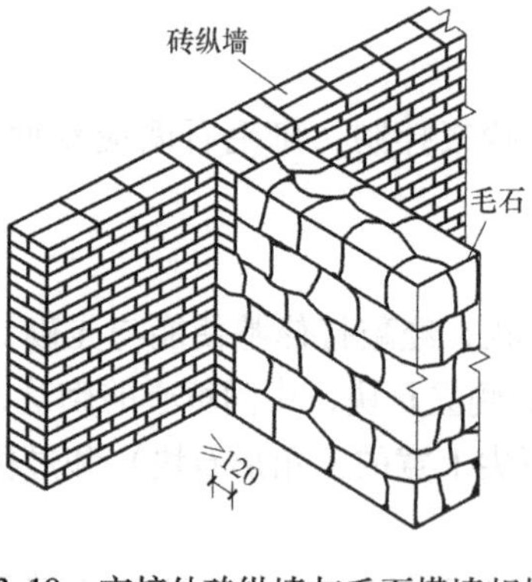

图 3-19　交接处砖纵墙与毛石横墙相接

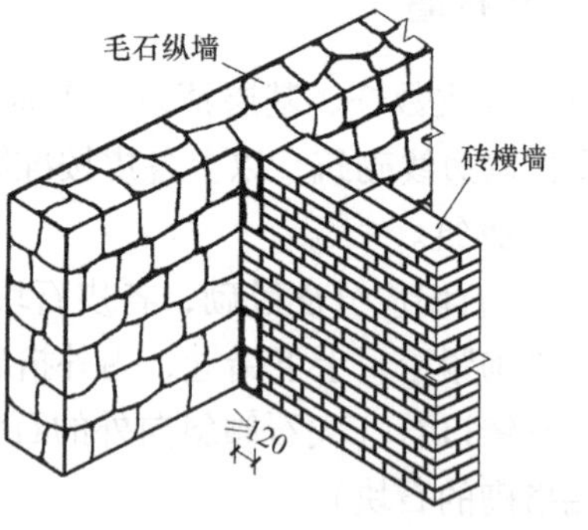

图 3-20　交接处毛石墙与砖横墙相接

5. 料石墙

（1）立皮数杆、基层清理、湿润、试排、摆衬、砂浆拌制：见标准“毛石墙”的相关条款。

（2）砌筑。

1）料石墙砌筑形式有二顺一丁、丁顺组砌和全顺叠砌。二顺一丁是两皮顺石与一皮丁石相间，

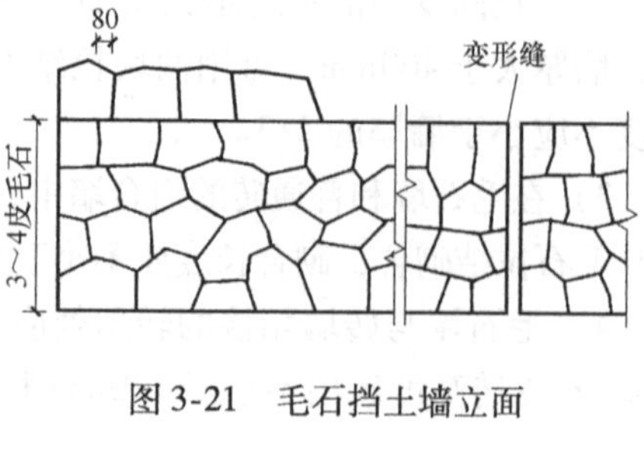

图 3-21　毛石挡土墙立面

宜用于墙厚等于两块料石宽度时；丁顺组砌是同皮内每1～3块顺石与一块丁石相隔砌筑，丁石中距不大于2m，上皮丁石坐中于下皮顺石，上下皮竖缝相互错开至少1/2石宽，宜用于墙厚等于或大于两块料石宽度时；全顺是每皮均为顺砌石，上下皮错缝相互错开1/2石长，宜用于墙厚等于石宽时（图3-22）。

2）砌料石墙面应双面挂线（除全顺砌筑形式外），第一皮可按所放墙边线砌筑，以上各皮均按准线砌筑，可先砌转角处和交接处，后砌中间部分。

3）料石可与毛石或砖砌成组合墙。料石与毛石的组合墙，料石在外，毛石在里；料石与砖的组合墙，料石在里，砖在外，也可料石在外，砖在里。

4）砌筑时，砂浆铺设厚度应略高于规定灰缝厚度，其高出厚度：细料石、半细料石宜为3～5mm，粗料石、毛料石宜为6～8mm。

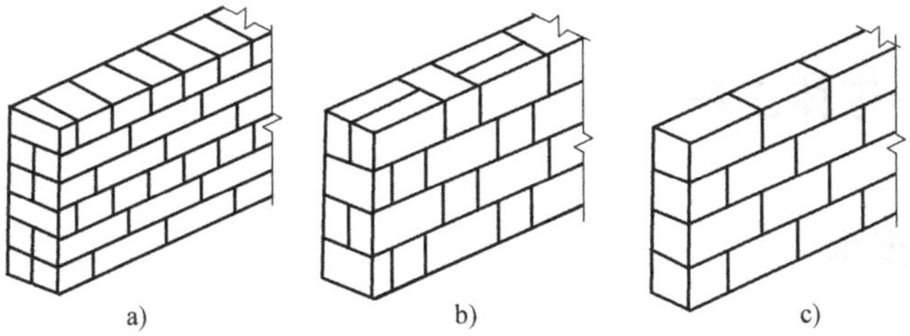

图3-22　料石墙砌筑形式

a）二顺一丁　b）丁顺组砌　c）全顺叠砌

5）在料石和毛石或砖的组合墙中，料石和毛石或砖应同时砌起，并每隔2～3皮料石用丁砌石与毛石或砖拉结砌合，丁砌料石的长度宜与组合墙厚度相同。

6）料石墙的转角处及交接处应同时砌筑，如不能同时砌筑，应留置斜槎。

7）料石清水墙中不得留脚手眼。

6. 料石柱

（1）料石柱有整石柱和组砌柱两种。整石柱每一皮料石是整块的，只有水平灰缝无竖向灰缝；组砌柱每皮由几块料石组砌，上下皮竖缝相互错开（图3-23）。

（2）料石柱砌筑前，应在柱座面上弹出柱身边线，在柱座侧面弹出柱身中心。

（3）砌整石柱时，应将石块的叠砌面清理干净。先在柱座面上抹一层水泥砂浆，厚约10mm，再将石块对准中心线砌上，以后各皮石块砌筑应先铺好砂浆，对准中心线，将石块砌上。石块如有竖向偏移，可用铜片或铝片在灰缝边缘内垫平。

（4）砌组砌柱时，应按规定的组砌形式逐皮砌筑，上下皮竖缝相互错开，无通天缝，不得使用垫片。

（5）砌筑料石柱，应随时用线坠检查整个柱身的垂直

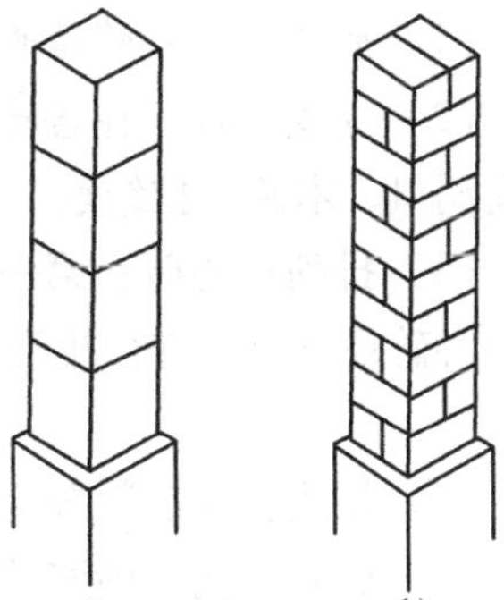

图3-23　料石柱

a）整石柱　b）组砌柱

度，如有偏斜应拆除重砌，不得用敲击方法去纠正。

7. 石墙面勾缝

（1）石墙面勾缝前，拆除墙面或柱面上临时装设的缆风绳、挂钩等物。清除墙面或柱面上黏结的砂浆、泥浆、杂物和污渍等。

（2）剔缝：将灰缝刮深 10～20mm，不整齐处加以修整。用水喷洒墙面或柱面，使其湿润，随后进行勾缝。

（3）勾缝砂浆宜用 1∶1.5 水泥砂浆。

（4）勾缝线条应顺石缝进行，且均匀一致，深浅及厚度相同，压实抹光，搭接平整。阳角勾缝要两面方正，阴角勾缝不能上下直通。勾缝不得有丢缝、开裂或黏结不牢的现象。

（5）勾缝完毕，应清扫墙面或柱面，早期应洒水养护。

八、填充墙砌体工程

1. 实际案例展示

2. 施工要点

（1）放线：空心砖墙砌筑前，应在楼面上定出轴线位置，在柱上标出标高线。

（2）立皮数杆：在各转角处设立皮数杆，皮数杆间距不得超过 15m。皮数杆上应注明门窗洞口、木砖、拉结筋、圈梁、过梁的尺寸标高。皮数杆应垂直、牢固、标高一致。

（3）排列空心砖：第一皮砌筑时应试摆，应尽量采用主规格空心砖。按墙段实量尺寸和空心砖规格尺寸进行排列摆块，不足整块的可锯截成需要尺寸，但不得小于空心砖长度的1/3。

（4）拉线：在皮数杆上相对空心砖上边线之间拉准线，空心砖以准线砌筑。

（5）砂浆拌制：砂浆拌制宜采用机械搅拌，搅拌加料顺序和时间：先加砂、掺合料和水泥干拌 1min，再加水湿拌。总的搅拌时间不得少于 4min。若加外加剂，则在湿拌 1min 后加入。

（6）砌筑。

1）砌空心砖宜采用刮浆法。竖缝应先批砂浆后再砌筑。当孔洞呈垂直方向时，水平铺砂浆，应用套板盖住孔洞，以免砂浆掉入孔洞内。

2）空心砖墙应采用全顺侧砌，上下皮竖缝相互错开1/2砖长（图3-24）。

3）空心砖墙中不够整砖部分，宜用无齿锯加工制作非整砖块，不得用砍凿方法将砖打断。补砌时应使灰缝砂浆饱满。

4）空心砖与普通砖墙交接处，应以普通砖墙引出不小于240mm长与空心砖墙相接，并与隔2皮空心砖高在交接处的水平灰缝中设置2Φ6钢筋作为拉结筋，拉结钢筋在空心砖墙中的长度不小于空心砖长加240mm（图3-24）。

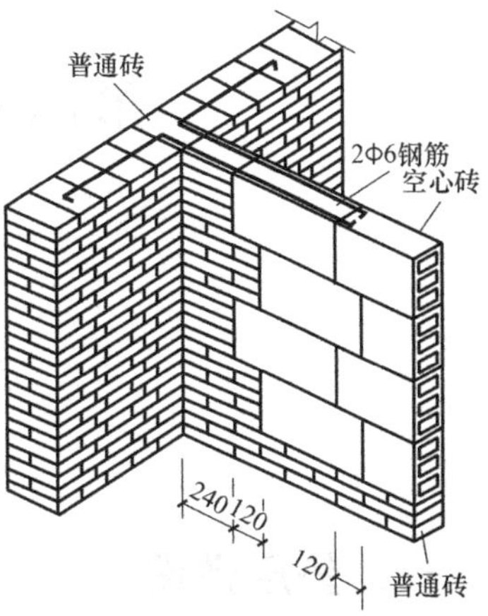

图3-24　空心砖墙与普通砖墙交接

5）空心砖墙的转角处，应用烧结普通砖砌筑，砌筑长度角边不小于240mm。

6）空心砖墙砌筑不得留斜槎或直槎，中途停歇时，应将墙顶砌平。在转角处、交接处，空心砖与普通砖应同时砌筑。

7）管线槽留置时，可采用弹线定位后用开槽机开槽，不得采用斩砖预留槽的方法。

（7）勾缝：在砌筑过程中，应采用“原浆随砌随收缝法”，先勾水平缝，后勾竖向缝。灰缝与空心砖面要平整密实，不得出现丢缝、瞎缝、开裂和黏结不牢等现象，以避免墙面渗水和开裂，以利于墙面粉刷和装饰。

第四章　建筑装饰装修工程

第一节　地 面 工 程

一、垫层敷设

1. 实际案例展示

2. 基土垫层施工要点

（1）基土下土层应均匀密实。填土或土层结构被扰动的基土，应采取机械或人工方法分层压（夯）实。

（2）填土施工应分层摊铺、分层压（夯）实，分层检验其密实度，并做好每层取样点位图。每层压（夯）实后土的压实系数应符合设计要求，且不应小于0.9。

填土宜用环刀取样，测定其干密度，求出密实度；取样和试验方法见《建筑地基基础工程施工技术标准》ZJQ08-SGJB 202—2005。

取样数量每层按100~300m^2取样一组，但每层不少于一组。取样部位应为每层压实后的下半部。

（3）填土时土块的最大粒径不应大于50mm，应采用机械或人工方法压（夯）实。填土质量应符合现行国家标准《建筑地基基础工程施工质量验收规范》GB 50202—2002的有关规定。每层铺土厚度和压实遍数应根据土质、压实系数和机具性能确定。常用夯（压）实方法、每层最大铺土厚度和所需要的夯（压）实遍数，宜按表4-1采用。

表4-1　填土每层最大铺土厚度和所需要的夯（压）实遍数

夯(压)实方式	每层铺土厚度/mm	每层压实遍数	夯(压)实方式		每层铺土厚度/mm	每层压实遍数
平碾(8~12t)	200~300	6~8	人工回填	人工打夯	≤200	3~4
羊足碾(5~16t)	200~300	8~16		打夯机	200~250	3~4
振动压路机(2t,振动力98kN)	120~150	10				

注：1. 本表适用于选用粉土、黏性土等做土料，对砂土等类做填土时应参照国家现行《建筑地基基础设计规范》GB 50007—2011有关规定执行。

2. 本表适用于填土厚度在2m以内的情况。

（4）过干的土料在压实前应加以湿润，并相应增加压（夯）实遍数或采用大功率压（夯）实机械；过湿的土应予晾干；含水量过大时，应采取翻松、晾干、换土、掺入干土等措施降低其含水量。

工业厂房填土时，施工前应通过试验确定其最优含水量和施工含水量的控制范围。

（5）人工回填—打夯机夯实：

1）用手推车或机械运土，人工配合铺土，打夯前应将填土初步整平，虚铺厚度应满足表4-1的要求。

2）打夯时要按一定的方向进行，均匀分开，不留间歇。打夯要求一夯压半夯，夯夯相接，行行相连，两遍纵横交叉，分层夯打。

3）室内回填时，如遇有管道、管沟时，应先用人工在管道、管沟两侧填土夯实，并应从两侧同时进行，直至管顶0.5m以上，方可采用打夯机夯实。

（6）墙、柱基础部位的填土，应分层重叠夯填密实。在填土与墙、柱相连处，也可采取设缝进行技术处理。

（7）软弱层处理：

1）对淤泥、淤泥质土及杂填土、冲填土等软弱土层，应按设计要求进行处理（一般采取更换或加固等措施）。

2）当基土下为非湿陷性土层，其填土为砂土时可随洒水随压（夯）实。每层虚铺厚度不应大于200mm。

3）采用碎石、卵石等作基土表层加强时，应均匀铺成一层。粒径宜为40mm，并应压（夯）入湿润的土层中。

（8）冻胀性基土地面的处理：

1）在季节性冰冻地区非采暖房屋或室内温度长期处于0℃以下，且在冻深范围内的冻胀性土上铺设地面时，应按设计要求做防冻胀处理后，方可施工。

2）防冻胀处理的方法应由设计确定，当设计无要求时，采用设置防冻胀层的方法。防冻胀层材料应具有水稳定和非冻胀性，可选用中粗砂、碎卵石、炉渣及灰土等。防冻胀层的厚度应根据当地经验或按表4-2征得设计同意后确定。

表4-2 防冻胀层厚度 （单位：mm）

土壤标准冻深	防冻胀层厚度		土壤标准冻深	防冻胀层厚度	
	土壤为冻胀土	土壤为强冻胀土		土壤为冻胀土	土壤为强冻胀土
600～800	100	150	1800	350	450
1200	200	300	2200	500	600

注：土的标准冻深和土的冻胀性分类，应按国家现行《建筑地基基础设计规范》GB 50007—2011的规定确定。

3）不得在冻土上直接进行填土施工。

（9）待夯填至设计标高时，应对房间的填土进行平整，然后交接验收。

3. 灰土垫层施工要点

（1）铺土厚度

灰土垫层应按设计比例分层铺设夯实，其最小厚度不应小于100mm。

（2）清理基土

铺设灰土前先检验基土土质，清除松散土、积水、污泥、杂质，并打底夯两遍，使表土密实。

（3）弹线、设标和

在墙面弹线，在地面设标桩，找好标高、挂线，作控制摊铺灰土厚度的标准。

（4）灰土拌和

灰土的配合比应用体积比，除设计有特殊要求外，一般为2:8或3:7（石灰:土）。通过计量斗控制配合比。拌和时采取土料、石灰边掺和边用铁锹翻拌，至少翻拌两遍。灰土拌合料应拌和均匀，颜色一致，并保持一定的湿度。现场简易检验方法是，以手握成团，两指轻捏即碎为宜。如土料水分过大或不足时，应晾干或洒水湿润。

当采用粉煤灰或电石渣代替熟石灰作垫层时，拌合料的体积比应通过试验确定。

（5）分层摊铺灰土与夯实

1）灰土垫层应铺设在不受地下水浸泡的基土上。施工后应有防止水浸泡的措施。

2）灰土垫层应分层夯实，经湿润养护、晾干后方可进行下一道工序施工。尤其是管道下部应注意按要求分层填土夯实，避免漏夯或夯填不密实，造成管道下方空虚，垫层破坏，管道折断，引起渗漏塌陷事故。

3）灰土拌合料应随铺随夯，不得隔日夯实。每层虚铺厚度一般为150～250mm（夯实后约100～150mm厚），垫层厚度超过150mm应由一端向另一端分段分层铺设，分层夯实。各层厚度钉标桩控制，夯实采用打夯机或木夯，大面积宜采用小型振动压路机碾压，夯打遍数一般不少于三遍，碾压遍数不少于六遍。人工打夯应一夯压半夯，夯夯相接，行行相接，纵横交错。每层夯实厚度应符合设计要求，在现场试验确定。

（6）接槎处理

灰土分段施工时，上下两层灰土的接槎距离不得小于500mm。当灰土垫层标高不同时，应做成阶梯形。接槎时，应将槎子垂直切齐。接槎不要留在地面荷载较大的部位。

（7）找平

灰土最上一层完成后，应拉线或用靠尺检查标高和平整度，超高处用铁锹铲平；低洼处应及时补打灰土。

（8）灰土的质量可按压实系数 d 鉴定，一般为0.93～0.95，也可按表4-3的规定执行。

表4-3 灰土质量标准

项次	土料种类	灰土最小干表观密度/(g/cm^3)	项次	土料种类	灰土最小干表观密度/(g/cm^3)
1	轻粉质黏土	1.55	3	黏土	1.45
2	粉质黏土	1.50			

4. 砂垫层和砂石垫层

（1）砂垫层最小厚度不得小于60mm，砂石垫层最小厚度不得小于100mm。

（2）清理基土，参见“灰土垫层施工要点”第2项。

（3）弹线、设标志，参见“灰土垫层施工要点”第3项。

（4）洒水。在摊铺砂或砂石垫层的同时，根据所采用的材料和施工方法要求的最佳含水量洒水湿润。

（5）振捣、夯实或碾压。

1）垫层应分层摊铺，摊铺厚度一般控制在压实厚度的1.15～1.25倍。

2）砂垫层铺平后，应适当洒水湿润，宜采用平板振捣器振实。

3）砂石垫层应摊铺均匀，不允许有粗细颗粒分离现象。如出现砂窝或石子成堆处，应将这一部分挖出后分别掺入适量的石子或砂重新摊铺。

4）采用平板振捣器振实砂垫层时，每层虚铺厚度宜为200～250mm，最佳含水量为15%～20%。使用平板式振捣器往复振捣至密度合格为止，振捣器移动每行应重叠1/3，以防搭接处振捣不密实。

5）采用振捣法捣实砂石垫层时，每层虚铺厚度宜由振捣器插入深度确定，最佳含水量为饱和状。施工时插入间距可根据机械振幅大小而定，振捣时振捣器不应插入基土中。振捣完毕后，所留孔洞要用砂填塞。

6）采用水撼法捣实砂石垫层时，每层虚铺厚度宜为250mm，施工时注水高度略超过摊铺表面，用钢叉摇撼捣实，插入间距宜为100mm。此法适用于基土下为非湿陷性土层或膨胀土层。

7）采用夯实法施工砂石垫层时，每层虚铺厚度宜为150～200mm，最佳含水量为8%～12%。用打夯机一夯压半夯全面夯实。

8）采用碾压法压实砂石垫层时，每层虚铺厚度宜为250～350mm，最佳含水量为8%～12%。用6～10t压路机或小型振动压路机往复碾压，碾压遍数以达到要求的密实度为准，一般不少于三遍。此法适用于大面积砂石垫层。

9）分段施工时，接槎处应做成斜坡，每层接槎处的水平距离应错开0.5～1.0m，并充分压（夯）实。

10）当工程量不大以及边缘、转角处，可采用人工方法进行夯实。

（6）砂垫层和砂石垫层每层振捣或夯（压）密实后，应取样试验其干密度，下层密实度合格后，方可进行上层施工，并做好每层取样点位图。最后一层施工完成后，表面应拉线找平，符合设计规定的标高。取样数量每层按 100～500m^2 取样一组，不少于一组。

（7）砂垫层和砂石垫层施工时每层密实度检验方法如下：

1）环刀取样测定干密度。在捣实后的砂垫层中用容积不小于 200cm^3 的环刀取样测定其干密度，以不小于通过试验所确定的该砂料在中密状态时的干密度为合格（中砂在中密状态时的干密度，一般为 1.55～1.60g/cm^3）。砂石垫层采用碾压或夯实法施工时可在垫层中设置纯砂检查点，在同样施工条件下，按上述方法检验。亦可采用灌砂法、灌水法进行检验。

2）贯入法测定。在捣实后的垫层中，用贯入仪、钢筋或钢叉等以贯入度大小来检查砂和砂石垫层的密实度。测定时，应先将表面的砂刮去 30mm 左右，以不大于通过试验所确定的贯入度数值为合格。

① 钢筋贯入测定法。用直径为 20mm，长 1250mm 的平头钢筋，距离砂面 700mm 自由下落，插入深度不大于通过试验所确定的贯入度数值为合格。

② 钢叉贯入测定法。采用水撼法振实垫层时，其使用的钢叉（钢叉分四齿，齿间距为 30mm，长 300mm，木柄长 900mm，重量为 4kg），距离砂面 500mm 自由下落，插入深度不大于通过试验所确定的贯入度数值为合格。

5. 碎石垫层和碎砖垫层施工要点

（1）碎石垫层和碎砖垫层的厚度应符合设计要求，并不小于 100mm。垫层应分层压（夯）实，达到表面坚实、平整。

（2）清理基土。铺设碎石前先检验基土土质，清除松散土、积水、污泥、杂质，并打底夯两遍，使表土密实。

（3）弹线、设标志。参见“灰土垫层施工要点”第 3 项。

（4）分层铺设、夯（压）实。

1）碎石铺设时应由一端向另一端铺设，摊铺均匀，不得有粗细颗粒分离现象，表面空隙应以粒径为 5～25 mm 的细碎石填补。铺完一段，压实前洒水使表面湿润。小面积房间采用木夯或打夯机夯实，不少于三遍；大面积宜采用小型压路机压实，不少于四遍，均夯（压）至表面平整不松动为止。夯实后的厚度不应大于虚铺厚度的 3/4。注意垫层摊铺厚度必须均匀一致，以防厚薄不均、密实度不一致，而造成不均匀变形破坏。

2）碎砖垫层按碎石的铺设方法铺设，每层虚铺厚度不大于 200mm，洒水湿润后，采用人工或机械夯实，并达到表面平整、无松动为止，高低差不大于 20mm，夯实后的厚度不应大于虚铺厚度的 3/4。

3）基土表面与碎石、碎砖之间应先铺一层 5～25mm 的碎石、粗砂层，以防局部土下陷或软弱土层挤入碎石或碎砖空隙中使垫层破坏。

4）碎石、碎砖垫层密实度应符合设计要求。

6. 三合土垫层施工要点

（1）三合土垫层厚度应符合设计要求，并不得小于 100mm。

（2）基层清理。参见“灰土垫层施工要点”第2项。

（3）弹线、设标志。参见“灰土垫层施工要点”第3项。

（4）垫层铺设。

1）三合土垫层采用石灰、砂（可掺入少量黏土）与碎砖的拌合料铺设，铺设方法采取先拌和三合土后铺设或先铺设碎砖后灌浆。垫层铺设时每层厚度宜一次铺设，不得在夯压后再行补填或铲削。

2）当三合土垫层采取先拌和后铺设的方法时，其石灰、砂和碎砖拌合料的体积比宜为1:3:6（熟化石灰:砂:碎砖），或按设计要求配料。拌和时采用边干拌边加水，均匀拌和后铺设；亦可采用先将石灰和砂调配成石灰砂浆，再加入碎砖充分拌和均匀后铺设，但石灰砂浆的稠度要适当，以防止浆水分离。每层虚铺厚度为150mm，铺设时要均匀一致，经铺平、夯实、提浆，其厚度宜为虚铺厚度的3/4，约为120mm。

3）三合土垫层采取先铺设后灌浆的施工方法时，先将碎砖料分层铺设均匀，每层虚铺厚度不大于120mm，经铺平、洒水、拍实，随即满灌体积比为1:2～1:4的石灰砂浆，灌浆后夯实。

4）夯实方法可采用人工或机械夯实，均应充分夯实至表面平整及不松动为止。夯实时，应注意边角和接缝部位以及分层搭接处。

5）三合土垫层最后一遍夯打后，宜浇一层薄的浓石灰浆，待表面晾干后再进行下一道工序施工。

6）夯压完的垫层如遇雨水冲刷或因积水过多，应在排除积水和整平后，重新浇浆夯压密实。

7. 炉渣垫层施工要点

（1）炉渣垫层采用炉渣或水泥与炉渣或水泥、石灰与炉渣的拌合料铺设，其厚度符合设计要求并不应小于80mm。

（2）基层处理：铺设炉渣垫层前，基层表面应清扫干净，并洒水湿润。

（3）炉渣（或其拌合料）配制：

1）炉渣在使用前必须过两遍筛，第一遍过大孔径筛，筛孔径为40mm，第二遍用小孔径筛，筛孔为5mm，主要筛去细粉末，使粒径5mm以下的颗粒体积不得超过总体积的40%。

2）炉渣垫层的拌合料体积比应按设计要求配制。如设计无要求，水泥与炉渣拌合料的体积比宜为1:6（水泥:炉渣），水泥、石灰与炉渣拌合料的体积比宜为1:1:8（水泥:石灰:炉渣）。

3）炉渣垫层的拌合料必须拌和均匀。先将闷透的炉渣按体积比与水泥干拌均匀后，再加水拌和，颜色一致，加水量应严格控制，使铺设时表面不致出现泌水现象。

水泥石灰炉渣的拌和方法同上，先按配合比干拌均匀后，再加水拌和。

（4）测标高、弹线、做找平墩：根据墙上+500mm水平标高线及设计规定的垫层厚度（如无设计规定，其厚度不应小于80mm）往下量测出垫层的上平标高，并弹在周边墙上。然后拉水平线抹水平墩（用细石混凝土或水泥砂浆抹成60mm×60mm见方，与垫层同高），其间距2m左右，有泛水要求的房间，按坡度要求拉线找出最高和最低的标高，抹出坡度墩，用来控制垫层的表面标高。

（5）铺设炉渣拌合料：

1）铺设炉渣前，在基层刷一道素水泥浆（水灰比为0.4～0.5），将拌和均匀的拌合料，由里往外退着铺设，虚铺厚度与压实厚度的比例宜控制在1.3:1；当垫层厚度大于120mm时，应分层铺设，每层压实后的厚度不应大于虚铺厚度的3/4。

2）在垫层铺设前，其下一层应湿润；铺设时应分层压实，铺设后应养护，待其凝结后，方可进行下一道工序施工。

（6）刮平、滚压：以找平墩为标志，控制好虚铺厚度，用铁锹粗略找平，然后用木杠刮平，再用滚筒往返滚压（厚度超过120mm时，应用平板振动器），并随时用2m靠尺检查平整度，高出部分铲掉，凹处填平。直到滚压平整出浆且无松散颗粒为止。对于墙根、边角、管根周围不易滚压处，应用木拍板拍打密实。采用木拍压实时，应按拍实→拍实找平→轻拍提浆→抹平等四道工序完成。

（7）水泥炉渣垫层应随拌随铺随压实，全部操作过程应控制在2h内完成。施工过程中一般不留施工缝，如房间大必须留施工缝时，应用木方或木板挡好留槎处，保证直槎密实，接槎时应刷水泥浆（水灰比为0.4～0.5）后，再继续铺炉渣拌合料。

（8）养护：垫层施工完毕应防止受水浸泡。做好养护工作（进行洒水养护），常温条件下，水泥炉渣垫层至少养护2d；水泥石灰炉渣垫层至少养护7d，严禁上人乱踩、弄脏，待其凝固后方可进行面层施工。

8. 水泥混凝土垫层施工要点

（1）水泥混凝土垫层的厚度应符合设计要求，并不应小于60mm；混凝土的强度等级应符合设计要求，且不低于C10。垫层混凝土的施工应符合现行国家标准《混凝土结构工程施工质量验收规范》GB 50204—2002的有关规定。

（2）基层处理：清除基土或结构层表面的杂物，并洒水湿润，但表面不应留有积水。

（3）测标高、弹水平控制线、做找平墩参见“炉渣垫层施工要点”中的第4款做法。

（4）混凝土搅拌：

1）核对原材料，检查磅秤的精确性，做好搅拌前的一切准备工作。操作人员认真按混凝土的配合比投料，每盘投料顺序为石子→水泥→砂→水。搅拌要均匀，搅拌时间不少于90s。

2）须按标准GB50204—2002的要求留置试块。

（5）铺设混凝土。

1）为了控制垫层的平整度，首层地面可在填土中打入小木桩（30mm×30mm×200mm），在木桩上拉水平线做垫层上平的标记（间距2m左右）。在楼层混凝土基层上可抹100mm×100mm的找平墩（用细石混凝土做），墩上平为垫层的上标高。

2）铺设混凝土前其下一层表面应湿润，刷一层素水泥浆（水灰比0.4～0.5），然后从一端开始铺设，由里往外退着操作。

3）水泥混凝土垫层铺设在基土上，当气温长期处于0℃以下，设计无要求时，垫层应设置伸缩缝。伸缩缝的设置应符合设计要求。

4）室内地面的水泥混凝土垫层，应设置纵向缩缝和横向缩缝：

① 室内纵向缩缝间距，一般为3～6m，施工气温较高时宜采用3m；横向缩缝的间距，

一般为6～12m，施工气温较高时宜采用6m。

② 纵向缩缝应做平接缝或加肋板平头缝。当垫层厚度大于150mm时，可做企口缝。横向缩缝应做假缝。平接缝和企口缝的缝间不得放置隔离材料，浇筑时应互相紧贴；企口缝的尺寸应符合设计要求，拆模时的混凝土强度不宜低于3MPa；假缝宽度为5～20mm，深度为垫层厚度的1/3，施工时应按规定的间距设置吊模，或在混凝土浇筑时将预制的木条埋设在混凝土中，并在混凝土终凝前取出。亦可采用在混凝土达到一定的强度后用切割机切缝。缝内填水泥砂浆。

③ 工业厂房、礼堂、门厅等大面积水泥混凝土垫层应分区段浇筑。分区段应结合变形缝位置、不同类型的建筑地面连接处和设备基础的位置进行划分，并应与设置的纵向、横向缩缝的间距相一致。

5）混凝土浇筑：

① 混凝土浇筑时的坍落度宜为10～30mm。较厚的垫层采用泵送混凝土时，应满足泵送的要求，但应尽量采用较小的坍落度。

② 混凝土铺设时应按分区、段顺序进行，边铺边摊平，并用大杠粗略找平，略高于找平墩。

③ 振捣：用平板振捣器振捣时其移动的距离应保证振捣器平板能覆盖已振实部分的边缘。如垫层厚度较厚，应采用插入式振捣器振捣。振捣器移动间距不应超过其作用半径的1.5倍，做到不漏振，确保混凝土密实。

（6）找平：混凝土振捣密实后，以水平标高线及找平墩为准检查平整度，高的铲掉，凹处补平。用刮杠刮平，表面再用木抹子搓平。有坡度要求的地面，应按设计要求的坡度找坡。

（7）养护：已浇筑完的混凝土垫层，应在12h左右覆盖和浇水，一般养护不少于7d。

（8）在负温下施工时，所掺防冻剂必须经试验合格后方可使用。垫层混凝土拌合物中的氯化物总含量按设计要求或不得大于水泥重量的2%。混凝土表面应覆盖防冻保温材料，在受冻前混凝土的抗压强度不得低于5.0N/mm²。

二、找平层

1. 实际案例展示

2. 施工要点

（1）基层处理。

1）把黏结在混凝土基层上的浮浆、松动混凝土、砂浆等剔掉，用钢丝刷刷掉水泥浆皮，然后用扫帚扫净。

2）有防水要求的建筑地面工程，铺设前必须对立管、套管和地漏与楼板节点之间进行密封处理；排水坡度应符合设计要求。

（2）板缝处理。在预制钢筋混凝土板上铺设找平层时，其板端应按设计要求做防裂的构造措施；铺设前，板缝填嵌的施工应符合下列要求：

1）预制钢筋混凝土板缝底宽不应小于20mm。

2）填嵌时，板缝内应清理干净，保持湿润。

3）填缝采用细石混凝土，其强度等级不得低于C20。填缝高度应低于板面10～20mm，且振捣密实，表面不应压光；填缝后应养护，混凝土强度达到C15时，方可施工找平层。

4）当板缝底宽大于40mm时，应按设计要求配置钢筋。

（3）测标高、弹水平控制线。根据墙上的+500mm水平标高线，往下量测出垫层标高，有条件时可弹在四周墙上。

（4）混凝土或砂浆搅拌。

1）找平层水泥砂浆体积比或混凝土强度等级应符合设计要求，且水泥砂浆体积比不应小于1:3（或相应的强度等级）；混凝土强度等级不应低于C15。

2）根据配合比核对后台原材料，检查磅秤的精确性，做好搅拌前的一切准备工作。后台操作人员认真按混凝土的配合比投料，每盘投料顺序为石子→水泥→砂→水。应严格控制用水量，搅拌要均匀，搅拌时间不少于90s。

（5）铺设混凝土或砂浆。

1）找平层厚度应符合设计要求。当找平层厚度不大于25mm时，用水泥砂浆做找平层；当找平层厚度大于25mm时，用细石混凝土做找平层。在楼层混凝土基层上可抹100mm×100mm的找平墩（用细石混凝土做），墩上平为找平层的上标高。

2）大面积地面找平层应分区段进行浇筑。分区段应结合变形缝位置、不同材料的地面面层的连接处和设备基础位置等进行划分。

3）铺设混凝土或砂浆前先在基层上洒水湿润，刷一层素水泥浆（水灰比0.4～0.5），然后从一端开始铺设，由里往外退着操作。

（6）用铁锹铺混凝土，厚度略高于找平墩，随即用平板振捣器振捣。

（7）混凝土振捣密实后或砂浆铺设完后，以墙上水平标高线及找平墩为准检查平整度，高的铲掉，凹处补平。用水平刮杠刮平，表面再用木抹子搓平。有坡度要求的房间应按设计要求的坡度找坡。

（8）已浇筑完的混凝土或砂浆找平层，应在12h左右覆盖和浇水，一般养护不少于7d。

三、隔离层

1. 实际案例展示

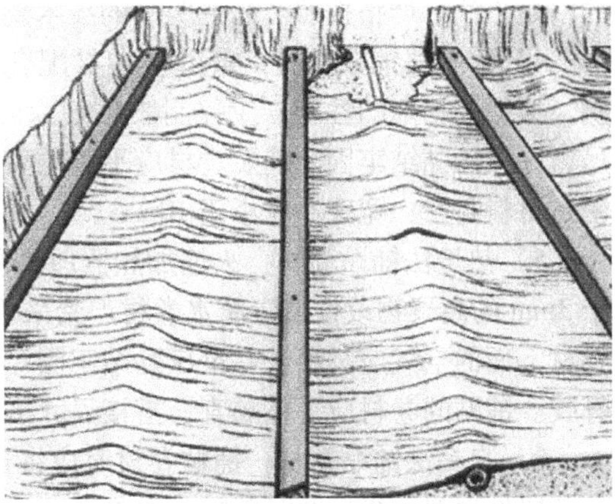

2. 卷材类隔离层施工要点

(1) 基层检查。在水泥类找平层上铺设防水卷材时，其表面应平整、坚固、洁净、干燥，其含水率不应大于9%。铺设前，应涂刷基层处理剂，以增强防水材料与找平层之间的黏结力。铺设卷材前，现场检查基层干燥程度的简易方法为：将 $1m^2$ 卷材干铺在基层上，静置3～4h后掀开，覆盖部位与卷材上未见水印者为符合要求。

(2) 基层处理剂涂刷。喷、涂基层处理剂前首先将基层表面清扫干净，用毛刷对周边、拐角等部位先行涂刷处理。基层处理剂应采用与卷材性能配套的材料或采用同类涂料的底子油。可采用喷涂、刷涂施工，喷刷应均匀，待干燥后，方可铺贴卷材。

(3) 卷材铺贴。铺贴前，应先做好节点密封处理。对管根、阴阳角部位的卷材应按设计要求先进行裁剪加工。铺贴顺序从低处向高处施工，坡度不大时，也可从里向外或从一侧向另一侧铺贴。

1) 铺贴卷材采用搭接法，上下层卷材及相邻两幅卷材的搭接缝应错开。各种卷材的搭接宽度应符合表4-4的要求。

表4-4　卷材搭接宽度　（单位：mm）

卷材种类 \ 铺贴方法		短边搭接		长边搭接	
		满粘法	空铺、点粘、条粘法	满粘法	空铺、点粘、条粘法
沥青防水卷材		100	150	70	100
高聚物改性沥青卷材		80	100	80	100
合成高分子防水卷材	胶粘剂	80	100	80	100
	胶粘带	50	60	50	60
	单缝焊	60，有效焊接宽度不小于25			
	双缝焊	80，有效焊接宽度10×2+空腔宽			

2) 卷材与基层的粘贴方式。卷材与基层的粘贴方法可分为满粘法、空铺法、点粘法和条粘法等形式。通常采用满粘法，而空铺、点粘、条粘法更适合于防水层上有重物覆盖或基

层变形较大的场合，是一种克服基层变形拉裂卷材防水层的有效措施。施工时，应根据设计要求和现场条件确定适当的粘贴方式。

3）卷材的粘贴方法。根据卷材的种类不同，卷材的粘贴又分为：冷粘法（用胶粘剂粘贴高聚物改性沥青卷材及合成高分子卷材）、热熔法（高聚物改性沥青卷材）、自粘法（自粘贴卷材）、焊接法（合成高分子卷材）等多种方法。施工时根据选用卷材的种类选用适当的粘贴方法，严格按照产品说明书的技术要求制订相应的粘贴施工工艺。

4）冷粘法铺贴卷材：采用与卷材配套的胶粘剂，胶粘剂应涂刷均匀，不露底，不堆积。根据胶粘剂的性能，应控制胶粘剂涂刷与卷材铺贴的间隔时间。卷材下面的空气应排尽，并滚压黏结牢固。铺贴卷材应平整顺直，搭接尺寸准确，不得扭曲、皱折。接缝口应用密封材料封严，宽度不应小于10mm。

5）热熔法铺贴卷材：火焰加热器加热卷材要均匀，不得过分加热或烧穿卷材，厚度小于3mm的高聚物改性沥青防水卷材严禁采用热熔法施工。卷材表面热熔后应立即滚铺卷材，卷材下面的空气应排尽，并滚压黏结牢固，不得空鼓。卷材接缝部位必须溢出热熔的改性沥青胶。铺贴的卷材应平整顺直，搭接尺寸准确，不得扭曲、皱折。

6）自粘法铺贴卷材：铺贴卷材时应将自粘胶底面的隔离纸全部撕净，在基层表面涂刷的基层处理剂干燥后及时铺贴。卷材下面的空气应排尽，并滚压黏结牢固。铺贴的卷材应平整顺直，搭接尺寸准确，不得扭曲、皱折，搭接部位宜采用热风加热，随即粘贴牢固。接缝口应用密封材料封严，宽度不应小于10mm。

7）卷材热风焊接：焊接前卷材的铺设应平整顺直，搭接尺寸准确，不得扭曲、皱折。卷材的焊接面应清扫干净，无水滴、油污及附着物。焊接时应先焊长边搭接缝，后焊短边搭接缝。控制热风加热温度和时间，焊接处不得有漏焊、跳焊、焊焦或焊接不牢现象。焊接时不得损伤非焊接部位的卷材。

3. 涂膜类隔离层施工要点

（1）清理基层。涂刷前，先将基层表面的杂物、砂浆硬块等清扫干净，并用干净的湿布擦一遍，经检查基层无不平、空裂、起砂等缺陷，方可进行下道工序。在水泥类找平层上铺设防水涂料时，其表面应坚固、洁净、干燥。

（2）涂刷底胶。将配好的底胶料，用长把滚刷均匀涂刷在基层表面。涂刷后至手感不黏时，即可进行下道工序。

（3）涂膜料配制。根据要求的配合比将材料配合、搅拌至充分拌和均匀即可使用。拌好的混合料应在限定时间内用完。

（4）附加涂膜层。对穿过墙、楼板的管根部，地漏、排水口、阴阳角、变形缝等薄弱部位，应在涂膜层大面积施工前，先做好上述部位的增强涂层（附加层）。做法为在附加层中铺设要求的纤维布，涂刷时用刮板刮涂料驱除气泡，将纤维布紧密地粘贴在基层上，阴阳角部位一般为条形，管根部位为扇形。

（5）涂层施工。涂刷第一道涂膜：在底胶及附加层部位的涂膜固化干燥后，先检查附加层部位有无残留气泡或气孔，如没有即可涂刷第一层涂膜；如有则应用橡胶刮板将涂料用力压入气孔，局部再刷涂膜，然后进行第一层涂刷。涂刷时，用刮板均匀涂刮，力求厚度一致，达到规定厚度。铺贴胎体增强材料（如设计要求时）涂刮第二道涂膜：第一道涂膜固化后，即可在其上均匀涂刮第二道涂膜，涂刮方向应与第一道相垂直。

4. 水泥类隔离层施工要点

（1）同地面找平层施工操作要点，见第2项。

（2）当采用掺有防水剂的水泥类找平层作为防水隔离层时，其掺量和强度等级（或配合比）应符合设计要求。搅拌时间应适当延长，一般不宜少于2min。

四、整体面层敷设

1. 实际案例展示

2. 施工要点

（1）铺设整体面层时，其水泥类基层的抗压强度不得低于1.2MPa，表面应粗糙、洁净、湿润并不得有积水。铺设前宜凿毛或涂刷界面处理剂。硬化耐磨面层、自流平面层的基层处理应符合设计及产品要求。

（2）大面积水泥类面层应设置分隔缝。

（3）建筑地面的变形缝应按设计要求设置，并应符合下列规定：

1）建筑地面的沉降缝、伸缝、缩缝和防震缝，应与结构相应缝的位置一致，且应贯通建筑地面的各构造层。

2）沉降缝和防震缝的宽度应符合设计要求，缝内清理干净，以柔性密封材料填嵌后用板封盖，并应与面层齐平。

（4）整体面层施工后，养护时间不应少于7d；抗压强度应达到5MPa后方准上人行走；抗压强度应达到设计要求后，方可正常使用。

（5）当采用掺有水泥的拌合料做踢脚线时，不得用石灰混合砂浆打底。

（6）厕浴间和有防水要求的建筑地面的结构层标高，应结合房间内外标高差、坡度流向以及隔离层能裹住地漏等进行施工。面层铺设后不应出现倒泛水。

（7）楼梯踏步的高度，应以楼梯间结构层的标高结合楼梯上、下级踏步与平台、走道连接处面层的做法，进行划分，以保证每级踏步高度符合设计要求，且其高度差达到国家规范的规定。

（8）室内水泥类面层与走道邻接的门口处应设置分格缝；大开间楼层的水泥类面层在结构易变形的位置应设置分格缝。

（9）整体面层的抹平工作应在水泥初凝前完成，压光工作应在水泥终凝前完成。

（10）室外散水、明沟、踏步、台阶、坡道等各构造层均应符合设计要求，施工时应符合本标准对基层（基土、同类垫层和构造层）、同类面层的规定。

五、板块面层

1. 实际案例展示

2. 施工要点

（1）铺设板块面层时，其水泥类基层的抗压强度不得低于 1.2MPa。

（2）铺设板块面层的结合层和板块间的填缝采用水泥砂浆，应符合下列规定：

1）配制水泥砂浆应采用硅酸盐水泥、普通硅酸盐水泥或矿渣硅酸盐水泥。

2）配制水泥砂浆的砂应符合现行的行业标准《普通混凝土用砂、石质量及检验方法标准》JGJ 52—2006 的规定。

3）配制水泥砂浆的体积比（或强度等级）应符合设计要求。

（3）结合层和板块面层填缝的胶结材料应符合国家现行有关标准的规定和设计要求。

（4）板块的铺砌应符合设计要求，当设计无要求时，宜避免出现板块小于1/4边长的边角料。施工前应根据板块大小，结合房间尺寸进行排砖设计。非整砖应对称布置，且排在不明显处。

（5）铺设水泥混凝土板块、水磨石板块、人造石板块、陶瓷锦砖、陶瓷地砖、缸砖、水泥花砖、料石、大理石、花岗石等面层的结合层和填缝材料采用水泥砂浆时，在面层敷设后，表面应覆盖、湿润，养护时间不应少于7d。当板块面层水泥砂浆结合层的抗压强度达到设计要求后，方可正常使用。

（6）踢脚板施工时，应符合下列规定：

1）板块类踢脚线施工时，不得采用石灰砂浆打底。

2）踢脚板宜在面层基本完工及墙面最后一遍抹灰（或刷涂料）前完成。

3）板块面层的踢脚线出墙厚度一般宜为10mm，最大不宜大于12mm；如遇剪力墙且不能抹灰的墙面（清水混凝土墙），宜选厚度较薄的板材做踢脚线，结合层宜用胶粘贴。

（7）厕浴间及设有地漏（含清扫口）的建筑地面面层，地漏（清扫口）的位置除应符合设计要求外，板块规格不宜过大（不易找坡）。如用大块料铺贴时，地漏处应放样套割铺贴，使铺贴好的块料地面高于地漏约2mm，与地漏结合处严密牢固，不得有渗漏。

（8）施工前应确定样板间，样板选择应具有代表性，不同材料应分别有样板，经业主、监理认可后，方可大面积施工。

六、木、竹面层敷设

1. 实际案例展示

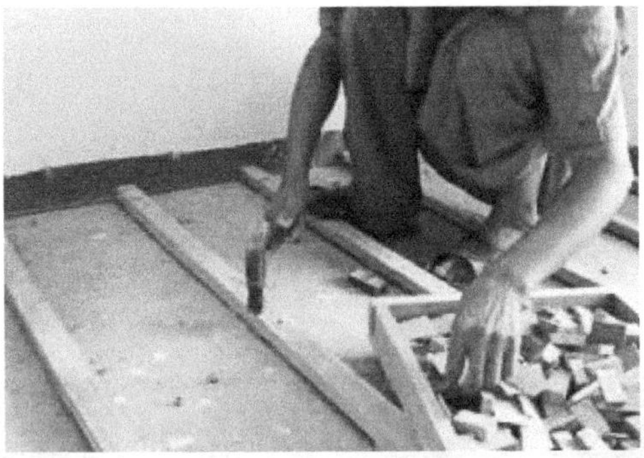

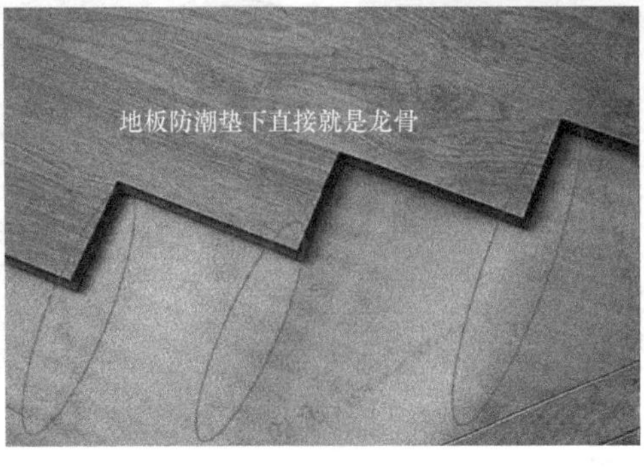

2. 施工要点

（1）木、竹地板面层下的木搁栅、垫木、垫层地板等采用木材的树种、选材标准和铺设时木材含水率以及防腐、防蛀处理等，均应符合现行国家标准《木结构工程施工质量验收规范》GB 50206—2012 的有关规定。所选用的材料应符合设计要求，进场时应对其断面尺寸、含水率等主要技术指标进行抽检，抽检数量应符合国家现行有关标准的规定。

（2）用于固定和加固用的金属零部件应采用不锈蚀或经过防锈处理的金属件。

（3）与厕浴间、厨房等潮湿场所相邻的木、竹面层连接处应做防水（防潮）处理。

（4）木竹面层不宜用于长期或经常潮湿处，并应避免与水长期接触，以防止木基层腐蚀和面层变形、开裂、翘曲等质量问题。对多层建筑的底层地面铺设木竹面层时，其基层（含墙体）应采取防潮措施。

（5）木、竹面层铺设在水泥类基层上，其基层表面应坚硬、平整、洁净、不起砂、表面含水率不应大于8%。

（6）建筑地面工程的木、竹面层隔栅下架空结构层（或构造层）的质量检验，应符合国家相应现行标准的规定。

（7）木、竹面层的通风构造层包括室内通风沟、地面通风孔、室外通风窗等，均应符合设计要求。

第二节 抹灰工程

一、一般抹灰

1. 实际案例展示

2. 内墙面抹灰施工要点

（1）基层清理、湿润。

1）检查门窗洞口位置尺寸，混凝土结构和砌体结合处以及电线管、消火栓箱、配电箱背后钉好钢丝网，接线盒堵严。

2）清扫墙面上浮灰污物和油渍等，并洒水湿润。

3）混凝土表面应凿毛或在表面洒水湿润后涂刷1:1水泥砂浆（加适量胶粘剂）。

4）加气混凝土，应刷界面剂，并抹强度不大于M5的水泥混合砂浆。

5）基层墙面应充分湿润，打底前每天浇水两遍，使渗水深度达到8～10mm，同时保证抹灰时墙面不显浮水。

（2）找规矩、做灰饼、冲筋：四角规方、横线找平、立线吊直，弹出准线和墙裙、踢脚板线。

1）普通抹灰。

① 用托线板检查墙面平整和垂直度，决定抹灰厚度（最薄处一般不小于7mm）。

② 在墙的上角各做一个标准灰饼（用打底砂浆或1:3水泥砂浆，也可用水泥:石灰膏:砂=1:3:9混合砂浆，遇有门窗口垛角处要补做灰饼），大小50mm见方，厚度以墙面平整垂直度决定。

③ 根据上面的两个灰饼用托线板或线坠挂垂线，做墙面下角两个标准灰饼（高低位置一般在踢脚线上口），厚度以垂线为准。

④ 用钉子钉在左右灰饼附近墙缝里挂通线，并根据通线位置每隔1.2～1.5m上下加做若干标准灰饼。

⑤ 灰饼稍干后，在上下（或左右）灰饼之间抹上宽约50mm的与抹灰层相同的砂浆冲筋，用木杠刮平，厚度与灰饼相平，稍干后可进行底层抹灰。

2）高级抹灰。

① 将房间规方，小房间可以一面墙做基线，用方尺规方即可。

② 如房间面积较大，应在地面上先弹出十字线，作为墙角抹灰准线，在离墙角约100mm左右，用线坠吊直，在墙上弹一立线，再按房间规方地线（十字线）及墙面平整程度向里反线，弹出墙角抹灰准线，并在准线上下两端排好通线后做标准灰饼并冲筋。

（3）做护角。室内墙面、柱面的阳角和门洞口的阳角，如设计对护角无规定时，一般可用1:2水泥砂浆抹护角，护角高度不应低于2m，每侧宽度不小于50mm。

1）将阳角用方尺规方，靠门窗框一边以框墙空隙为准，另一边以标筋厚度为准，在地面画好准线，根据抹灰层厚度粘稳靠尺板并用托线板吊垂直。

2）在靠尺板的另一边墙角分层抹护角的水泥砂浆，其外角与靠尺板外口平齐。

3）一侧抹好后把靠尺板移到该侧用卡子稳住，并吊垂线调直靠尺板，将护角另一面水泥砂浆分层抹好。

4）轻手取下靠尺板。待护角的棱角稍收水后，再用捋角器和水泥浆捋出小圆角。

5）在阳角两侧分别留出护角宽度尺寸，将多余的砂浆以45°斜面切掉。

6）对于特殊用途房间的墙（柱）阳角部位，其护角可按设计要求在抹灰层中埋设金属护角线。高级抹灰的阳角处理，亦可在抹灰面层镶贴硬质PVC特制装饰护角条。

（4）抹底层灰。标筋有一定的强度后，在两标筋之间用力抹上底灰，用抹子压实搓毛。

1）砖墙基层，墙面一般采用石灰砂浆或水泥混合砂浆抹底灰，在冲筋2h左右即可进行。抹灰时先薄薄地刮一层，接着分层装档、找平，再用大杠垂直、水平刮找一遍，用木抹子搓毛。

2）混凝土基层，宜先刷108胶素水泥浆（掺水泥重10%的108胶，水灰比0.4～0.5）一道，采用水泥砂浆或水泥混合砂浆打底。抹底灰应控制每遍厚度5～7mm，分层与冲筋抹平，并用大杠刮平、找直，木抹子搓毛。

3）加气混凝土基层，打底宜用水泥混合砂浆、聚合物砂浆或掺增稠粉的水泥砂浆。先刷一道108胶素水泥浆，随刷随抹水泥混合砂浆，分遍抹平，大杠刮平，木抹子搓毛，终凝后开始养护。

4）木板条、金属网基层，宜用麻刀灰、纸筋灰或玻璃丝灰打底，并将灰浆挤入基层缝隙内。

5）平整光滑的混凝土基层，可直接采用刮粉刷石膏或刮腻子。

（5）抹中层灰。

1）中层灰应在底层灰干至六七成后进行，抹灰厚度以垫平标筋为准，并使其稍高于标筋。

2）中层灰做法基本与底层灰相同，砖墙可采用麻刀灰、纸筋灰或粉刷石膏。加气混凝土中层灰宜用中砂。

3）砂浆抹后，用木杠按标筋刮平，并用木抹子搓压，使表面平整密实。

4）在墙的阴角处用方尺上下核对方正，然后用阴角器上下拖动搓平，使室内四角方正。

（6）抹窗台板、踢脚线或墙裙。

1）窗台板采用1∶3水泥砂浆抹底层，表面划毛，隔1d后，刷素水泥浆一道，再用1∶2.5水泥砂浆抹面层。面层宜用原浆压光，上口成小圆角，下口要求平直，不得有毛刺，凝结后洒水养护不少于4d。

2）踢脚线或墙裙采用1∶3水泥砂浆或水泥混合砂浆打底，1∶2水泥砂浆抹面厚度比墙面凸出5～8mm，并根据设计要求的高度弹出上口线，用八字靠尺靠在线上用铁抹子切齐并修整压光。

（7）抹面层灰（罩面灰）。从阴角开始，宜两人同时操作，一人在前面上灰，另一人紧跟在后面找平并用铁抹子压光。罩面时应由阴、阳角处开始，先竖向（或横向）薄薄刮一遍底，再横向（或竖向）抹第二遍。阴阳角处用阴阳角抹子捋光，墙面再用铁抹子压一遍，然后顺抹子纹压光，并用毛刷蘸水将门窗等圆角处清理干净。

1）采用水泥砂浆面层时，须将底子灰表面扫毛或划出纹道。面层应注意接槎，表面压光不得少于两遍，罩面后次日洒水养护。

2）纸筋石灰或麻刀石灰面层，一般在中层灰六七成干后进行。麻刀石灰，采用的麻刀应选用柔软、干燥、不含杂质的产品，使用前4～5d用石灰膏调好，抹灰操作时严格掌握压光时间。

3）石灰砂浆面层，应在中层灰五六成干时进行。

4）石膏面层可用于1:2.5石灰砂浆或1:3:9混合砂浆中层的罩面层。罩面石膏灰应掺入缓凝剂，其掺入量应由试验确定，一般控制在15～20min内凝结。抹石膏罩面的抹子一般用钢抹子或塑料抹子。具体做法：

① 对已抹好的中层灰的表面用木抹子带水搓细，六七成干时进行罩面。

② 如底灰已干燥，操作前先洒水湿润，然后开始抹。

③ 组成小流水，一人先薄薄地抹一遍，第二人紧跟着找平，第三人跟着压光。可从墙角一侧开始，由下往上顺抹，压光时抹子应顺直，先压两遍，最后稍洒水压光压亮。

④ 如墙面太高，应上下同时操作，以免出现接槎。

（8）清理。抹灰工作完成后，应将粘在门窗框、墙面上的灰浆及落地灰及时清除、打扫干净。

3. 外墙面抹灰施工要点

先上部，后下部，先檐口，再墙面（包括门窗周围、窗台、阳台、雨篷等）。大面积的外墙可分片同时施工。高层建筑垂直方向适当分段，如一次抹不完时，可在阴阳角交接处或分隔线处间断施工。

（1）基层处理、湿润。基层表面应清扫干净，混凝土墙面突出的地方要剔平刷净，蜂窝、凹洼、缺棱掉角处，应先刷一道1:4（108胶:水）的胶溶液，并用1:3水泥砂浆分层补平；加气混凝土墙面缺棱掉角和缝隙处，宜先刷一道掺水泥重20%的108胶素水泥浆，再用1:1:6水泥混合砂浆分层修补平整。

（2）找规矩，做灰饼、标筋。

1）在墙面上部拉横线，做好上面两角灰饼，再用托线板按灰饼的厚度吊垂直线，做下边两角的灰饼。

2）分别在上部两角及下部两角灰饼间横挂小线，每隔1.2～1.5m做出上下两排灰饼，然后冲筋。门窗口上沿、窗口及柱子均应拉通线，做好灰饼及相应的标筋。

3）高层建筑可按一定层数划分为一个施工段，垂直方向控制用经纬仪来代替垂线，水平方向拉通线同一般做法。

（3）抹底层、中层灰。外墙底层灰可采用水泥砂浆或混合砂浆（水泥:石子:砂＝1:1:6）打底和罩面。其底层、中层抹灰及赶平方法与内墙基本相同。

（4）弹分格线、嵌分格条。中层灰达六七成干时，根据尺寸用粉线包弹出分格线。分格条使用前用水泡透，分格条两侧用黏稠的水泥浆（宜掺108胶）与墙面抹成45°角，横平竖直，接头平直。当天不抹面的“隔夜条”，两侧素水泥浆与墙面抹成60°。

（5）抹面层灰。抹面层灰前，应根据中层砂浆的干湿程度浇水湿润。面层涂抹厚度为5~8mm，应比分格条稍高。抹灰后，先用刮杠刮平，紧接着用木抹子搓平，再用钢抹子初步压一遍。稍干后，再用刮杠刮平，用木抹子搓磨出平整、粗糙均匀的表面。

（6）拆除分格条、勾缝。面层抹好后即可拆除分格条，并用素水泥浆把分格缝勾平整。若采用“隔夜条”的罩面层，则必须待面层砂浆达到适当强度后方可拆除。

（7）做滴水线、窗台、雨篷、压顶、檐口等部位。先抹立面，后抹顶面，再抹底面。顶面应抹出流水坡度，底面外沿边应做出滴水线槽。

滴水线槽的做法：在底面距边口20mm处粘贴分格条，成活后取掉即成；或用分格器将这部分砂浆挖掉，用抹子修整。

（8）养护。面层抹光24h后应浇水养护。养护时间应根据气温条件而定，一般不应小于7d。

4. 顶棚抹灰施工要点

（1）基层处理。清除基层浮灰、油污和隔离剂，凹凸处应填补或剔凿平。预制板顶棚板底高差不应大于5mm，板缝应灌筑细石混凝土并捣实，抹底灰前1d用水湿润基层，抹灰当天洒水再湿润。钢筋混凝土楼板顶棚抹灰前，应用清水润湿并刷素水泥浆（水灰比0.4~0.5）一道。

（2）弹线。顶棚抹灰根据顶棚的水平面用目测的方法控制其平整度，确定抹灰厚度，然后在墙面的四周与顶棚交接处弹出水平线，作为抹灰的水平标准。

（3）抹底层灰。顶棚基层满刷一道108胶素水泥浆或刷一道水灰比为0.4的素水泥浆后，紧接着抹底层灰，抹时用力挤入缝隙中，厚度3~5mm，并随手带成粗糙毛面。

抹底灰的方向与楼板接缝及木模板木纹方向相垂直。抹灰顺序宜由前往后退。预制混凝土楼板底灰应养护2~3d。

（4）抹中层灰。先抹顶棚四周，再抹大面。抹完后用软刮尺顺平，并用木抹子搓平。使整个中层灰表面顺平，如平整度欠佳，应再补抹及赶平一次，如底层砂浆吸收较快，应及时洒水。

（5）抹面层灰。待中层灰六七成干时，即可用纸筋石灰或麻刀石灰抹灰层。抹面层一般二遍成活，其涂抹方法及抹灰厚度与内墙抹灰相同。第一遍宜薄抹，紧接着抹第二遍，砂浆稍干，再用塑料抹子顺着抹纹压实压光。

（6）养护。抹灰完成后，应关闭窗门，使抹灰层在潮湿空气中养护。

5. 细部抹灰施工要点

（1）压顶。压顶表面应平整光洁，棱角清晰，水平成线，抹灰前应拉水平通线找齐。

（2）梁。

1）找规矩：顺梁的方向弹出梁的中心线，根据弹好的线控制梁两侧面的抹灰厚度。

2）挂线：梁底面两侧挂水平线，水平线由梁头往下10mm左右，视梁底水平高低情况，阳角规方，决定梁底抹灰厚度。

3）做灰饼：灰饼可做在梁的两侧，且保持在一个立面上。

4）抹灰：可采用反贴八字靠尺方法，先将靠尺板卡固在梁底面边口，抹梁的两个侧面；再在两侧面下口卡固八字靠尺，抹底面。其分层抹灰方法与抹混凝土顶棚相同。底侧面抹完，即用阳角抹子将阳角捋光。

（3）方柱。

1）弹线：独立的方柱，根据设计图样所标志的柱轴线，测量柱的几何尺寸和位置，在楼地面上弹出垂直两个方向中心线，放出抹灰后柱子的边线；成排的方柱，应先根据柱子的间距找出各柱中心线，并在柱子的四个立面上弹中心线。

2）做灰饼：在柱顶卡固短靠尺，用线锤往下垂吊，在四角距地坪和顶棚各150mm左右做灰饼。成排方柱，距顶棚150mm左右做灰饼，再以此灰饼为准，垂直挂线做下外边角的灰饼，然后上下拉水平通线做所有柱子正面上下两端灰饼，每个柱子正面上下共做四块灰饼。

3）抹灰：先在侧面卡固八字靠尺、抹正反面，再把八字靠尺卡固正、反面，抹两侧面，抹灰要用短杠刮平，木抹子搓平，第二天抹面层压光。

（4）圆柱。

1）独立圆柱找规矩，先找出纵横两个方向设计要求的中心线，并在柱上弹纵横两个方向四根中心线，按四面中心点，在地面分别弹四个点的切线，形成圆柱的外切四边线。

2）由上四面中心线往下吊线锤，检查柱子的垂直度，并在地面弹上圆柱抹灰后外切四边线（每边长即为抹灰后圆柱直径），按这个尺寸制作圆柱的抹灰套板。

3）圆柱做灰饼，可根据地面上放好的线，在柱的四面中心线处，先在下面做灰饼，然后挂线锤做柱上部四个灰饼。在上下灰饼挂线，中间每隔1.2m左右做几个灰饼，根据灰饼冲筋。

4）圆柱抹灰分层做法与方柱相同，抹灰时用长木杠随抹随找圆，随时用抹灰圆形套板核对，当抹面层灰时，应用圆形套板沿柱上下滑动，将抹灰层压抹成圆形，上下滑磨抽平。

（5）阳台。阳台抹灰要求各个阳台上下成垂直线，左右成水平线，进出一致，各个细部统一，颜色一致。抹灰前应将混凝土基层清扫干净并用水冲洗，用钢丝刷子将基层刷到露出混凝土新槎。

阳台抹灰找规矩的方法：

1）由最上层阳台突出阳角及靠墙阴角往下挂垂线，找出上下各层阳台进出误差及左右垂直误差，以大多数阳台进出及左右边线为依据，误差小者可左右兼顾，误差大者应进行必要的结构处理。对各相邻阳台要拉水平通线，对于进出及高低差太大的应进行处理。

2）根据找好的规矩，确定各部位大致抹灰厚度，再逐层逐个找好规矩，做灰饼抹灰。

3）最上一层两头最外边两个阳台抹好后，以下均以此挂线为准做灰饼。

二、装饰抹灰

1. 各种基层上分层做法

石粒装饰抹灰分层做法见表4-5。

表 4-5　石粒装饰抹灰在各种基体上分层做法

种类	基体	分层做法（体积比）	厚度/mm
水刷石	砖墙	1. 1:3 水泥砂浆抹底层	5～7
		2. 1:3 水泥砂浆抹中层	5～7
		3. 刮水灰比为 0.37～0.40 水泥浆一遍为结合层	
		4. 水泥石粒浆或水泥石灰膏石粒浆面层（按使用石粒大小）	
		1）1:1 水泥大八厘石粒浆（或 1:0.5:1.3 水泥石灰膏石粒浆）	20
		2）1:1.25 水泥中八厘石粒浆（或 1:0.5:1.5 水泥石灰膏石粒浆）	15
		3）1:1.5 水泥小八厘石粒浆（或 1:0.5:2.0 水泥石灰膏石粒浆）	10
	混凝土墙	1. 刮水灰比为 0.37～0.40 水泥浆或洒水泥砂浆	
		2. 1:0.5:3 水泥石灰砂浆抹底层	0～7
		3. 1:3 水泥砂浆抹中层	5～6
		4. 刮水灰比为 0.37～0.40 水泥浆一遍为结合层	
		5. 水泥石粒浆或水泥石灰膏石粒浆面层（按使用石粒大小）	
		1）1:1 水泥大八厘石粒浆（或 1:0.5:1.3 水泥石灰膏石粒浆）	20
		2）1:1.25 水泥中八厘石粒浆（或 1:0.5:1.5 水泥石灰膏石粒浆）	15
		3）1:1.5 水泥小八厘石粒浆（或 1:0.5:2.0 水泥石灰膏石粒浆）	10
	加气混凝土墙	1. 涂刷一遍 1:3～1:4　108 胶水溶液	7～9
		2. 2:1.8 水泥石灰砂浆抹底层	5～7
		3. 1:3 水泥砂浆抹中层	
		4. 刮水灰比 0.37～0.40 水泥浆一遍为结合层	
		5. 水泥石粒浆或水泥石灰膏石粒浆面层（按使用石粒大小）	
		1）1:1 水泥大八厘石粒浆（或 1:0.5:1.3 水泥石灰膏石粒浆）	20
		2）1:1.25 水泥中八厘石粒浆（或 1:0.5:1.5 水泥石灰膏石粒浆）	15
		3）1:1.5 水泥小八厘石粒浆（或 1:0.5:2.0 水泥石灰膏石粒浆）	10
干粘石	砖墙	1. 1:3 水泥砂浆抹底层	5～7
		2. 1:3 水泥砂浆抹中层	5～7
		3. 刷水灰比为 0.40～0.50 水泥浆一遍为结合层	
		4. 抹水泥:石灰膏:砂子:108 胶＝100:50:200:（5～15）聚合物水泥砂浆黏结层	4～5
		5. 小八厘彩色石粒或中八厘彩色石粒	5～6（中八厘）
	混凝土墙	1. 刮水灰比为 0.37～0.40 水泥浆或洒水泥砂浆	
		2. 1:0.5:3 水泥混合砂浆抹底层	3～7
		3. 1:3 水泥砂浆抹中层	5～6
		4. 刷水灰比为 0.40～0.50 水泥浆一遍为结合层	
		5. 抹水泥:石灰膏:砂子:108 胶＝100:50:200:（5～15）聚合物水泥砂浆黏结层	4～5
		6. 小八厘彩色石粒或中八厘彩色石粒	5～6（中八厘）
	加气混凝土墙	1. 涂刷一遍 1:（3～4）（108:水）胶水溶液	7～9
		2. 2:1.8 水泥混合砂浆抹底层	
		3. 2:1.8 水泥混合砂浆抹中层	
		4. 刷水灰比 0.40～0.50 水泥浆一遍为结合层	
		5. 抹水泥:石灰膏:砂子:108 胶＝100:50:200:（5～15）聚合物水泥砂浆黏结层	4～5
		6. 小八厘彩色石粒或中八厘彩色石粒	5～6（中八厘）

（续）

种类	基体	分层做法(体积比)	厚度/mm
斩假石	砖墙	1. 1:3 水泥砂浆抹底层 2. 1:2 水泥砂浆抹中层 3. 刮水灰比为 0.37 ~0.40 水泥浆一遍 4. 1:1.25 水泥石粒(中八厘中掺 30% 石屑)浆	5 ~7 5 ~7 10 ~11
	混凝土墙	1. 刮水灰比为 0.37 ~0.40 水泥浆或洒水泥砂浆 2. 1:0.5:3 水泥石灰砂浆抹底层 3. 1:2 水泥砂浆抹中层 4. 刮水灰比为 0.37 ~0.40 水泥浆一编 5. 1:1.25 水泥石粒(中八厘中掺 30% 石屑)浆	 0 ~7 5 ~7 10 ~11

2. 水刷石施工要点

（1）基层处理、湿润基层、找规矩、做灰饼、设置标筋及抹底、中层灰。

施工要点参见“一般抹灰工程施工要点”条相关条款。

（2）弹线、粘贴分格条：中层砂浆六、七成干时，按设计要求和施工分段位置弹出分格线，并贴好分格条。

分格条可使用一次性成品分格条，也可使用优质红松木制作的分格条，粘贴前应用水浸透（一般应浸 24h 以上）。分格条用素水泥浆粘贴，两边八字抹成 45°为宜。

（3）刮素水泥浆：根据中层抹灰的干燥程度浇水湿润，接着刮水灰比为 0.37 ~0.40 的水泥浆一道。

（4）抹面层水泥石子浆：

1）面层厚度视石粒粒径而定，通常为石粒粒径的 2.5 倍，各种基层上分层做法参见附录 B“石粒装饰抹灰在各种基体上分层做法”。水泥石粒浆（或水泥石灰膏石粒浆）的稠度应为 50 ~70mm。

2）抹石子浆时，每个分格自下而上用钢抹子一次抹完揉平，注意石粒不要压得过于紧固。

3）每抹完一格，用直尺检查，凹凸处及时修理，露出平面的石粒轻轻拍平。

4）抹阳角时，先抹的一侧不宜使用八字靠尺，将石粒浆稍抹过转角，然后再抹另一侧。抹另一侧时用八字靠尺将角部靠直找平。

5）石子浆面层稍收水后，用钢抹子把石子浆满压一遍，露出的石子尖棱拍平，小孔洞压实、挤严，将其内水泥浆挤出，用软毛刷蘸水刷去表面灰浆，重新压实溜光，反复进行 3 ~4 遍。分格条边的石粒要略高 1 ~2mm。

（5）喷刷面层：

1）水泥石子浆开始初凝时（即手指按上去无指痕，用刷子刷石粒不掉），开始喷刷，喷刷应自上而下进行。

2）第一遍用软毛刷蘸水刷掉水泥表皮，露出石粒。如水刷石面层过了喷刷时间开始硬化，可用 3% ~5% 盐酸稀释溶液洗刷，然后用清水冲净。

3）第二遍用喷浆机将四周相邻部位喷湿，由上向下喷水，喷头离墙 100 ~200mm，将面层表面及石粒间的水泥浆冲出，使石粒露出表面1/2粒径。

4）用清水（用3/4in自来水管或小水壶）从上往下全部冲净，冲洗速度应适中。

5）阳角喷头应骑角喷洗，一喷到底；接槎处喷洗前，应先将已完成的墙面用水充分喷湿300mm左右宽。

（6）起分格条：

1）用抹子柄敲击分格条，并用小鸭嘴抹子扎入分格条上下活动，轻轻起出。

2）用小线抹子抹平，用鸡腿刷刷光，理直缝角，并用素水泥浆补缝做凹缝及上色。

（7）养护：勾缝3d后洒水养护，养护时间不小于4d。

3. 斩假石施工要点

（1）基层处理、湿润基层、找规矩、做灰饼、设置标筋及抹底、中层灰：施工要点参见“一般抹灰工程施工要点”相关条款。

（2）弹线、粘贴分格条：按设计要求和施工分段位置弹出分格线，并贴好分格条。

（3）抹面层水泥石子浆。

1）按中层灰的干燥程度浇水湿润，再扫一道水泥净浆，随后抹水泥砂浆。

2）先薄薄抹一层砂浆，稍收水后再抹一遍砂浆与分格条平。

3）用木抹子打磨拍实，上下顺势溜直。

4）用软质扫帚顺着剁纹方向清扫一遍，并进行养护，常温下养护2~3d，气温较低时宜养护4~5d，其强度控制在5N/mm^2。

（4）斩剁面层。

1）试斩，以石粒不脱落为准。

2）弹顺线，相距约100mm，按线操作，以免剁纹跑线。

3）斩剁顺序宜先上后下，由左到右，先剁转角和四周边缘，后剁中间墙面。剁纹的深度一般以1/3石粒的粒径为宜。斩剁完后用水冲刷墙面。

4）起分格条：每斩一行随时将分格条取出，可用抹子柄敲击分格条，并用小鸭嘴抹子扎入分格条上下活动，轻轻起出。再用小线抹子抹平，用鸡腿刷刷光，理直缝角，并用素水泥浆补缝做凹缝及上色。

（5）养护：勾缝3d后洒水养护，养护时间不小于4d。

4. 干粘石施工要点

（1）基层处理、湿润基层、找规矩、做灰饼、设置标筋及抹底、中层灰、贴分格条：施工要点参见“一般抹灰施工要点”相关条款。

（2）抹黏结砂浆：按中层砂浆的干湿程度洒水湿润，再用水泥净浆满刮一道。随后抹聚合物水泥砂浆层，用靠尺测试，严格执行高刮低填。

（3）甩石粒。

1）干湿情况适宜时即可开始甩石粒。甩粒顺序宜为先边角后中间，先上面后下面。

2）一手拿木拍，一手抱托盘，用木拍铲起石粒，反手甩向黏结层，方向与墙面大致垂直（注意拍压时用力不宜过大，否则容易翻浆糊面；用力过小，石粒黏结不牢，易掉粒）。

3）用抹子或油印橡胶滚轻轻压一下，使石粒嵌入砂浆的深度不小于1/2粒径。

（4）起分格条：参见水刷石操作。起条时如发现缺棱掉角，应及时用水泥细砂砂浆补上，并用手压上石粒。

（5）养护：勾缝后24h进行喷淋水养护，养护时间大于等于7d。

5. 假面砖施工要点

（1）基层处理、湿润基层、找规矩、做灰饼、设置标筋及抹底、中层灰：施工要点参见“一般抹灰工程施工要点”相关条款。

（2）抹彩色面层砂浆。

1）浇水湿润中层，按每步架为一个水平工作段，上、中、下弹三条水平通线。

2）抹1:1水泥砂浆垫层，厚度3mm，接着抹面层砂浆3～4mm厚。面层彩色砂浆配合比可参照表4-6。

表4-6　彩色砂浆参考配合比（体积比）

设计颜色	普通水泥	白水泥	石灰膏	颜料（按水泥重量%）	细砂
土黄色	5		1	氧化铁红（0.2～0.3） 氧化铁黄（0.1～0.2）	9
咖啡色	5		1	氧化铁红（0.5）	9
淡黄色		5		铬黄（0.9）	9
浅桃色		5		铬黄（0.5）、红珠（0.4）	白色细砂9
淡绿色		5		氧化铬绿（2）	白色细砂9
灰绿色	5		1	氧化铬绿（2）	白色细砂9
白色		5			白色细砂9

（3）按面砖尺寸画线。

1）面层稍收水后，用靠尺板使铁梳子或铁辊向上向下画线，深度不超过1mm。

2）根据面砖尺寸线，用铁钩子沿木靠尺画出砖缝沟，深度以露出中层灰面为准。画好砖缝后，扫去浮砂。

三、清水砌体勾缝

1. 实际案例展示

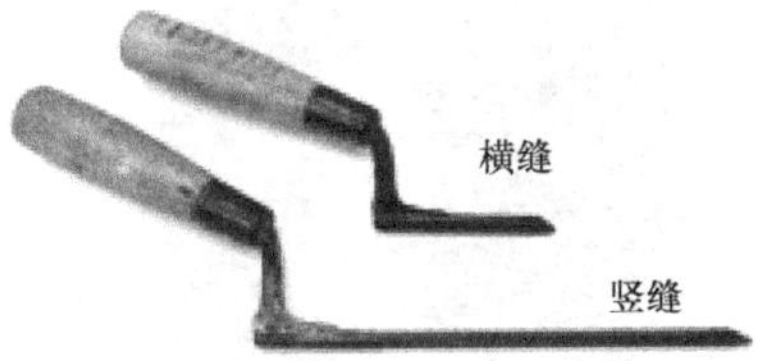

2. 施工要点

（1）堵脚手眼。脚手眼内砂浆清理干净，并洒水湿润，用原砖墙相同的砖块补砌严实。

（2）弹线开缝。

1）用粉线弹出立缝垂直线，用扁钻把立缝偏差较大的找齐，开出的立缝上下顺直，开缝深度约10mm。

2）砖墙水平缝不平和瞎缝应弹线开直，如砌砖时划缝太浅或漏划，灰缝应用扁钻或瓦刀剔凿出来，深度控制在10～20mm之间，并将墙面清扫干净。

（3）补缝。对于缺棱掉角的砖、游丁的立缝，应事先修补，颜色应和砖的颜色一致，可用砖末加水泥拌成1:2水泥浆进行补缝。

（4）门窗四周塞缝及补砌砖窗台。勾缝前门窗四周缝应堵严密实，深浅要一致。铝合金门窗框四周缝隙的处理，用设计要求的材料填塞，同时应将窗台上碰掉的砖补砌好。

（5）勾缝。

1）勾缝前一天应将砖墙浇水湿润，勾缝时再浇适量的水，以不出现明水为宜。

2）拌和勾缝砂浆，配合比为水泥:砂子＝1:（1～1.5），稠度30～50mm，应随用随拌，不可使用隔夜砂浆。

3）勾缝顺序应由上而下，先勾水平缝，后勾立缝。勾水平缝时应用长溜子，左手拿托灰板，右手拿溜子，将灰板顶在要勾的缝口下边，右手用溜子将灰浆压入缝内，同时自左向右随勾缝随移动托灰板，勾完一段后用溜子沿砖缝内溜压密实、平整、深浅一致。勾立缝用短溜子在灰板上刮起，勾入立缝中。

4）阴角水平转角要勾方正，阴角立缝应左右分明，窗台虎头砖要勾三面缝，转角处勾方正。

（6）墙面清扫。勾完缝后，应把墙面清扫干净。防止丢漏勾缝，应重新复找一次。天气干燥时，应对勾好的缝浇水养护。

第三节　门窗安装工程

一、木门安装

1. 实际案例展示

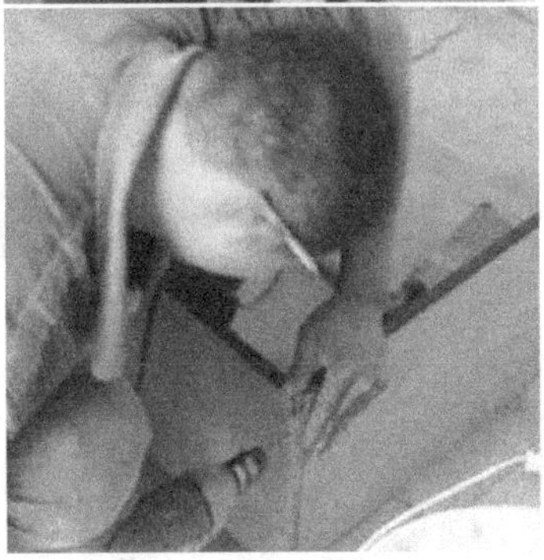

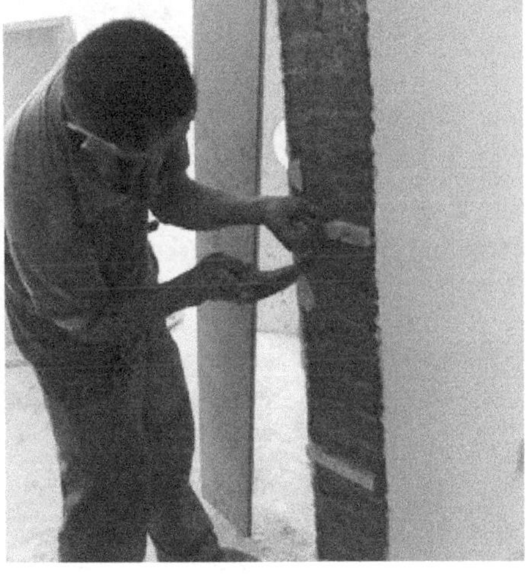

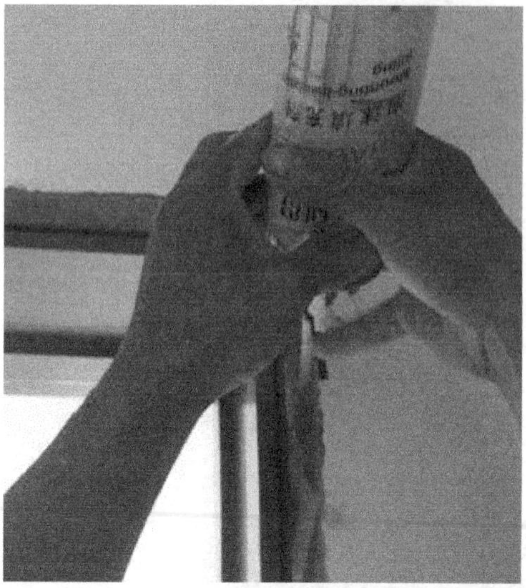

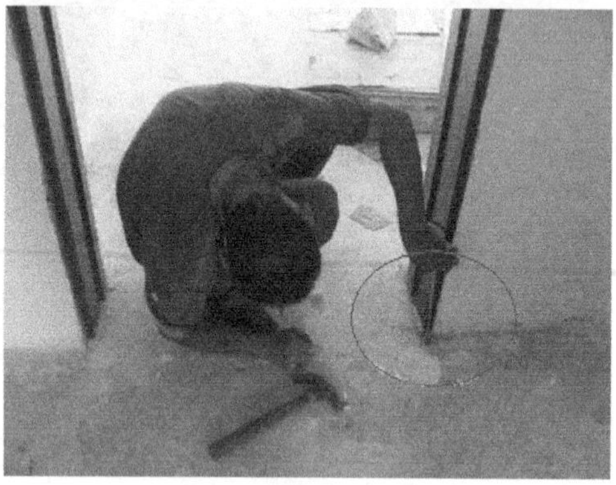

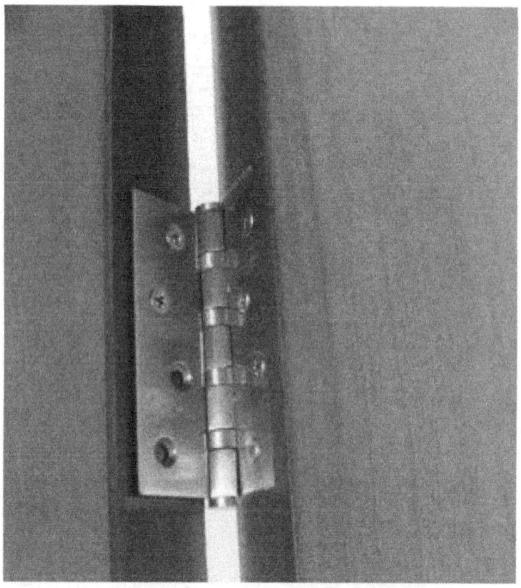

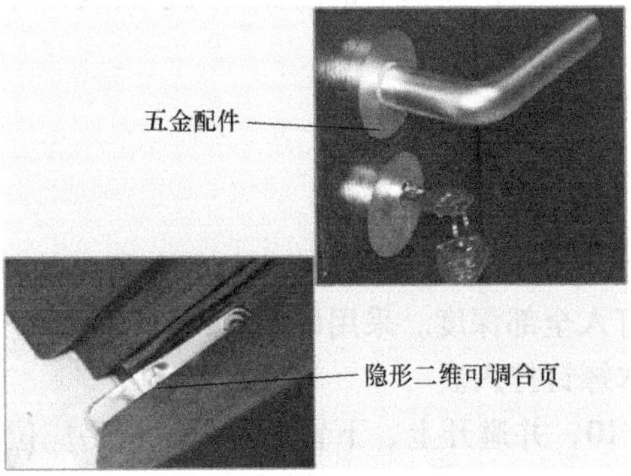

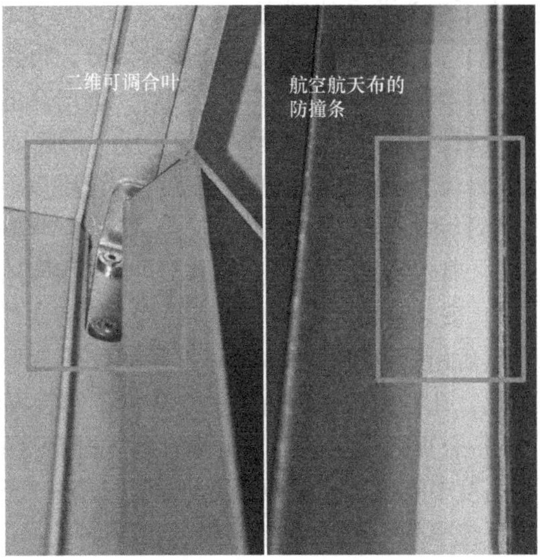

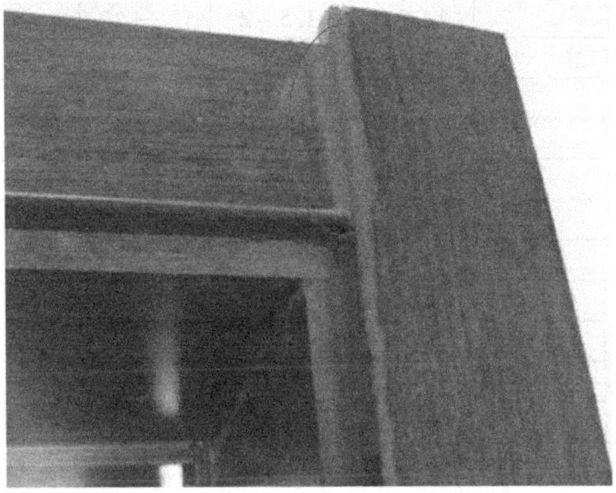

2. 施工要点

（1）安装前，检查门窗扇的型号、规格、质量是否符合要求。

（2）安装前，先量好门窗框的高低、宽窄尺寸，然后在相应的扇边上画出高低宽窄的线。双扇门窗要打叠（自由门除外），先在中间缝处画出中线，再画出边线，并保证梃宽一致，上下冒头要画线刨直。

（3）画线后，用粗刨刨去线外部分，再用细刨刨至光滑平直，使其符合设计尺寸要求。

（4）将扇放入框中试装合格后，按扇高的1/8～1/10，在框上根据合页大小画线，并剔出合页槽，槽深应与合页厚度相适应，槽底要平。

（5）门窗扇安装的留缝宽度应符合质量验收的规定。

（6）木门窗小五金安装。

1）有木节处或已填补的木节处，均不得安装小五金。

2）安装合页、插销、L形铁件、T形铁件等小五金时，先用锤将木螺钉打入长度的1/3深，然后用螺钉旋具将木螺钉拧紧、拧平。严禁打入全部深度。采用硬木时，应先钻2/3深度的孔，孔径为木螺钉直径的0.9倍，然后再将木螺钉拧入。

3）合页距门窗的上、下端宜取立梃高度的1/10，并避开上、下冒头。门窗拉手应位于门窗高度中点以下，窗拉手距地面以1.5～1.6m为宜，门拉手距地面以0.90～1.05m为宜，门拉手应里外一致。

4）门锁不宜安装在中冒头与立梃的结合处，以防伤榫。门锁位置一般宜高出地面0.90～0.95m。

5）门窗扇嵌L形铁件、T形铁件时应作凹槽，安完后应低于表面1mm左右。门窗扇为外开时，L形铁件、T形铁件安在内面，内开时安在外面。

6）上、下插销要安在梃宽的中间，如采用暗插销，则应在外梃上剔槽。

（7）木门窗安装的留缝限值、允许偏差和检验方法应符合表4-7的规定。

表4-7 木门窗安装的留缝限值、允许偏差和检验方法

项次	项目		留缝限值/mm		允许偏差/mm		检验方法
			普通	高级	普通	高级	
1	门窗槽口对角线长度差		—	—	3	2	用钢尺检查
2	门窗框的正、侧面垂直度		—	—	2	1	用1m垂直检查尺检查
3	框与扇、扇与扇接缝高低差		—	—	2	1	用钢直尺和塞尺检查
4	门窗扇对口缝		1～2.5	1.5～2	—	—	用塞尺检查
5	工业厂房双扇大门对口缝		2～5	—	—	—	
6	门窗扇与上框间留缝		1～2	1～1.5	—	—	
7	门窗扇与侧框间留缝		1～2.5	1～1.5	—	—	
8	窗扇与下框间留缝		2～3	2～2.5	—	—	
9	门扇与下框间留缝		3～5	3～4	—	—	
10	双层门窗内外框间距		—	—	4	3	用钢尺检查
11	无下框时门扇与地面间留缝	外门	4～7	5～6	—	—	用塞尺检查
		内门	5～8	6～7	—	—	
		卫生间门	8～12	8～10	—	—	
		厂房大门	10～20	—	—	—	

二、金属门窗安装工程

1. 铝合金门窗施工

（1）弹线。

按设计要求在门、窗洞口弹出门、窗位置线，同一立面的窗在水平及垂直方向应做到整齐一致，室内地面的标高、地弹簧的表面应与室内地面标高一致。

（2）门窗框就位。

1）按弹线位置将门窗框立于洞口，调整正、侧面垂直度、水平度和对角线。

2）用对拔木楔临时固定。木楔应垫在边、横框能够受力部位。

3）面积较大的铝合金门窗框，按设计要求进行预拼装。

4）门窗框安装顺序为：安装通长的拼樘料→安装分段拼樘料→安装基本单元门窗框。

门窗框横向及竖向组合应采取套插，如采用搭接应形成曲面组合，搭接量一般不少于8mm。

5）框间拼接缝隙用密封胶条封闭。组合门窗框拼樘料加固型材应经防锈处理，连接部位应采用镀锌螺钉，如图4-1所示。

（3）门窗框固定。

1）连接件在主体结构上的固定通常有以下几种方法：

① 洞口系预埋铁件，可将连接件直接焊牢于埋件上。焊接操作时，严禁在铝框上接地打火，并应用石棉布保护好铝框。

② 洞口墙体上预留槽口，可将铝框上的连接件埋入槽口内，用C25级细石混凝土或1:2水泥砂浆浇填密实。

③ 洞口为砖砌（实心砖）结构，应用冲击钻钻入直径不小于10mm深的孔，用膨胀螺栓紧固连接件，不得采用射钉连接。

④ 洞口为混凝土墙体但未预埋铁件或预留槽口，其门窗框上的连接件可用射钉枪射入射钉紧固，如图4-2所示。

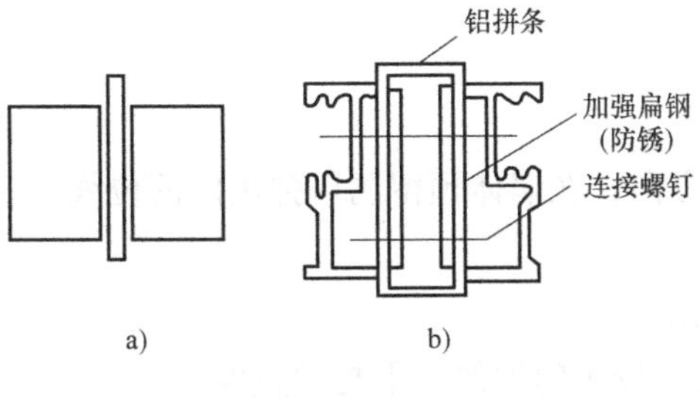

图4-1　组合门窗框拼樘料加强示意
a）组合简图　b）拼樘料加强

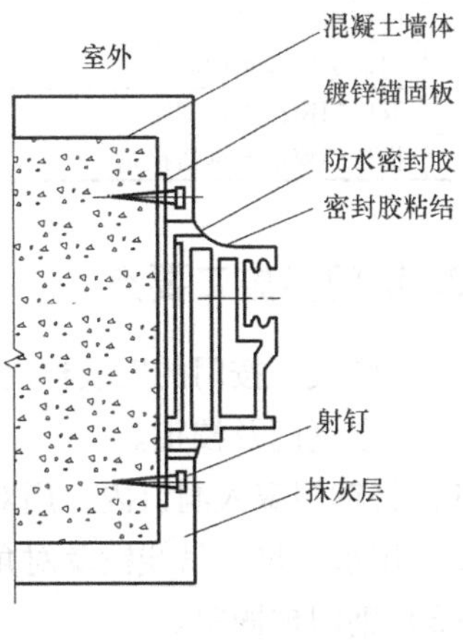

图4-2　用射钉紧固连接件示意

⑤ 洞口为空心砖、加气混凝土砖等轻质墙，应在连接件部位砌筑符合模数的混凝土砌块，或根据具体情况采用其他可靠的连接方法。不允许采用射钉或膨胀螺栓进行连接。

2）自由门的弹簧安装，应在地面预留洞口，在门扇与地弹簧安装尺寸调整准确后，浇筑C25细石混凝土固定。

3）铝合金边框和中竖框，应埋入地面以下20～50mm；组合窗框间立柱上、下端应各嵌入框顶和框底的墙体（或梁）内 25mm 以上；转角处的立柱其嵌固长度应在 35mm 以上。

4）门、窗框连接件采用射钉、膨胀螺栓等紧固时，其紧固件离墙（梁、柱）边缘不得小于 50mm，且应错开墙体缝隙，以防紧固失效。

（4）填缝。

1）窗框与墙体间的缝隙，应按设计要求使用软质保温材料进行填嵌。如设计无要求时，则应选用泡沫型塑料条、泡沫聚氨酯条、矿棉条或玻璃毡条等保温材料分层填塞均匀密实。

2）框边外表面留出 5～8mm 深的槽口，用密封膏填料密封平整。

（5）清理。

1）铝合金门窗交工前，将型材表面的塑料胶纸撕掉。

2）宜采用香蕉水将胶纸在型材表面留下的痕迹擦干净。

3）擦洗玻璃，对浮灰或其他杂物，应全部清理干净。

4）用双头螺杆将门拉手上在门扇边框两侧。

（6）铝合金门窗安装的允许偏差和检验方法应符合表 4-8 的规定。

表 4-8　铝合金门窗安装的允许偏差和检验方法

项次	项　　目		允许偏差/mm	检验方法
1	门窗槽口宽度、高度	≤1500mm	1.5	用钢尺检查
		>1500mm	2	
2	门窗槽口对角线长度差	≤2000mm	3	用钢尺检查
		>2000mm	4	
3	门窗框的正、侧面垂直度		2.5	用垂直检测尺检查
4	门窗横框的水平度		2	用 1m 水平尺和塞尺检查
5	门窗横框标高		5	用钢尺检查
6	门窗竖向偏离中心		5	用钢尺检查
7	双层门窗内外框间距		4	用钢尺检查
8	推拉门窗扇与框搭接量		1.5	用钢直尺检查

2. 钢门窗施工要点

（1）弹线。按门的安装标高、尺寸和开启方向，在墙体预留洞口弹出门落位线。

（2）立钢门及校正。

1）将钢门塞入洞口内，用对拔木楔临时固定。

2）用水平尺、吊线锤及对角线尺量等方法，校正门框的水平与垂直度。

（3）钢门框固定。

1）钢门框的固定方法有以下几种：

① 采用 3mm×(12～18) mm×(100～150) mm 的扁钢脚其一端与预埋铁件焊牢，或用豆石混凝土或水泥砂浆埋入墙内，另一端用螺钉与门框拧紧。

② 用一端带有倒刺形状的圆铁埋入墙内，另一端装有木螺钉，可用圆头螺钉将门框旋牢。

③ 先把门框用对拔木楔临时固定于洞口内，再用电钻（钻头 ϕ5.5mm）通过门框上的 ϕ7mm 孔眼在墙体上钻 ϕ5.6～5.8mm 孔，孔深约为 35mm，把预制的 ϕ6mm 钢钉强行打入孔

内挤紧，固定钢门后，拔除木楔，在周边抹灰。

2）采用铁脚固定钢门时，铁脚埋设洞用1∶2水泥砂浆或豆石混凝土填塞严密，并浇水养护。

3）填洞材料达到一定强度后，用水泥砂浆嵌实门框四周的缝隙，砂浆凝固后取出木楔再次堵水泥砂浆。

（4）安装五金配件。

1）做好安装前的检查工作。检查安装是否牢固，框与墙之间缝隙是否已嵌填密实，门扇闭合是否密封，开启是否灵活等。如有缺陷应予以调整。

2）钢门五金配件宜在油漆工程完成后安装。

3）按厂家提供的装配图进行试装，合格后，全面进行安装。装配螺钉应拧紧，埋头螺钉不得高出零件表面。

（5）安装纱门。

1）对纱门进行检查，如有变形及时进行调整。

2）将纱扇中部用木条作临时支撑。

3）裁割纱布，将纱布裁割得比实际尺寸长出50mm。

4）绷纱。先用螺钉拧入上下压纱条再装两侧压纱条，切除多余纱头，将螺钉的螺纹剔平并用钢板锉锉平。

5）将纱门扇安装在钢门框上。

6）安装护纱条和拉手。

（6）钢门窗安装的留缝限值、允许偏差和检验方法应符合表4-9的规定。

表4-9　钢门窗安装的留缝限值、允许偏差和检验方法

项次	项　目		留缝限值/mm	允许偏差/mm	检验方法
1	门窗槽口宽度、高度	≤1500mm	—	2.5	用钢尺检查
		>1500mm	—	3.5	
2	门窗槽口对角线长度差	≤2000mm	—	5	用钢尺检查
		>2000mm	—	6	
3	门窗框的正、侧面垂直度		—	3	用1m垂直检测尺检查
4	门窗横框的水平度		—	3	用1m水平尺和塞尺检查
5	门窗横框标高		—	5	用钢尺检查
6	门窗竖向偏离中心		—	4	用钢尺检查
7	双层门窗内外框间距		—	5	用钢尺检查
8	门窗框、扇配合间隙		-2	—	用塞尺检查
9	无下框时门扇与地面间留缝		4～8	—	用塞尺检查

3. 涂色镀锌钢板门窗施工要点

（1）带副框涂色镀锌钢板门窗。

1）按照设计确定的固定点位置，用自攻螺钉将连接件固定在副框上。

2）将已上好连接件的副框塞入门窗洞口内，根据已弹好的安装线，使副框大致就位，用对拔木楔初步固定。

3）校正副框的垂直度、水平度和对角线，用对拔木楔将副框固定牢。

4）将副框上的连接件与门窗洞口上的预埋件逐个焊牢。当门窗洞口无预埋件时，用射钉或膨胀螺栓进行固定。安装节点如图 4-3 所示。

5）进行室内外墙面及洞口侧面抹灰或粘贴装饰面层。副框两侧应留出槽口，待其干后注入密封膏封严。

6）室内外墙面及门窗洞口抹灰干燥后，先在副框与门窗外框接触的两侧面及顶面上粘贴密封条，再将门窗外框放入副框内，校正、调整，并用自攻螺钉将门窗外框与副框固定，盖上塑料螺钉盖。

7）用建筑密封膏将门窗外框与副框之间的缝隙封严。

8）工程交工前揭去门窗表面的保护膜，擦净门窗框扇、玻璃、洞口及窗台上的灰尘和污物。

（2）不带副框涂色镀锌钢板门窗。

1）无副框的涂色镀锌钢板门窗一般宜在室内外及门窗洞口粉刷完毕后进行。

2）按照门窗外框上膨胀螺栓的位置，在洞口内相应的墙体上钻出各个膨胀螺栓的孔。

3）将门窗樘装入洞口内的安装位置线上，调整垂直度、水平度、对角线及进深位置，并用对拔木楔塞紧。

4）膨胀螺栓插入门窗外框及洞口上钻出的孔洞内，拧紧膨胀螺栓，将门窗外框与洞口墙体牢固固定。安装节点如图 4-4 所示。

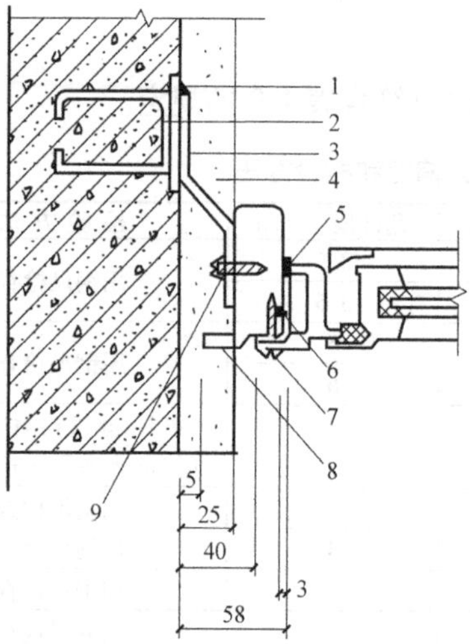

图 4-3　带副框涂色镀锌钢板门窗的安装节点示意

1—预埋钢板　2—预埋件 ϕ10 圆钢　3—连接件　4—水泥砂浆　5—密封膏　6—垫片　7—自攻螺钉　8—副框　9—自攻螺钉

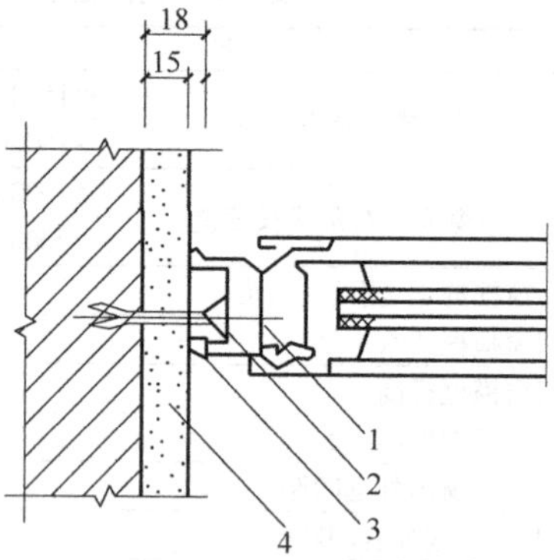

图 4-4　门窗外框与洞口墙体的安装节点示意

1—塑料盖　2—膨胀螺钉　3—密封膏　4—水泥砂浆

5）用建筑密封膏将外框与洞口周边之间的缝隙封严。

6）工程交工前揭去门窗表面的保护膜，擦净门窗框扇、玻璃、洞口及窗台上的灰尘和污物。

（3）涂色镀锌钢板门窗安装的允许偏差和检验方法应符合表 4-10 的规定。

表 4-10　涂色镀锌钢板门窗安装的允许偏差和检验方法

项次	项　目		允许偏差/mm	检 验 方 法
1	门窗槽口宽度、高度	≤1500mm	2	用钢尺检查
		>1500mm	3	
2	门窗槽口对角线长度差	≤2000mm	4	用钢尺检查
		>2000mm	5	
3	门窗框的正、侧面垂直度		3	用垂直检测尺检查
4	门窗横框的水平度		3	用 1m 水平尺和塞尺检查
5	门窗横框标高		5	用钢尺检查
6	门窗竖向偏离中心		5	用钢尺检查
7	双层门窗内外框间距		4	用钢尺检查
8	推拉门窗扇与框搭接量		2	用钢直尺检查

三、塑料门窗安装

1. 弹线

按照设计图样要求，在墙上弹出门、窗框安装的位置线。

2. 门、窗框上铁件安装

（1）检查连接点的位置和数量：连接固定点应距窗角、中竖框、中横框 150 ~ 200mm，固定点之间的间距不应大于 600mm，不得将固定片直接安装在中横框、中竖框的档头上。图 4-5 所示为连接点的布置。

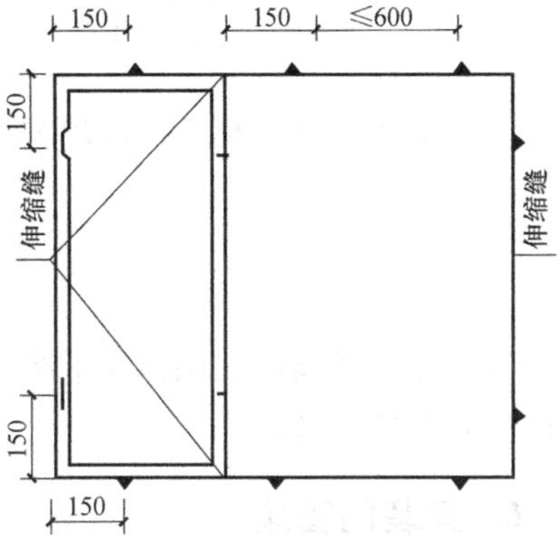

图 4-5　框墙连接点的布置

（2）塑料门、窗框在连接固定点的位置背面钻 $\phi3.5$mm 的安装孔，并用 $\phi4$mm 自攻螺钉将 Z 形镀锌连接铁件拧固在框背面的燕尾槽内。

3. 立门、窗框并校正

塑料门、窗框放入洞口内，按已弹出的水平线、垂直线位置，校正其垂直、水平、对中、内角方正等，符合要求后，用对拔木楔将门、窗框的上下框四角及中横框的对称位置塞紧作临时固定；当下框长度大于 0.9mm 时，其中央也应用木楔或垫块塞紧，临时固定。

4. 门、窗框与墙体固定

将塑料门、窗框上已安装好的 Z 形连接铁件与洞口的四周固定。先固定上框，后固定边框。固定方法应符合下列要求：

（1）混凝土墙洞口，应采用射钉或塑料膨胀螺钉固定。

（2）砌体洞口，应采用塑料膨胀螺钉或水泥钉固定，但不得固定在砖缝上。

（3）加气混凝土墙洞口，应采用木螺钉将固定片固定在胶粘圆木上。

（4）有预埋铁件的洞口，应采用焊接方法固定，也可先在预埋件上按紧固件打基孔，再用紧固件固定。

（5）窗下框与墙体的固定，如图4-6所示。

（6）每个Z形连接件的伸出端不得少于两只螺钉固定。门、窗框与洞口墙之间的缝隙应均等。

5. 嵌缝密封

（1）卸下对拔木楔，清除墙面和边框上的浮灰。

（2）在门、窗框与墙体之间的缝隙内嵌塞PE高发泡条、矿棉毡或其他软填料，外表面留出10mm左右的空槽。

（3）在软填料内、外两侧的空槽内注入嵌缝膏密封，如图4-7所示。

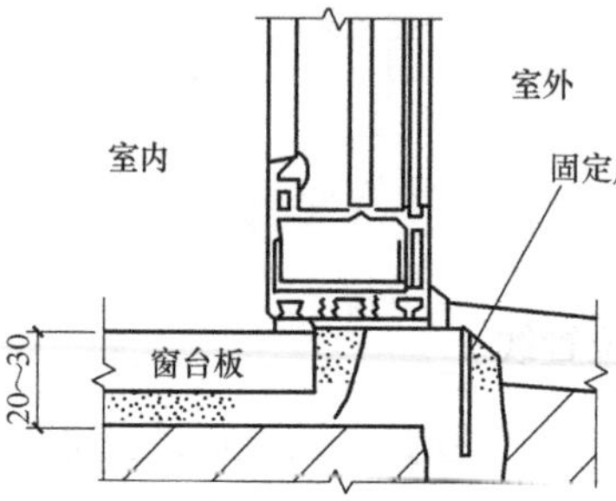

图4-6 窗下框与墙体的固定

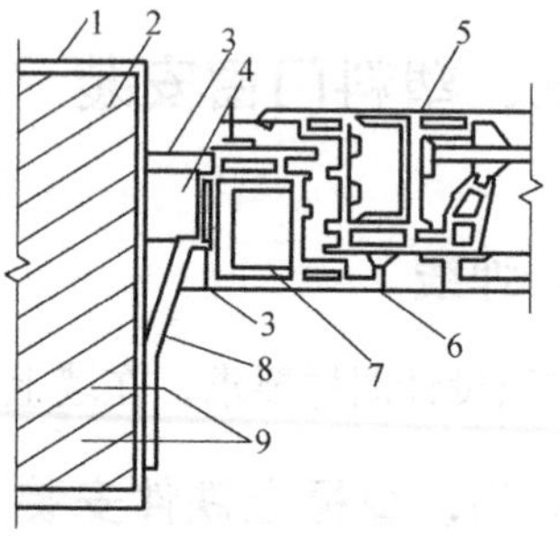

图4-7 塑料门窗框嵌缝注膏示意图

1—底层刮糙 2—墙体 3—密封膏 4—软质填充材料 5—塑扇 6—塑框 7—衬筋 8—连接件 9—膨胀螺栓

（4）注嵌缝膏时，墙体需干净、干燥，室内外的周边均须注满、打匀，注嵌缝膏后应保持24h不得见水。

6. 安装门窗扇

（1）平开门、窗扇安装。剔好框上的铰链槽，将门、窗扇装入框中，调整扇与框的配合位置，并用铰链将其固定，复查开关是否灵敏。

（2）推拉门、窗扇安装。玻璃安装后则将扇安装到框内。

（3）对于出厂时框、扇连在一起的平开塑料门、窗，则直接安装，然后检查开闭是否灵活自如，并及时进行调整。

7. 镶配五金

（1）在框、扇杆件上钻出略小于螺钉直径的孔眼，用配套的自攻螺钉拧入。严禁将螺钉用锤直接打入。

（2）安装门、窗铰链时，固定铰链的螺钉应至少穿过塑料型材的两层中空腔壁，或与衬筋连接。

（3）安装平开塑料门、窗时，剔凿铰链槽不可过深，不允许将框边剔透。

（4）平开塑料门窗安装五金时，应给开启扇留一定的吊高，正常情况门扇吊高2mm，窗扇吊高 1 ~2mm。

（5）安装门锁时，先将整体门扇插入门框铰链中，再按门锁说明书的要求装配门锁。

8. 清洁保护

（1）门、窗表面及框槽内粘有水泥砂浆、白灰砂浆等时，应在其凝固前清理干净。

（2）塑料门安好后，可将门扇暂时取下编号保管，待交活前再安装上。

（3）塑料门框下部应采取措施加以保护。

（4）粉刷门、窗洞口时，应将塑料门窗表面遮盖严密。

（5）在塑料门、窗上一旦沾有污物时，要立即用软布擦拭干净，切忌用硬物刮除。

四、特种门窗安装

1. 钢防火门施工要点

（1）弹线。按照设计要求，在门洞口内弹出钢门框的位置线和水平线。

（2）立框、临时固定及找正。

1）按门洞口弹出的位置线和水平线，将钢门框放入门洞口内，并用木楔进行临时固定。

2）调整钢门框的前后、左右、上下位置，经核查无误后，将木楔塞紧。

（3）固定门框。

1）将钢门框上的连接铁件与门洞口内的预埋铁件或凿出的钢筋牢固焊接。

2）门框安装宜将框埋入地面以下 20mm，需要保证框口上下尺寸相同，允许误差小于 1.5mm，对角线允许误差小于 2mm，再将框与预埋件焊牢。

（4）门框填缝。在框两上角墙上开洞，向框内灌注 M10 水泥素浆，水泥素浆浇筑后的养护期为 21d。

（5）门扇安装。填缝素水泥浆凝固后安装门扇，把合页临时固定在钢门扇的合页槽中，将钢门扇塞入门框内，合页的另一页嵌入钢门框上的合页槽内，经调整无误后，将合页上的全部螺钉拧紧。

安装后的防火门，要求门框与门扇配合部位内侧宽度尺寸偏差不大于 2mm，高度尺寸偏差不大于 2mm，两对角线长度之差小于 3mm。门扇关闭后，其配合间隙须小于 3mm，门扇与门框表面要平整，无明显凹凸现象，焊点牢固，门体表面喷漆无喷花、斑点等。门扇启闭自如，无阻滞、反弹等现象。

（6）镶配五金。应采用防火门锁，门锁在 950℃高温下仍可照常开启。

2. 防盗门施工要点

（1）弹线。依据图样要求，在门洞内弹出防盗门的安装位置线。

（2）立框。将门框放到安装位置线上，用木楔临时固定。

（3）门框找正。用水平尺将门框调平，用托线板将门框找直，并调整进出距离。校正过程中，应采用对角线尺测量框内对角线差，使周边缝隙均匀。对角线长度 <2.0m、2.0 ~ 3.5m 和 >3.5m 的门框，两对角线差的允许限值分别 $\leqslant 3.0$mm、$\leqslant 4.0$mm 和 $\leqslant 5.0$mm。各个方向调整符合要求后，即用木楔塞固。

（4）门框固定。

1）防盗门门框的连接点均布在门框两侧，数量不得少于6个点，每个固定点的强度应能承受1000N的剪力。

2）门框固定可采用膨胀螺栓与墙体固定，也可在砌筑墙体时在洞口处预埋铁件，安装时与门框连接件焊牢。

（5）填缝。拔掉木楔，用M10水泥砂浆将门框与墙体之间的空隙填实抹平。待填缝砂浆凝固后，即可做洞口的面层粉刷。

（6）门扇安装。在洞口粉刷干燥后进行。平开式门通过铰链将框与扇连为一体。安装门扇，要求扇与框配合活动间隙不大于4.0mm，扇与框铰链边贴合面间隙不大于2.0mm，门在关闭状态下，与框的贴合面间隙不大于3.0mm，门扇与地面或下槛的间隙不大于5.0mm，门扇应在49N拉力作用下，启闭灵活自如；折叠门应收缩或开启方便，其整体动作一致，折叠后其相连两扇面的高低差值不大于2.0mm。

（7）安装防盗门的拉手、门锁、观察孔等五金配件。

（8）多功能防盗门的密码防护锁、门铃、报警装置应按照产品使用说明书安装，必须有效、完善。

（9）检查门樘在安装中有无划伤、碰损漆层，并将焊接处焊渣打掉，补涂防锈漆和面层；安装完毕后，应对门樘及洞口进行清理。

3. 自动门安装要点

（1）测量、放线。准确测量室内、外地坪标高。按设计图样规定尺寸复核土建施工预埋件等的位置。

（2）地面轨道埋设。有下轨道的自动门在土建施工地坪时，需在地面上埋入50～75mm方木条，自动门安装时，撬出方木条埋设自动门地面导向轨道，其长度为开启门宽的两倍。

（3）安装横梁。两端支座为砖砌墙体时，应在砖墙内设置水平预埋铁件，横梁搁置预埋铁件上并水平焊接；当为混凝土结构时，横梁应与垂直预埋铁件焊接牢靠。横梁与下轨应安装在同一垂直面上。

（4）安装调整测试。自动门安装完毕后，对探测传感系统和机电装置应进行反复多次调试，直至感应灵敏度、探测距离、开闭速度等指标完全达到要求为止。

（5）机箱饰面板。横梁上机箱和机械传动装置等安装调试好后用饰面板将结构和设备包装起来。

（6）检查、清理。自动门经调试各项技术性能满足要求后，应对安装施工现场进行全面清理，以便交工验收。

4. 全玻璃门安装要点

（1）固定门扇的施工要点。

1）测量、放线。依据图样要求，在门洞口弹出全玻璃门的安装位置线。

2）门框顶部玻璃限位槽。门框顶部的玻璃安装限位槽按照宽度大于所用玻璃厚度的2～4mm，槽深10～20mm留设。

3）底部底托。木底托用木楔加钉的方法固定于地面，限位方木和饰面板按照单侧先行固定，不锈钢或其他饰面板用万能胶粘在方木上。

4）玻璃板安装。玻璃安装完成后，另一侧的限位方木就位固定，饰面板粘贴包覆。

5）包面、注胶。玻璃门固定部分的玻璃板就位之后，即在顶部限位槽处和底部的底托固定处，以及玻璃板与框柱对缝处等均注胶密封。注胶从缝隙端头开始，顺缝隙匀速移动，形成均匀的直线。

6）清理。用塑料片刮去多余的玻璃胶，用棉布擦净胶迹。

（2）活动门扇的施工要点。

1）裁割玻璃。裁割玻璃时其高度尺寸应考虑上下横档几何尺寸，玻璃的高度应小于测量尺寸5mm左右。

2）装配、固定上下横档。将上下横档装在门扇玻璃的上下两端，在玻璃板与金属横档内的两侧空隙处，由两边同时放入等宽木压条进行初步限位，并在木压条、门扇玻璃及横档之间的缝隙中注入玻璃胶。

3）顶轴套、回转轴套安装。顶轴套装于门扇顶部，回转轴套装于门扇底部，两者的轴孔中心线必须在同一直线上，并与门扇地面垂直。

4）顶轴安装。将顶轴装于门框顶部，顶轴面板与门框面平齐。

5）安装底座。先从顶轴中心吊一垂线到地面，找出底座回转轴中心位置，同时保持底座同门扇垂直，以及底座面板与地面保持同一标高，然后将底座外壳用混凝土浇固。

6）安装门扇。待混凝土终凝后，先将门扇底部的回转轴轴套套在底座的回转轴上，再将门扇顶部的顶轴套的轴孔与门框上的轴芯对准，然后拧动顶轴上的调节螺钉，使顶轴的轴芯下移插入顶轴套的轴孔中，门扇即可启闭使用。

7）调校。旋转油泵调节螺钉调节门扇关闭速度。

5. 旋转门安装要点

（1）门框安装。门框按洞口左右、前后位置尺寸与预埋件固定，使其保持水平。转门与弹簧门或其他门型组合时，可先安装其他组合部分。

（2）装转轴。固定底座，底座下面必须垫实，不允许有下沉现象发生，临时点焊上轴承座，使转轴垂直于地面。

（3）安装门顶与转壁。先安装圆门顶和转壁，但不固定转壁，以便调整它与活扇的间隙。装门扇，应保持90°夹角，且上下留有一定的空隙，门扇下皮距地5～10mm装拖地橡胶条密封。

（4）转壁调整。调整转壁位置，使门扇与转壁之间有适当缝隙，尼龙毛条能起到有效的密封作用。

（5）焊座定壁。焊上轴承座，用混凝土固定底座。然后，埋设插销下壳，固定转壁。

（6）镶嵌玻璃。铝合金转门采用橡胶条方法安装玻璃；钢结构转门，采用油面腻子固定玻璃。

（7）油漆或揭膜。转门安装结束后，钢质门应喷涂面漆；铝质门要揭掉保护膜。最后，清理干净，以备交工。

6. 金属卷帘门安装要点

(1) 测量、弹线。按照设计规定位置，测量洞口标高，找好规矩，弹出两条导轨的铅直线和卷筒的中心线。

(2) 安装卷筒。将连接垫板焊固在墙体预埋铁件上，用螺栓固定卷筒体的两端支架，安放卷筒。

(3) 安装传动设备。安装减速器和驱动部分，将紧固件镶紧，不得有松动现象。

(4) 安装电控系统。熟悉并掌握电气原理图，根据产品说明书安装电气控制装置。

(5) 空载试车。在安装好传动系统和电气控制系统后，尚未装上帘板之前，应接线进行空载试车。卷筒必须转动灵活，调试减速器使其转速适宜。

(6) 安装导轨。

1) 进行找直、吊正，槽口尺寸应准确，上下保持一致，对应槽口应在同一平面内。

2) 根据已弹好的导轨安装位置线，将导轨焊牢于洞口两侧及上方的预埋铁件上，并焊成一体，各条导轨必须在同一垂直平面上。

(7) 安装帘板。经空载试车调试运转正常后，便可将事先已装配好的卷帘门帘板，安装到卷筒上与轴连接。帘板两端的缝隙应均等，不许有擦边现象。

(8) 安装限位块。安装限位装置和行程开关，并调整簧盒，使其松紧程度合适。

(9) 负载试车。先通过手动试运行，再用电动机启动卷帘门数次，并做相应的调整，直自启闭无卡住、无阻滞、无异常噪声等弊病为止。全部调试符合要求后，装上护罩。

(10) 锁具安装。锁具的安装位置有两种，轻型卷帘门的锁具应安装在座板上，也可安装在距地面约1m处。

(11) 粉刷面层、检查、清理。装饰门洞口面层，并将门体周围全部擦、扫干净。

五、门窗玻璃安装

1. 木门窗玻璃安装

(1) 分放玻璃。按照当天需安装的数量，把已裁好的玻璃分放在安装地点。注意切勿放在门窗开关范围内，以防不慎碰撞碎裂。

(2) 清理裁口。清理玻璃槽内的灰尘和杂物，保证油灰和玻璃槽的有效黏结。

(3) 涂抹底油灰。沿裁口全长均匀涂抹2～3mm厚的底油灰，随后把玻璃推入玻璃槽内，磨砂玻璃的磨砂面应向室内，压花玻璃的压花面应向室外，压实后收净底灰。

(4) 玻璃就位、钉木压条（或嵌钉固定、涂表面油灰）。

1) 选用光滑平直、大小宽窄一致的木压条，用小钉钉牢。钉帽应进入木压条表面1～3mm，不得外露。注意不得将玻璃压得过紧，以免挤破玻璃。

2) 如果采用嵌钉加涂油灰的方法固定，则在玻璃四边分别钉上玻璃钉，间距为150～200mm，每边不少于2个钉子。钉完后检查嵌钉是否平实，一般可轻敲玻璃所发出的声音判断。

3）油灰涂抹要求表面光滑，无流淌、裂缝、麻面和皱皮等现象，钉帽不得外露。

2. 天窗玻璃安装

（1）斜天窗玻璃安装，应按设计要求选用玻璃的品种与规格。设计无要求时，应使用夹丝玻璃。若使用平板玻璃，宜在玻璃下面加设一层镀锌钢丝网。

（2）斜天窗玻璃应顺流水方向搭接安装，并用卡子扣牢，以防滑脱。斜天窗的坡度如大于1/4时，两块玻璃搭接35mm左右；如坡度小于1/4时，要搭接50mm。搭接重叠的缝隙，应垫好油纸并用防锈油灰嵌塞密实。

第四节　吊 顶 工 程

一、龙骨安装

1. 实际案例展示

2. 木龙骨安装

（1）弹线。

1）弹标高线：根据楼层 +500mm 标高水平线，顺墙高量至顶棚设计标高，沿墙和柱的四周弹顶棚标高水平线。根据吊顶标高线，检查吊顶以上部位的设备、管道、灯具对吊顶是否有影响。

2）弹吊顶造型位置线：有叠级造型的吊顶，依据标高线按设计造型在四面墙上角部弹出造型断面线，然后在墙面上弹出每级造型的标高控制线。检查叠级造型的构造尺寸是否满足设计要求，管道、设备等是否对造型有影响。

3）在顶板上弹出龙骨吊点位置线和管道、设备、灯具吊点位置线。

（2）安装吊点紧固件。

1）无预埋的吊顶，可用金属膨胀螺栓或射钉将角钢块固定于楼板底（或梁底）作为安设吊杆的连接件，如图 4-8 所示。

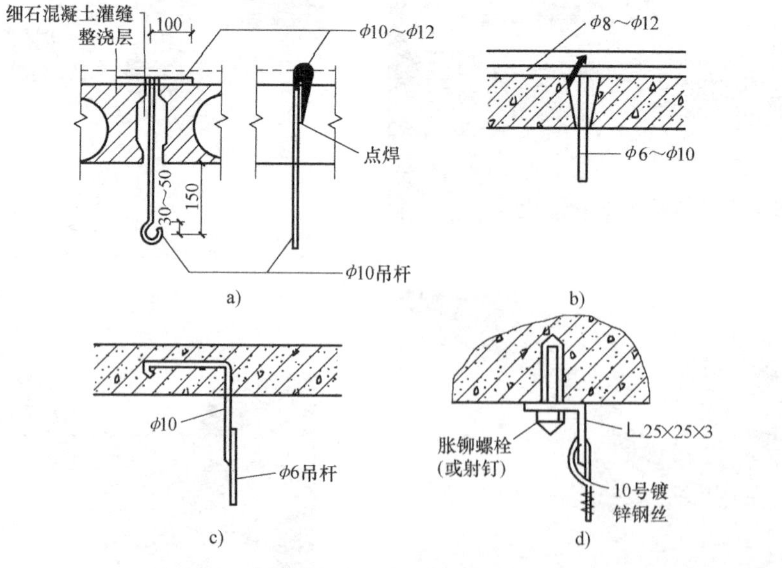

图 4-8　木质装饰吊顶的吊点紧固示意
a）顶制楼板内浇灌细石混凝土时，埋设 φ10 ~ φ12 短钢筋，另设吊筋将一端打弯勾于水平钢筋，另一端从板缝中抽出　b）预制楼板内埋设通长钢筋，另一钢筋一端系其上一端从板缝中抽出　c）预制楼板内预埋钢筋弯钩　d）用胀铆螺栓或射钉固定角钢连接件

2）小面积轻型的木龙骨装饰吊顶，可用膨胀螺栓固定木方（截面约为 40mm×50mm），吊顶骨架直接与木方固定或采用木吊杆。

（3）木龙骨防腐防火处理。

1）防腐处理。按规定选材并实施在构造上的防潮处理，同时涂刷防腐、防虫药剂。

2）防火处理。将防火涂料涂刷或喷于木材表面，或把木材置于防火涂料槽内浸渍。防火涂料视其性质分为油质防火涂料（内掺防火剂）与氯乙烯防火涂料、可赛银（酪素）防火涂料、硅酸盐防火涂料，施工可按设计要求选择使用。

（4）划分龙骨分档线。沿已弹好的顶棚标高水平线，画好龙骨的分档位置线。

（5）固定边龙骨。沿标高线在四周墙（柱）面固定边龙骨方法主要有两种：

1）沿吊顶标高线以上 10mm 处在建筑结构表面打孔，孔距 500～800mm，在孔内打入木楔，将边龙骨钉固于木楔上。

2）混凝土墙、柱面，可用水泥钉通过木龙骨上钻孔将边龙骨钉固于混凝土墙、柱面。

（6）龙骨架的拼装。

为方便安装，木龙骨吊装前可先在地面进行分片拼接。

1）分片选择。确定吊顶骨架面上需要分片或可以分片的位置和尺寸，根据分片的平面尺寸选取龙骨纵横型材。

2）拼接。先拼接组合大片的龙骨骨架，再拼接小片的局部骨架。拼接组合的面积不可过大以便于吊装。

3）成品选择。对于截面为 25mm×30mm 的木龙骨，可选用市售成品凹方型材，如为确保吊顶质量而采用木方现场制作，应在木方上按中心线距 300mm 开凿深 15mm、宽 25mm 的凹槽。

骨架拼接按凹槽对凹槽的方法咬口拼联，拼口处涂胶并用圆钉固定（图 4-9）。可采用化学胶，如酚醛树脂胶、尿醛树脂胶和聚酯酸乙烯乳液等。

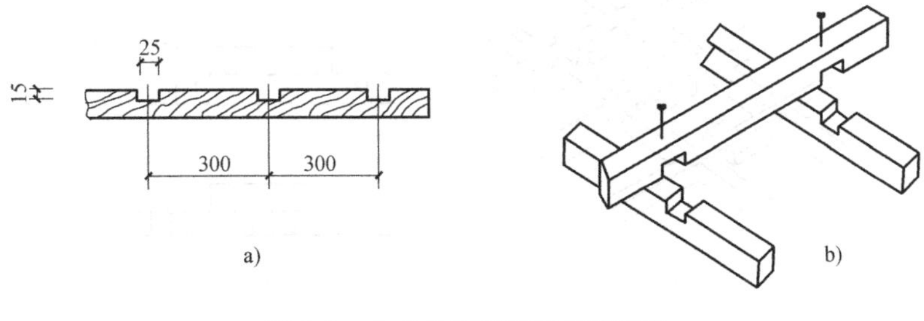

图 4-9　木龙骨利用槽口拼接示意

a）自选长木方开出凹槽　b）凹槽对凹槽加胶钉固

（7）分片吊装。

1）将拼接组合好的木龙骨架托起，至吊顶标高位置。对于顶底低于 3m 的吊顶骨架，可用定位杆作临时支撑（图 4-10）；吊顶高度超过 3m 时，可用钢丝在吊点上作临时固定。

2）根据吊顶标高线拉出纵横水平基准线，作为吊顶的平面基准。

3）将吊顶龙骨架向下略作移位，使之与基准线平齐。待整片龙骨架调正调平后，即将其靠墙部分与沿墙龙骨钉接。

（8）龙骨架与吊点固定。固定做法有多种，视选用的吊杆及上部吊点构造而定：利用

ϕ6mm钢筋吊杆与吊点的预埋钢筋焊接；利用扁钢与吊点角钢以M6螺栓连接；利用角钢作吊杆与上部吊点角钢连接等。

吊杆与龙骨架的连接，根据吊杆材料可分别采用绑扎、勾挂及钉固等，如扁钢及角钢杆件与木龙骨可用两个木螺钉固定（图4-11）。

（9）龙骨架分片间的连接

分片龙骨架在同一平面对接时，将其端头对正，再用短木方进行加固，将木方钉于龙骨架对接处的侧面或顶面均可（图4-12）。重要部位的龙骨接长，应采用铁件进行连接紧固。

（10）龙骨的整体调平。

1）在吊顶面下拉出十字或对角交叉的标高线，检查吊顶骨架的整体平整度。

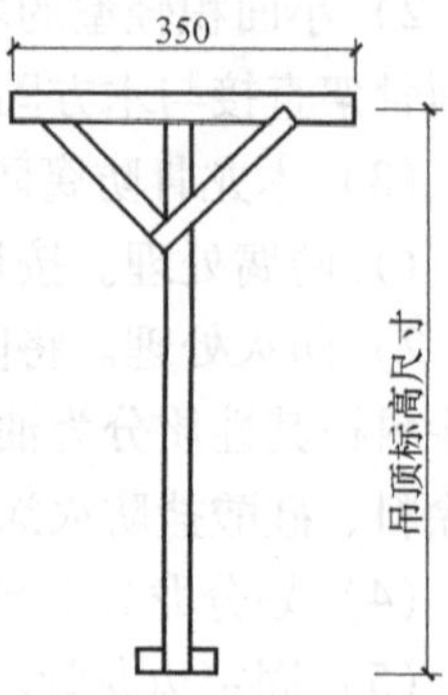

图4-10　吊顶高度临时支撑定位杆

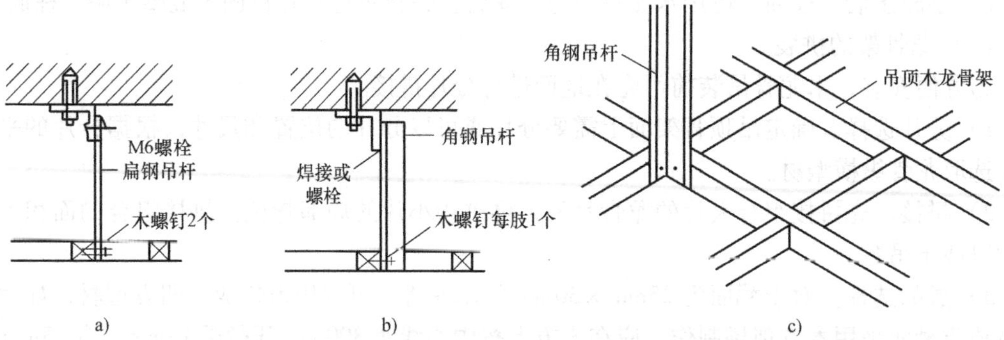

图4-11　木龙骨架与吊点连接示例

a）用扁钢固定　b）用角钢固定　c）角钢与龙骨架连接示意

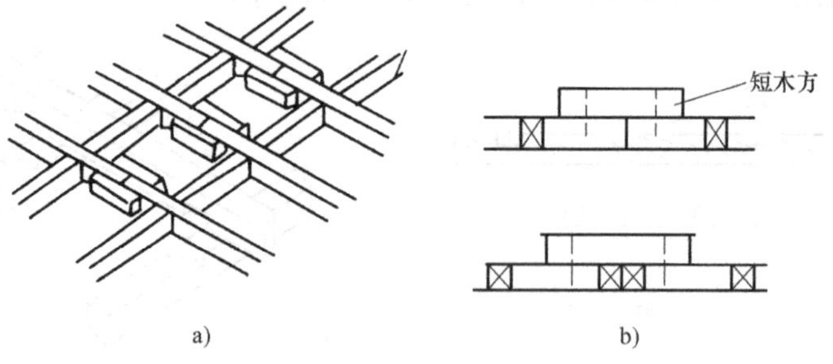

图4-12　木龙骨对接固定示意

a）短木方固定于龙骨侧面　b）短木方固定于龙骨上面

2）骨架底平面出现下凸的部分，要重新拉紧吊杆；有上凹现象的部位，可用木方杆件顶撑，尺寸准确后将木方两端固定。

3）各个吊杆的下部端头均按准确尺寸截平，不得伸出骨架的底部平面。

3. 轻钢龙骨安装

（1）测量放线定位。

1）在结构基层上，按设计要求弹线，确定龙骨及吊点位置。主龙骨端部或接长部位要增设吊点。较大面积的吊顶，龙骨和吊点间距应进行单独设计和验算。

2）确定吊顶标高。在墙面和柱面上，按吊顶高度弹出标高线。要求弹线清楚，位置准确，水平允许偏差控制在±5mm。

（2）吊件加工与固定。吊点间距当设计无规定时，一般应小于1.2m，吊杆应通直，距主龙骨端部距离不得超过300mm。当吊杆与设备相遇时，应调整吊点构造或增设吊杆。

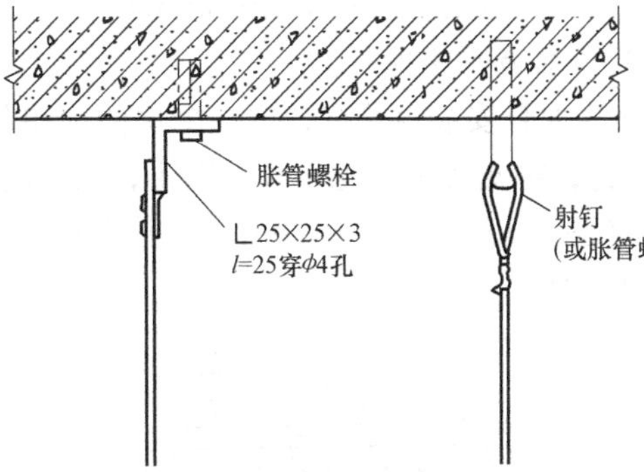

图4-13　吊杆同楼板固定

龙骨与结构连接固定有三种方法：

1）在吊点位置钉入带孔射钉，用镀锌钢丝连接固定，如图4-13所示。射钉在混凝土基体上的最佳射入深度为22～32mm（不包括混凝土表面的涂敷层），一般取27～32mm（仅在混凝土强度特高或基体厚度较小时才取下限值）。

2）在吊点位置预埋膨胀管螺栓，再用吊杆连接固定。

3）在吊点位置预留吊钩或埋件，将吊杆直接与预留吊钩或预埋件焊接连接，再用吊杆连接固定龙骨。

采用吊杆时，吊杆端头螺纹部分应预留长度不小于30mm的调节量。

（3）固定吊顶边部骨架材料。

1）吊顶边部的支承骨架应按设计的要求加以固定。

2）无附加荷载的轻便吊顶，用L形轻钢龙骨或角铝型材等，可用水泥钉按400～600mm的钉距与墙、柱面固定。

3）有附加荷载的吊顶，或有一定承重要求的吊顶边部构造，需按900～1000mm的间距预埋防腐木砖，将吊顶边部支承材料与木砖固定。吊顶边部支承材料底面应与吊顶标高基准线平（罩面板钉装时应减去板材厚度）且必须牢固可靠。

（4）安装主龙骨。

1）轻钢龙骨吊顶骨架施工，应先高后低。主龙骨间距一般为1000mm。离墙边第一根主龙骨距离不超过200mm（排列最后距离超过200mm应增加一根），相邻接头与吊杆位置要错开。吊杆规格：轻型宜用ϕ6mm，重型（上人）用ϕ8mm，如吊顶荷载较大，需经结构计算，确定吊杆规格。

2）主龙骨与吊杆（或镀锌钢丝）连接固定。与吊杆固定时，应用双螺母在螺杆穿过部位上下固定（图4-14）。轻钢龙骨系列的重型大龙骨U形、C形，以及轻钢或铝合金T形龙骨吊顶中的主龙骨，悬吊方式按设计进行。与吊杆连接的龙骨安装有三种方法：

① 有附加荷载的吊顶承载龙骨，采用承载龙骨吊件与钢筋吊杆下端套螺纹部位连接，拧紧螺母卡稳卡牢。

② 无附加荷载的C形轻钢龙骨单层构造的吊顶主龙骨，采用轻型吊件与吊杆连接，可利用吊件上的弹簧钢片夹固吊杆，下端勾住C形龙骨槽口两侧。

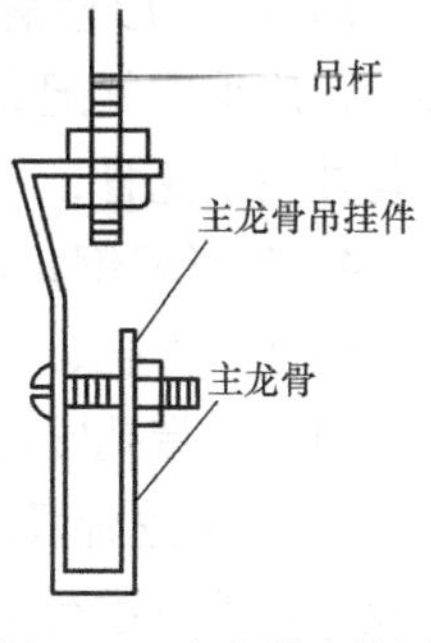

图4-14　主龙骨连接图

③ 轻便吊顶的T形主龙骨，可以采用其配套的T形龙骨吊件，上部连接吊杆，下端夹住T形龙骨，也可直接将镀锌钢丝吊杆穿过龙骨上的孔眼勾挂绑扎。

3）安装调平主龙骨。

① 主龙骨安装就位后，以一个房间为单位进行调平。调平方法可采用木方按主龙骨间距钉圆钉，将龙骨卡住先作临时固定，按房间的十字和对角拉线，根据拉线进行龙骨的调平调直，（图4-15）。根据吊件品种，拧动螺母或通过弹簧钢片，或调整钢丝，准确后再行固定（图4-16）。

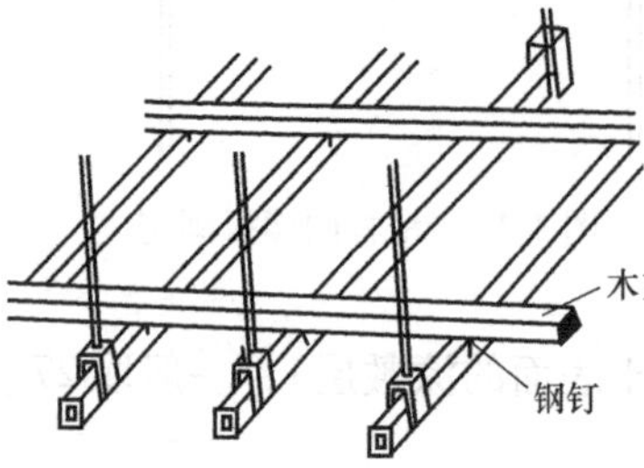

图4-15　主龙骨定位方法

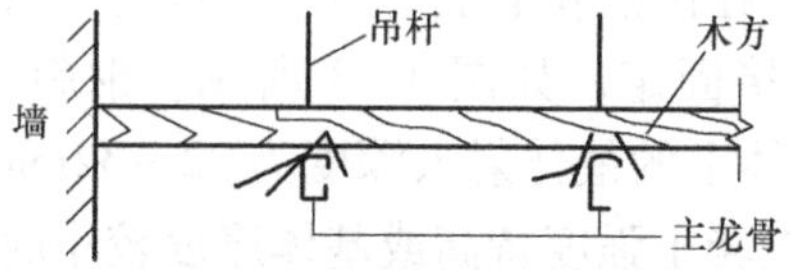

图4-16　主龙骨固定调平示意

使用镀锌钢丝作吊杆者宜采取临时支撑措施，可设置木方，上端顶住吊顶基体底面，下端顶稳主龙骨，待安装吊顶板前再行拆除。

② 在每个房间和中间部位，用吊杆螺栓进行上下调节，预先给予5～20mm起拱量，水平度全部调好后，逐个拧紧吊杆螺母。如吊顶需要开孔，先在开孔的部位画出开孔的位置，将龙骨加固好，再用钢锯切断龙骨和石膏板，保持稳固牢靠。

（5）安装次龙骨。

1）双层构造的吊顶骨架，次龙骨（中龙骨及小龙骨）紧贴承载主龙骨安装，通长布置，利用配套的挂件与主龙骨连接，在吊顶平面上与主龙骨相垂直（图4-17）。次龙骨的中距由设计确定，并因吊顶装饰板采用封闭式安装或是离缝及密缝安装等不同的尺寸关系而异。

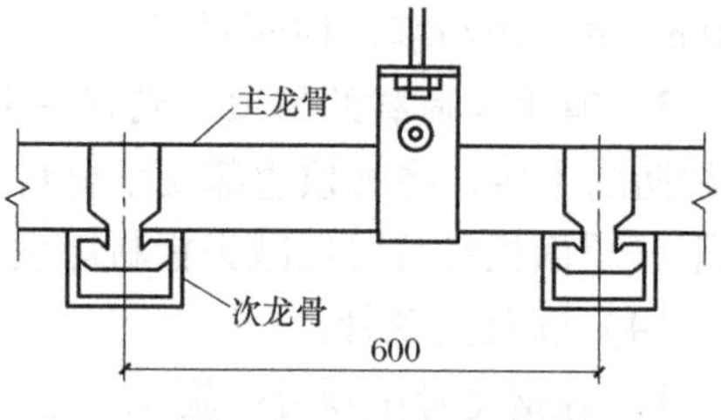

图4-17　次龙骨安装

2）单层吊顶骨架，其次龙骨即为横撑龙骨。主龙骨与次龙骨处于同一水平面，主龙骨通长设置，横撑（次）龙骨按主龙骨间距分段截取，与主龙骨T字连接。

3）以C形轻钢龙骨组装的单层构造吊顶骨架，在吊顶平面上的主、次C形龙骨垂直交接点，应采用其配套的挂插件（支托），挂插件一方面插入次龙骨内托住主龙骨段，另一方面勾挂住主龙骨，将二者连接。

4）T形轻钢龙骨组装的单层构造吊顶骨架，其主、次龙骨的连接通常是T形龙骨侧面开有圆孔和方孔，圆孔用于悬吊，方孔则用于次龙骨的凸头直接插入。

对于不带孔眼的T形龙骨连接方法有三种：

① 在次龙骨段的端头剪出连接耳（或称连接脚），折弯90°与主龙骨用拉铆钉、抽芯铆钉或自攻螺钉进行T字连接。

② 在主龙骨上打出长方孔，将次龙骨的连接耳插入方孔。

③ 采用角形铝合金块（或称角码），将主次龙骨分别用抽芯铆钉或自攻螺钉固定连接。

小面积轻型吊顶，其纵、横T形龙骨均用镀锌钢丝分股悬挂，调平调直，只需将次龙骨搭置于主龙骨的翼缘上，再搁置安装吊顶板。

5）每根次龙骨用两只卡夹固定，校正主龙骨平正后再将所有的卡夹一次全部夹紧。

（6）双层骨架构造的横撑龙骨安装。

1）U形、C形轻钢龙骨的双层吊顶骨架在相对湿度较大的地区，必须设置横撑龙骨。

2）以轻钢U形（或C形）龙骨为承载龙骨，以T形金属龙骨作覆面龙骨的双层吊顶骨架，一般需设置横撑龙骨。吊顶饰面板作明式安装时，则必须设置横撑龙骨。

3）C形轻钢吊顶龙骨的横撑龙骨由C形次龙骨截取，与纵向的次龙骨的T字交接处，采用其配套的龙骨支托（挂插件）将二者连接固定。

4）双层骨架的T形龙骨覆面层的T形横撑龙骨安装，根据其龙骨材料的品种类型确定，与上述单层构造的横撑龙骨安装做法相同。

4. 铝合金龙骨安装

（1）测量放线定位。

1）根据设计图样，结合具体情况将龙骨及吊点位置弹到楼板底面上。各种吊顶、龙骨间距和吊杆间距一般都控制在1.0～1.2m以内。

2）确定吊顶标高。将设计标高线弹到四周墙面或柱面上，吊顶有不同标高时，应将变截面的位置弹到楼板上，再将角铝或其他封口材料固定在墙面或柱面，封口材料的底面与标高线重合。角铝常用的规格为25mm×25mm。角铝多用高强水泥钉固定，亦可用射钉固定（图4-18）。

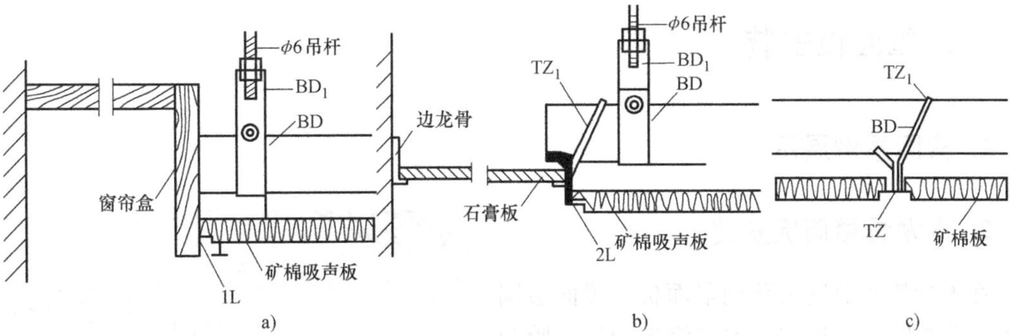

图4-18　T形龙骨吊顶节点示意

a）窗口上部节点　b）靠墙部位节点　c）房间中部节点

（2）固定悬吊体系。

1）悬吊宜沿主龙骨方向，间距不宜大于1.2m。在主龙骨的端部或接长处，需加设吊杆或悬挂钢丝。

2）悬吊形式。

① 镀锌钢丝悬吊，适用于不上人活动式装配吊顶。用射钉将镀锌钢丝固定在结构上，另一端同主龙骨的圆形孔绑牢。镀锌钢丝不宜太细，如若单股使用，不宜用小于14号的钢丝。

② 伸缩式吊杆悬吊。将8号钢丝调直，用一个带孔的弹簧钢片将两根钢丝连接，用力压弹簧钢片，使弹簧钢片两端的孔中心重合，调节吊杆伸缩。手松开使孔中心错位，与吊杆产生剪力，将吊杆固定。

3）吊杆或镀锌钢丝的固定。

① 与结构一端的固定，常用射钉枪将吊杆或镀锌钢丝固定。射钉可选用尾部带孔或不带孔两种规格。选用尾部带孔的射钉，只要将吊杆一端的弯钩或钢丝穿过圆孔即可。射钉尾部不带孔，一般常用一段小角钢，角钢的一边用射钉固定，另一边钻一个5mm左右的孔，再将吊杆穿过孔将其悬挂。

② 选用镀锌钢丝悬吊，不应绑在吊顶上部的设备管道上，避免管道变形等。

③ 选用角钢材料做吊杆，龙骨宜采用普通型钢，并用冲击钻固定胀管螺栓，然后将吊杆焊在螺栓上。吊杆与龙骨的固定，可以采用焊接或钻孔用螺栓固定。

（3）主、次龙骨就位。根据已确定的主龙骨（大龙骨）位置及确定的标高线，先大致将其基本就位。次龙骨（中、小龙骨）应紧贴主龙骨安装就位。

（4）主、次龙骨调平调直。满拉纵横控制标高线（十字中心线），从一端开始，一边安装，一边调整，最后再精调一遍，直到龙骨调平和调直为止。面积较大时，中间水平线可适当起拱。调平时应注意从一端调向另一端，做到纵横平直。

（5）边龙骨固定。边龙骨宜沿墙面或柱面标高线钉牢。可用高强水泥钉固定，钉的间距不宜大于500mm。亦可用胀管螺栓等办法。

（6）主龙骨接长。可选用连接件接长。连接件可用铝合金，亦可用镀锌钢板，在其表面冲成倒刺，与主龙骨方孔相连。全面校正主、次龙骨的位置及水平度，连接件应错位安装。

二、罩面板安装

1. 实际案例展示

2. 木龙骨罩面板安装

在木骨架底面安装顶棚罩面板，罩面板固定方式分为圆钉钉固法、木螺钉拧固法、胶结粘固法三种方式。

（1）圆钉钉固法。用于石膏板、胶合板、纤维板的罩面板安装以及灰板条吊顶和PVC吊顶。

1）装饰石膏板，钉子与板边距离应不小于15mm，钉子间距宜为150～170mm，与板面垂直。钉帽嵌入石膏板深度宜为0.5～1.0mm，并应涂刷防锈涂料；钉眼用腻子找平，再用与板面颜色相同的色浆涂刷。

2）软质纤维装饰吸声板，钉距为80～120mm，钉长为20～30mm，钉帽进入板面0.5mm，钉眼用油性腻子抹平。

3）硬质纤维装饰吸声板，板材应用水浸透，自然晾干后安装，采用圆钉固定；对于大块板材，应使板的长边垂直于横向次龙骨，即沿着纵向次龙骨铺设。

4）塑料装饰罩面板，一般用20~25mm宽的木条，制成500mm的正方形木格，用小圆钉钉牢，再用20mm宽的塑料压条或铝压条或塑料小花固定板面。

5）灰板条铺设，板与板之间应留8~10mm的缝，板与板接缝应留3~5mm，板与板接缝应错开，一般间距为500mm左右。

（2）木螺钉固定法。用于塑料板、石膏板、石棉板、珍珠岩装饰吸声板以及灰板条吊顶。在安装前罩面板四边按螺钉间距先钻孔，安装程序与方法基本上同圆钉钉固法。

珍珠岩装饰吸声板螺钉应深入板面1~2mm，并用同色珍珠岩砂混合的黏结腻子补平板面，封盖钉眼。

（3）胶结粘固法。用于钙塑板。安装前板材应选配修整，使厚度、尺寸、边楞整齐一致。每块罩面板粘贴前进行预装，然后在预装部位龙骨框底面刷胶，同时在罩面板四周刷胶，刷胶宽度为10~15mm，经5~10min后，将罩面板压粘在预装部位。

每间顶棚先由中间行开始，然后向两侧分行逐块粘贴，胶粘剂按设计规定，设计无要求时，应经试验选用，一般可用401胶。

（4）安装压条。木骨架罩面板顶棚，设计要求采用压条做法时，待一间罩面板全部安装后，先进行压条位置弹线，按线进行压条安装。其固定方法可同罩面板，钉固间距为300mm，也可用胶结料粘贴。

3. 轻钢龙骨罩面板安装要点

（1）石膏板罩面安装。

1）应从吊顶的一边角开始，逐块排列推进。石膏板用镀锌自攻螺钉ϕ5mm×25mm固定在龙骨上，钉头应嵌入石膏板内约0.5~1mm，钉距为150~170mm，钉距板边15mm。板与板之间和板与墙之间应留缝，一般为3~5mm。

采用双层石膏板时，其长短边与第一层石膏板的长短边均应错开一个龙骨间距以上位置，且第二层板也应如第一层一样错缝铺钉，采用ϕ3.5mm×35mm自攻螺钉固定在龙骨上，螺钉应适当错位。

2）纸面石膏板应在自由状态下进行安装，并应从板的中间向板的四周固定，纸包边应沿着次龙骨平行铺设，纸包边宜为10~15mm，切割边宜为15~20mm，铺设板时应错缝。

3）装饰石膏板可采用黏结安装法：对U形、C形轻钢龙骨，可采用胶粘剂将装饰石膏板直接粘贴在龙骨上。胶粘剂应涂刷均匀，不得漏刷，粘贴牢固。胶粘剂未完全固化前板材不得有强烈振动。

4）吸声穿孔石膏板与U形（或C形）轻钢龙骨配合使用，龙骨吊装找平后，在每4块板的交角点和板中心，用塑料小花以自攻螺钉固定在龙骨上。采用胶粘剂将吸声穿孔石膏板直接粘贴在龙骨上。安装时，应注意使吸声穿孔石膏板背面的箭头方向和白线方向一致。

5）嵌式装饰石膏板可采用企口暗缝咬接安装法。将石膏板加工成企口暗缝的形式，龙骨的两条肢插入暗缝，靠两条肢将板托住。构造如图4-19所示。安装宜由吊顶中间向两边对称进行，墙面与吊顶接缝应交圈一致；安装过程中，接插企口用力要轻，避免硬插硬撬而造成企口处开裂。

（2）装饰吸声罩面板安装。矿棉装饰吸声板在房间内湿度过大时不宜安装。安装前，应先排板；安装时，吸声板上不得放置其他材料，防止板材受压变形。

1）暗龙骨吊顶安装法。将龙骨吊平、矿棉板周边开槽，然后将龙骨的肢插到暗槽内，靠肢将板托住，安装构造如图 4-20 所示。房间内温度过大时不宜安装。

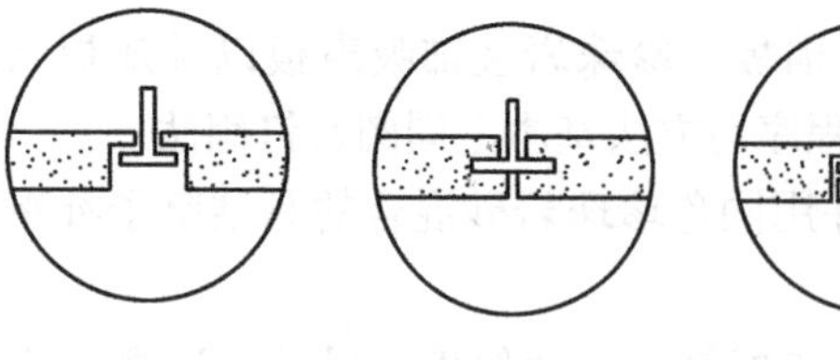

图 4-19　用企口缝形式托挂饰面板

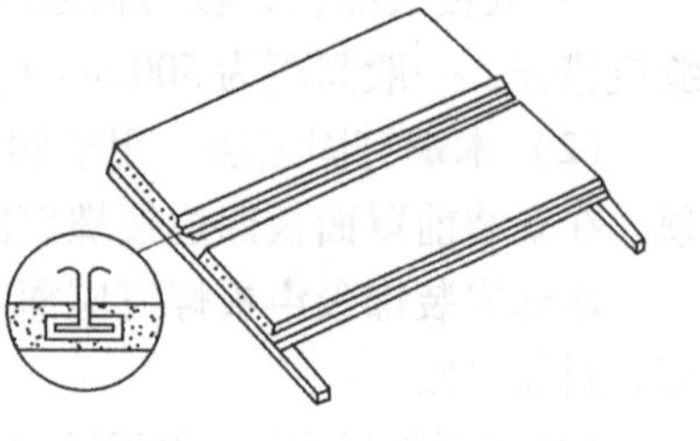

图 4-20　暗龙骨安装构造示意图

2）粘贴法。

① 复合平贴法。其构造为龙骨 + 石膏板 + 吸声饰面板。龙骨可采用上人龙骨或不上人龙骨，将石膏板固定在龙骨上，然后将装饰吸声板背面用胶布贴几处，用专用钉固定。

② 复合插贴法。其构造为龙骨 + 石膏板 + 吸声板。吸声板背面双面胶布贴几个点，将板平贴在石膏板上，用打钉器将“Ⅱ”形钉固定在吸声板开榫处，吸声板之间用插件连接、对齐图案。

粘贴法要求石膏板基层非常平整，粘贴时，可采用粘贴矿棉装饰吸声板的 874 型建筑胶粘剂。

珍珠岩装饰吸声板的安装，可在龙骨上钻孔，将板用螺钉与龙骨固定。先在板的四角用塑料小花钉牢，再在小花之间沿板边按等距离加钉固定。

（3）纤维水泥加压板安装。宜采用胶粘剂和自攻螺钉粘、钉结合的方法固定。纤维增强水泥平板与龙骨固定时，应钻孔，钻头直径应比螺钉直径小 0.5 ~ 1.0mm，固定时钉帽必须压入板面 1 ~ 2mm，螺钉与板边距离宜为 8 ~ 15mm，板周边钉距宜为 150 ~ 170mm，板中钉距不得大于 200mm。钉帽需作防锈处理，并用油性腻子嵌平。

两张板接缝与龙骨之间，宜放一条 50mm × 3mm 的再生橡胶垫条；纤维增强硅酸钙板加工打孔时，不得用冲子冲孔，应用手电钻钻孔，钻孔时宜在板下垫一木块。

（4）铝合金条板吊顶安装。

1）全面检查中心线，复核龙骨标高线和龙骨布置线，检查复核龙骨是否调平调直，以保证板面平整。

2）卡固法条板的安装。适用于板厚为 0.8mm 以下、板宽在 100mm 以下的条板。

条板安装应从一个方向依次安装，如果龙骨本身兼卡具，只要将条板托起后，先将条板的一端用力压入卡脚，再顺势将其余部分压入卡脚内，如图 4-21 所示。

螺钉固定铝合金条板吊顶：适用于板宽超过 100mm，板厚超过 1mm 的“扣板”的铝合金条板材。

采用自攻螺钉固定，自攻螺钉头在安装后完全隐蔽在吊顶内，如图 4-22 所示。条板切割时，除控制好切割的角度，同时要对切口部位用锉刀修平，将毛边及不妥处修整好，再用相同颜色的胶粘剂（可用硅胶）将接口部位进行密合。

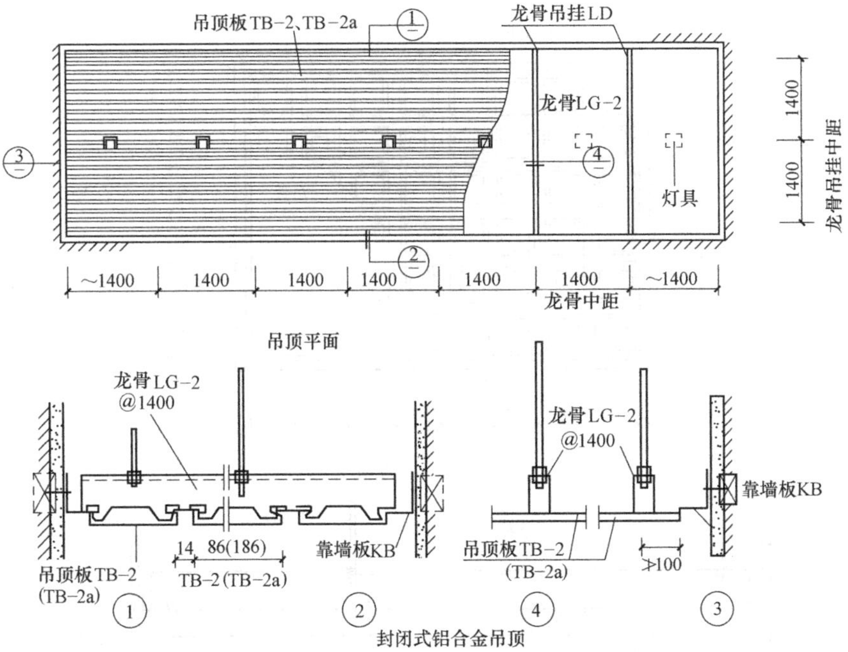

图4-21　铝合金条形板安装

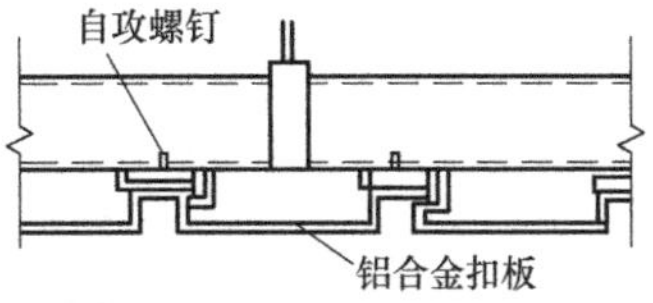

图4-22　条形扣板吊顶的安装

（5）铝合金方形板吊顶安装。铝合金块板与轻钢龙骨骨架的安装，可采用吊钩悬挂式或自攻螺钉固定式（图4-23)，也可采用铜丝扎结（图4-24)。用自攻螺钉固定时，应先用手电钻打出孔位后再上螺钉。

安装时按照弹好的布置线，从一个方向开始依次安装，吊钩先与龙骨连接固定，再勾住板块侧边的小孔。铝合金板在安装时应轻拿轻放，保护板面不受碰伤或刮伤。

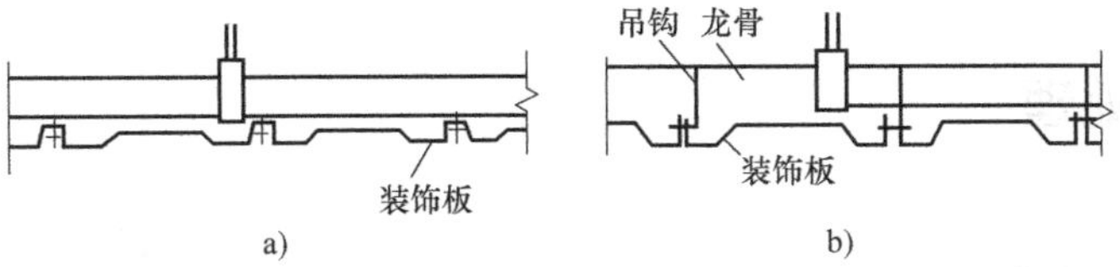

图4-23　铝合金方板安装之一
a）自攻螺钉式　b）吊钩悬挂式

（6）嵌缝。吊顶石膏板铺设完成后，即进行嵌缝处理。

1）嵌缝的填充材料：有老粉（双飞粉)、石膏、水泥及配套专用嵌缝腻子。常见的材料一般配以水、胶，也可根据设计的要求水与胶水搅拌均匀之后使用。专用嵌缝腻子不用加胶水，只根据说明加适量的水搅拌均之后即可使用。

2）嵌缝的程序为：螺钉的防锈处理→板缝清扫干净→腻子嵌缝密实（以略低于板面为佳）→干燥养护→第二道嵌缝腻子→贴盖缝带（品种有专用纤维纸带、玻璃纤维网格带）→干燥→下一道工艺满批腻子。

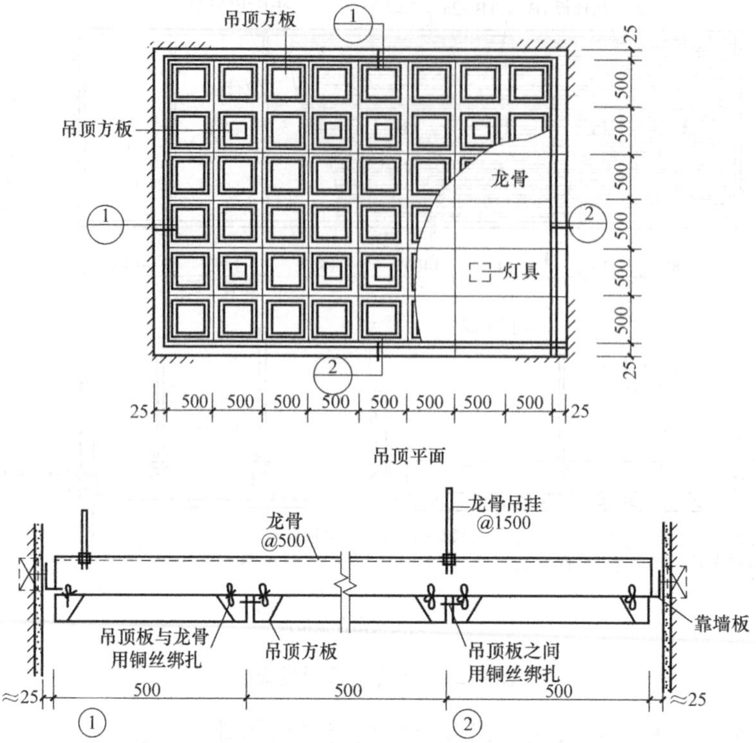

图 4-24 铝合金方板安装之二

第五节 饰面板（砖）工程

一、基础处理

1. 实际案例展示

2. 施工要点

（1）基层表面应凿毛，其深度为 5 ~ 15mm，间距 30mm 左右。基层表面残存的灰浆、尘土、油渍（用盐酸淡液清洗）等应清洗干净。

（2）基层表面明显凸凹处，应事先用 1∶3 水泥砂浆找平或剔平。不同材料的基层表面相接处，应先铺钉金属网，方法与抹灰工程相同。

（3）抹找平层前应先洒聚合水泥浆（108 胶∶水 =

1∶4 的胶水拌水泥）处理。找平层砂浆抹法与装饰抹灰的底、中层做法相同。

基层为加气混凝土时，应在清洁基层表面后先刷 108 胶水溶液一遍，再用 ϕ6mm 扒钉满钉镀锌机织钢丝网（孔径 32mm×32mm，丝径 0.7mm），钉距纵横不大于 600mm，然后抹 1∶1∶4 水泥混合砂浆黏结层及 1∶2.5 水泥砂浆找平层。

在檐口、腰线、窗台、雨篷等处，抹灰时要留出流水坡及滴水线，找平层抹后应及时浇水养护。

二、饰面砖粘贴工程

1. 实际案例展示

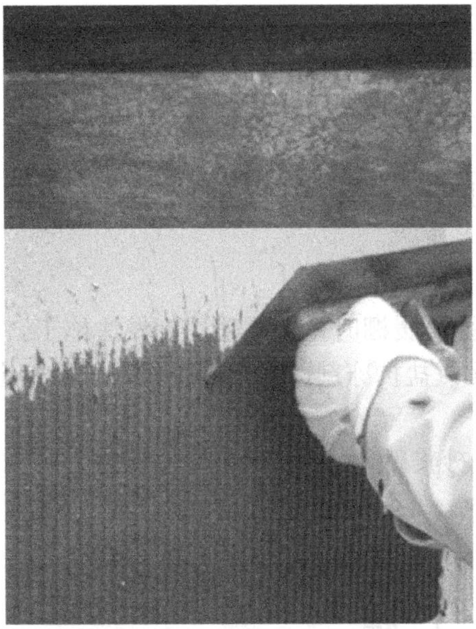

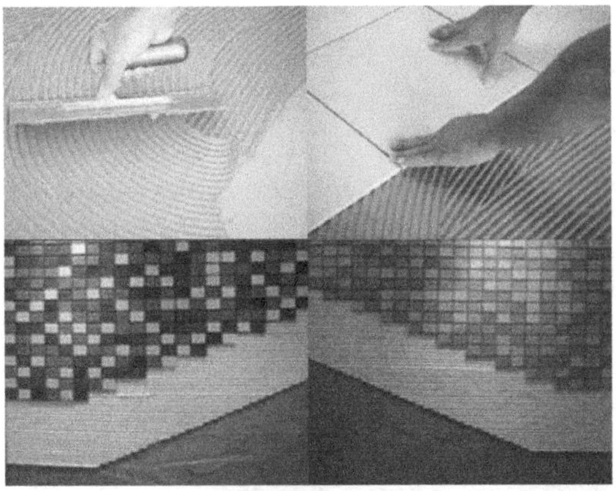

2. 施工要点

（1）饰面工程的材料品种、规格、图案、固定方法和砂浆种类，应符合设计要求。

（2）粘贴、安装饰面的基体，应具有足够的强度、稳定性和刚度。

（3）饰面板、饰面砖应镶贴平整，接缝宽度应符合设计要求，并填嵌密实，以防渗水。饰面板的接缝宽度如设计无要求时，应符合表4-11规定。

表4-11 饰面板的接缝宽度

项次	名称		接缝宽度/mm
1	天然石	光面、镜面	1
2		粗磨面、麻面、条纹面	5
3		天然面	10
4	人造石	水磨石	21
5		大理石、花岗石	

（4）饰面板应安装牢固，且板的压茬尺寸及方向应符合设计要求。

（5）镶贴、安装室外突出的檐口、腰线、窗口、雨篷等饰面，必须有流水坡度和滴水线（槽）。

（6）装配式挑檐、托座等的下部与墙或柱相连接处，镶贴饰面板、饰面砖应留有适量的缝隙。

（7）夏期镶贴室外饰面板、饰面砖应防止曝晒。

（8）冬期饰面工程宜采用暖棚法施工。无条件搭设暖棚时，亦可采用冷做法施工。但应根据室外气温，在灌注砂浆或豆石混凝土内掺入无氯盐抗冻剂，其掺量应根据试验确定，严禁砂浆及混凝土在硬化前受冻。

（9）冬期施工，砂浆的使用温度不得低于5℃。砂浆硬化前，应采取防冻措施。

（10）饰面工程镶贴后，应采取保护措施。

第六节 幕墙工程

一、玻璃幕墙

1. 实际案例展示

2. 施工要点

（1）测量放线、预埋件检查和安装。

1）在工作层上放出 X，Y 轴线，用激光经纬仪依次向上定出轴线。

2）根据各层轴线定出楼板预埋件的中心线，并用经纬仪垂直逐层校核，定各层连接件的外边线。

3）分格线放完后，检查预埋件的位置，不符合要求的应进行调整或预埋件补救处理。

4）高层建筑的测量应在风力不大于 4 级的情况下进行，每天定时对玻璃幕墙的垂直及立柱位置进行校核。

（2）横梁、立柱装配可在室内进行。

1）装配竖向主龙骨紧固件之间的连接件、横向次龙骨的连接件。

2）安装镀锌钢板、主龙骨之间接头的内套管、外套管以及防水胶等。

3）装配横向次龙骨与主龙骨连接的配件及密封橡胶、垫等。

（3）楼层紧固件安装。紧固件与每层楼板连接如图 4-25 所示。

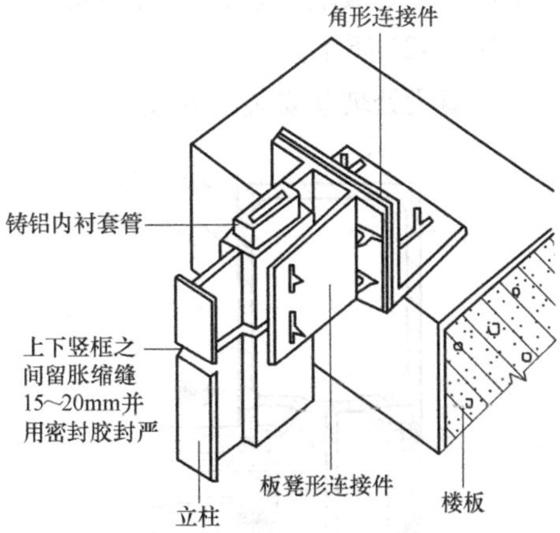

图 4-25　立柱与楼层连接

（4）立柱、横梁安装。

1）安装立柱。通过紧固件与每层楼板连接。

2）立柱每安装完一根，即用水平仪调平、固定。全部立柱安装完毕后，复验其间距、垂直度。临时固定螺栓在紧固后及时拆除。

3）立柱轴线前后偏差不大于 2mm，左右偏差不大于 3mm，立柱连接件标高偏差不大于3mm。

相邻两根立柱安装标高偏差不大于3mm，同层立柱的最大标高偏差不大于5mm，相邻两根立柱距离偏差不大于2mm。

4）安装横梁。水平方向拉通线，通过连接件与立柱连接。

5）同一楼层横梁安装应由下而上进行，安装完一层及时检查、调整、固定。

6）相邻两根横梁的水平标高偏差不大于1mm，同层水平标高偏差：当一幅幕墙宽度小于等于35m时，不应大于5mm；当一幅幕墙宽度大于35m时，不应大于7mm。横梁水平标高应与立柱的嵌玻璃凹槽一致，其表面高低差不大于1mm。

（5）防火材料等其他附件安装。

1）有热工要求的幕墙，保温部分宜由内向外安装。当采用内衬板时，四周应套装弹性橡胶密封条，内衬板与构件接缝应严密；内衬板就位后，即进行密封处理。

2）固定防火、保温材料应铺设平整且可靠固定，拼接处不应留缝隙。

3）冷凝水排出管及其附件应与水平构件预留孔连接严密，与内衬板出水孔连接处应密封。

4）其他通气槽孔及雨水排出口等应按设计要求施工，不得遗漏。

5）封口应按设计要求进行封闭处理。

6）采用现场焊接或高强螺栓紧固的构件，应在紧固后及时进行防锈处理。

（6）玻璃安装。

1）玻璃安装前应进行表面清洁。除设计另有要求外，应将单片阳光控制镀膜玻璃的镀膜面朝向室内，非镀膜面朝向室外。

2）按规定型号选用玻璃四周的橡胶条，其长度宜比边框内槽口长1.5%～2%；橡胶条斜面断开后应拼成预定的设计角度，并应采用胶粘剂黏结牢固；镶嵌应平整。

3）立柱处玻璃安装：在内侧安上铝合金压条，将玻璃放入凹槽内，再用密封材料密封。如图4-26所示。

4）横梁处玻璃安装：安装构造如图4-27所示，外侧应用一条盖板封住。

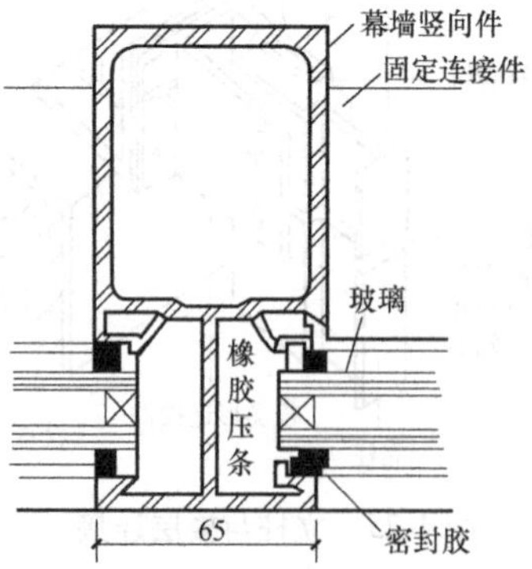

图4-26 玻璃幕墙立柱安装玻璃构造

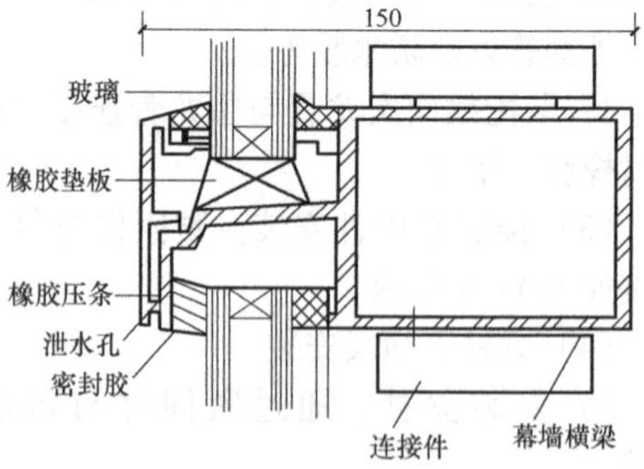

图4-27 玻璃幕墙横梁安装玻璃构造

（7）侧压板等外围护组件安装。

1）玻璃幕墙四周与主体结构之间缝隙处理：采用防火保温材料填塞，内外表面采用密封胶连续封闭。

2）压顶部位处理。挑檐处理：用封缝材料将幕墙顶部与挑檐下部之间的间隙填实，并在挑檐口做滴水；封檐处理：用钢筋混凝土压檐或轻金属顶盖盖顶。如图4-28所示。

3）收口处理。立柱侧面收口处理如图4-29所示。横梁与结构相交部位收口处理如图4-30所示。

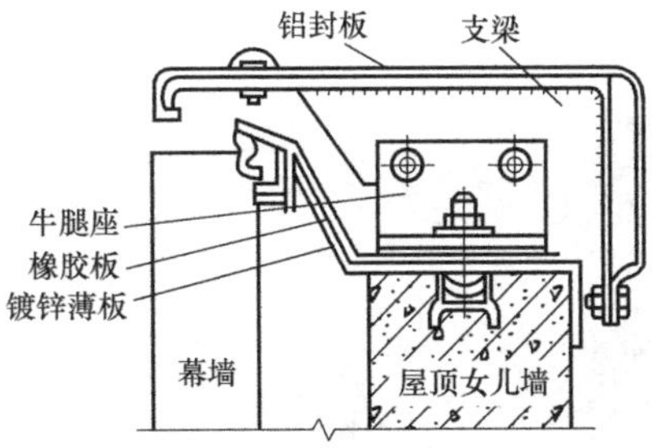

图4-28　软金属板盖顶

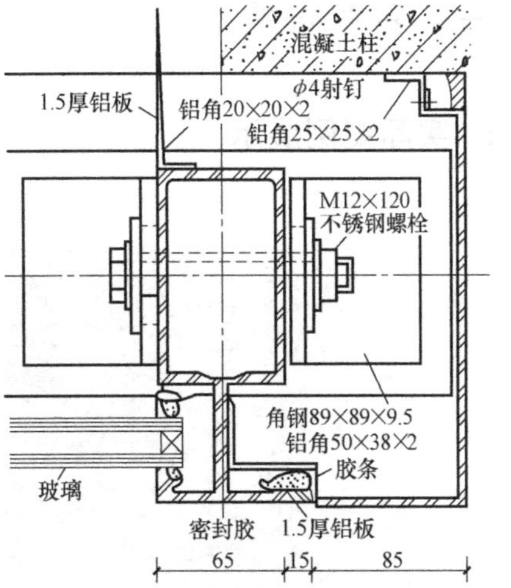

图4-29　立柱收口构造

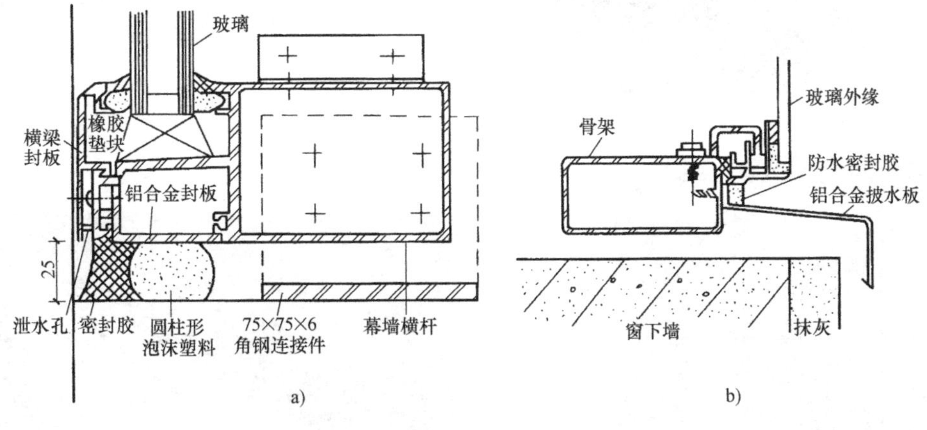

图4-30　横梁与结构相交部位收口

4）硅酮建筑密封胶不宜在夜晚、雨天打胶，打胶温度应符合设计要求和产品要求，打胶前应使打胶面清洁、干燥。硅酮建筑密封胶的施工应符合下列要求：

① 硅酮建筑密封胶的施工厚度应大于3.5mm，施工宽度不宜小于施工厚度的2倍；较深的密封槽口底部应采用聚乙烯发泡材料填塞。

② 硅酮建筑密封胶在接缝内应面对面黏结，不应三面黏结。

（8）玻璃面板及铝框的清洁

1）玻璃和铝框黏结表面的尘埃、油渍和其他污物，应分别使用带溶剂的擦布和干擦布清除干净。

2）应在清洁后一小时内进行注胶。注胶前再度污染时，应重新清洁。

3）每清洁一个构件或一块玻璃，应更换清洁的干擦布。

4）使用溶剂清洁时，不应将擦布浸泡在溶剂里，应将溶剂倾倒在擦布上。

5）使用和储存溶剂，应采用干净的容器。

二、石材幕墙

1. 实际案例展示

2. 施工要点

（1）安装幕墙单元的铝码托座。将幕墙单位的铝码托座按照参考线，安放到楼面的预埋件上。首先点焊调节高低的角码，确定位置无误后，对角码施行满焊，焊后涂上防腐防锈油漆。

石板的转角宜采用不锈钢支撑件或铝合金型材专用件组装，并应符合下列规定：

1）当采用不锈钢支撑件组装时，不锈钢支撑件的厚度不应小于3mm。

2）当采用铝合金型材专用件组装时，铝合金型材壁厚不应小于4.5mm，连接部位的壁厚不应小于5mm。

（2）楼层顶部安置吊重与悬挂支架轨道系统。安装横料，调整标高。在楼层顶部安置吊重与悬挂支架轨道系统。

加工幕墙构件所采用的设备、机具应能达到幕墙构件加工精度的要求，量具应定期进行计量检定。

（3）安装幕墙单元体。幕墙单元体从楼层内运出，并在楼面边缘提升起来，安装在对应的外墙位置上。调整好垂直与水平后，紧固螺栓。

（4）清理、嵌缝。每层幕墙安装完毕，将幕墙内侧包上透明保护膜。当单元体安装完毕，按要求完成封口扣板与单元框的连接，并完成窗台板安装及跨越两单元的石材饰面安装工作。

第五章　建筑屋面工程

一、卷材屋面防水工程

1. 实际案例展示

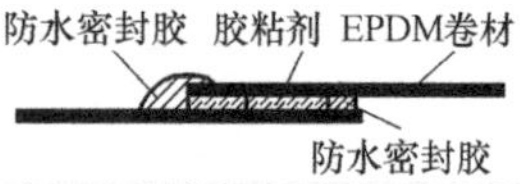

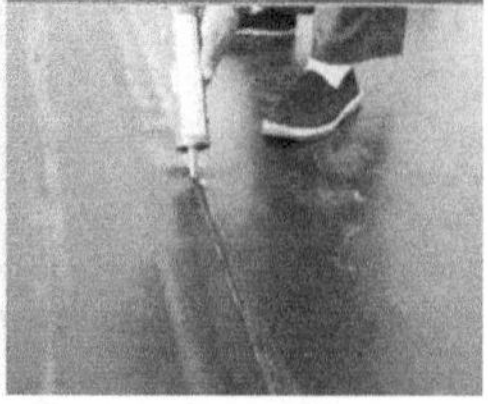

2. 施工要点

（1）基层清理。基层验收合格，表面尘土、杂物清理干净并干燥。卷材在铺贴前应保持干燥，其表面的撒布物应预先清除干净，并避免损伤油毡。

（2）涂刷冷底子油。铺贴前先在基层上均匀涂刷二层冷底子油、大面积喷刷前，应将边角、管根、雨水口等处先喷刷一遍，然后大面积喷刷，第一遍干燥后，再进行第二遍，完全晾干后再进行下一道工序（一般晾干12h以上）。要求喷刷均匀无漏底。

（3）弹线。按卷材搭接规定，在屋面基层上放出每幅卷材的铺贴位置，弹上粉线标记，并进行试铺。

（4）铺贴附加层。根据细部处理的具体要求，铺贴附加层。

（5）防水卷材铺设。

1）沥青玛蹄脂的配制和使用应符合下列规定。

① 配制沥青玛蹄脂的配合比应视使用条件、坡度和当地历年极端最高气温，并根据所用的材料经试验确定；施工中应按确定的配合比严格配料，每工作班应检查软化点和柔韧性。

② 热沥青玛蹄脂的加热温度不应高于240℃，使用温度不应低于190℃。

③ 冷沥青玛蹄脂使用时应搅匀，稠度太大时可加少量溶剂稀释搅匀。

④ 沥青玛蹄脂应涂刮均匀，不得过厚或堆积。

黏结层厚度：冷沥青玛蹄脂宜为0.5～1mm；沥青玛蹄脂宜为1～1.5mm。面层厚度：冷沥青玛蹄脂宜为1～1.5mm；沥青玛蹄脂宜为2～3mm。

⑤ 冷沥青玛蹄脂在常温使用时不再加温，低温（+5℃为下）使用时，须加温至60～70℃。使用前需充分搅拌，以免由于沉淀而产生不均质。

2）卷材铺贴前，应保持干燥，其表面的撒布料应预先清扫干净，并避免损伤卷材。在无保温层的装配式屋面上，应沿屋面板的端缝先单边点粘一层卷材，每边宽度不应小于100mm或采取其他增大防水层适应变形的措施，然后再铺贴屋面卷材。

3）冷贴法铺贴卷材宜采用刷油法，常温施工时，在找平层上涂刷冷沥青玛蹄脂后，需经10～30min待溶剂挥发一部分而稍有黏性时，再平铺卷材，但不应迟于45min。

刷油法一般以四人为一组，刷油、铺毡、滚压、收边各由一人操作。

① 刷油。操作人在铺毡前方用长柄刷蘸油涂刷，油浪应饱满均匀，不得在冷底子油上来回揉刷，以免降低油温或不起油，刷油宽度以300～500mm为宜，超出卷材不应大于50mm。

② 铺毡。铺贴时两手紧压卷材，大拇指朝上，其余四指向下卡住卷材，两脚站在卷材中间，两腿成前弓后蹲架式，头稍向下，全身用力，随着刷油，稳稳地推压油浪，并防止卷材松卷无力，一旦松卷要重新卷紧，铺到最后，卷材又细又松不易铺贴时，可用托板推压。

③ 滚压。紧跟铺贴后不超过2m，用铁滚筒从卷材中间向两边缓缓滚压，滚压时操作人

员不得站在未冷却的卷材上，并负责质量自检工作，如发现气泡，须立即刺破排气，重新压实。

④ 收边。用橡胶刮板刮压卷材两边挤出多余的玛蹄脂，赶出气泡，并将两边封严压平，及时处理边部的皱褶或翘边。

4）每铺贴一层卷材，相隔约5～8h，经抹压或滚压一遍，再继续施工上层卷材。

5）天窗壁、女儿墙、变形缝等立面部位和转角处（圆角）铺贴时，在卷材与基层上均应涂刷薄沥青玛蹄脂一层，隔10～30min，待溶剂挥发一部分后，用刮板自上下两面往转角中部推压，使之服贴，黏结牢固。

（6）铺设保护层。

1）绿豆砂保护层施工。绿豆砂应符合质量标准，并加热至100℃左右，趁热铺撒。

在卷材表面涂刷2～3mm厚的沥青玛蹄脂，并随即将加热的绿豆砂，均匀地铺撒在屋面上，铺绿豆砂时，一人沿屋脊方向顺着卷材的接缝逐段涂刷玛蹄脂，另一人跟着撒砂，第三人用扫帚扫平，迅速将多余砂扫至稀疏部位，保持均匀不露底，紧跟着用铁滚筒压平木拍板拍实，使绿豆砂1/2压入沥青玛蹄脂中，冷却后扫除没有粘牢的砂粒，不均匀处应及时补撒。

2）板、块材保护层施工。卷材屋面采用板、块材作保护层时，板、块材底部不得与卷材防水层粘贴在一起，应铺垫干砂、低强度等级砂浆、纸筋灰等，将板、块垫实铺实。

板、块材料之间可用沥青玛蹄脂或砂浆严密灌缝，铺设好的保护层应保证流水通顺。不得有积水现象，否则应予返工。

3）块体材料保护层每4～6m应留设分格缝，分格缝宽度不宜小于20mm。搬运板块时，不得在屋面防水层上和刚铺好的板块上推车，否则，应铺设运料通道，搬放板块时应轻放，以免砸坏或戳破防水层。

4）整体材料保护层施工。卷材屋面采用现浇细石混凝土或水泥砂浆作保护层时，在卷材与保护层之间必须作隔离层，隔离层可薄薄抹一层纸筋灰，或涂刷两道浓石灰水等处理。

细石混凝土或水泥砂浆强度等级应由设计确定，当设计无要求时，细石混凝土强度不低于C20，水泥砂浆宜采用1:2的配合比。

水泥砂浆保护层的表面应抹平压光，并设表面分格缝，分格面积宜为1m^2。

细石混凝土保护层，混凝土应密实，表面抹平压光，并留设分格缝，分格面积不大于36m^2。分格缝木条应刨光（梯形），横截面高同保护层厚，上口宽度为25～30mm，下口宽度为20～25mm，木条应在水中浸泡至基本饱和状，并刷脱模剂再使用。

5）水泥砂浆、块体材料或细石混凝土保护层与女儿墙之间应留宽度为30mm的缝隙，并用密封材料嵌填密实。

6）沥青防水卷材严禁在雨天、雪天施工，五级风及其以上时不得施工，环境气温低于5℃时不宜施工。

施工中途下雨时，应做好已铺卷材周边的防护工作。

3. 高聚物改性沥青卷材防水层的施工要点

（1）基层处理。应用水泥砂浆找平，并按设计要求找好坡度，做到平整、坚实、清洁，无凹凸形、尖锐颗粒，用2m直尺检查，最大空隙不应超过5mm。

（2）涂刷基层处理剂。在干燥的基层上涂刷氯丁胶粘剂稀释液，其作用相当于传统的沥青冷底子油。涂刷时要均匀一致，无露底，操作要迅速，一次涂好，切勿反复涂刷，亦可用喷涂方法。

（3）弹线。基层处理剂干燥（4～12h）后，按现场情况弹出卷材铺贴位置。

（4）铺贴附加层。根据细部构造的具体要求，铺贴附加层。

（5）铺贴卷材。立面或大坡面铺贴高聚物改性沥青防水卷材时，应采用满粘法，并宜减少短边搭接。

铺贴多跨和高低屋面时，应先远后近，先高跨后低跨，在一个单跨铺贴时应先铺排水比较集中的部位（如檐口、水落口、天沟等处），再铺卷材附加层，由低到高，使卷材按流水方向搭接。

铺贴方法：根据卷材性能可选用冷粘贴、自粘贴或热熔贴等方法。

1）冷粘贴。按铺贴顺序在基层上涂刷（刮）一层氯丁胶粘剂，胶粘剂应均匀，不露底、不堆积，边刷边将卷材对准位置摆好，将卷材缓慢打开平整顺直铺贴在基层上，边用压辊均匀用力滚压或用干净的滚筒反复碾压，排出空气，使卷材与基层紧密粘贴，卷材搭接处用氯磺化聚乙烯嵌缝膏或胶粘剂满涂封口，辊压黏结牢固，溢出的嵌缝膏或胶粘剂，随即刮平封口，接缝口应用密封材料封严，宽度不应小于10mm。粘贴形式有全粘贴、半粘贴（卷材边全粘，中间点粘或条粘）及浮动式粘贴（卷材粘成整体，使之与基层周边粘贴，中间空铺）。

冷粘法铺贴卷材应符合下列规定：

① 胶粘剂涂刷应均匀，不露底，不堆积。卷材空铺、点粘、条粘时应按规定的位置及面积涂刷胶粘剂。

② 根据胶粘剂的性能，应控制胶粘剂涂刷与卷材铺贴的间隔时间。

③ 铺贴的卷材下面的空气应排尽，并辊压黏结牢固。

④ 铺贴卷材应平整顺直，搭接尺寸准确，不得扭曲、皱折。搭接部位的接缝应满涂胶粘剂，滚压粘贴牢固。

⑤ 接缝口应用材性相容的密封材料封严。

2）自粘贴。待基层处理剂干燥后，将卷材背面的隔离纸剥开撕掉直接粘贴于基层表面，排除卷材下面的空气，并滚压黏结牢固。搭接处用热风枪加热，加热后随即粘贴牢固，溢出的自粘膏随即刮平封口。接缝口亦用密封材料封严，宽度不应小于10mm。

自粘法铺贴卷材应符合下列规定：

① 铺贴卷材前基层表面应均匀涂刷基层处理剂，干燥后应及时铺贴卷材。

② 铺贴卷材时，应将自粘胶底面的隔离纸全部撕净。

③ 卷材下面的空气应排尽，并滚压黏结牢固。

④ 铺贴的卷材应平整顺直，搭接尺寸准确，不得扭曲、皱折。低温施工时，立面、大坡面及搭接部位宜采用热风加热。加热后随即粘贴牢固。

⑤ 接缝口应用材性相容的密封材料封严。

3）热熔贴。火焰加热器的喷嘴距卷材面的距离应适中，幅宽内加热应均匀，以卷材表面熔融至光亮黑色为度，不得过分加热卷材。涂盖层熔化（温度控制在100～180℃之间）后，立即将卷材滚动与基层粘贴，并用压辊滚压，排除卷材下面的空气，使之平展，不得皱折，并应滚压黏结牢固。搭接缝处要精心操作，喷烤后趁油毡边沿未冷却，随即用抹子将边封好，最后再用喷灯在接缝处均匀细致地喷烤压实。采用条粘法时，每幅卷材的每边粘贴宽度不应小于150mm。

热熔法铺贴卷材应符合下列规定：

① 火焰加热器加热卷材应均匀，不得过分加热或烧穿卷材；厚度小于3mm的高聚物改性沥青防水卷材严禁采用热熔法施工。

② 卷材表面热熔后应立即滚铺卷材，卷材下面的空气应排尽，并滚压黏结牢固，不得空鼓。

③ 卷材接缝部位必须溢出热熔的改性沥青胶。溢出的改性沥青胶宽度以2mm左右并均匀顺直为宜，当接缝处的卷材有铝箔或矿物粒（片）料时，应清除干净后，再进行热熔和接缝处理。

④ 铺贴的卷材应平整顺直，搭接尺寸准确，不得扭曲、皱折。

⑤ 采用条粘法时，每幅卷材与基层黏结面不应少于两条，每条宽度不应小于150mm。

（6）保护层施工。

1）宜优先采用自带保护层卷材。

2）采用浅色涂料作保护层时，应待卷材铺贴完成，经检验合格并清刷干净后涂刷。涂层应与卷材黏结牢固，厚薄均匀，不得漏涂。

3）采用水泥砂浆、块体材料或细石混凝土做保护层时，参见“沥青防水层施工要点”中的相关内容。

（7）高聚物改性沥青防水卷材，严禁在雨天、雪天施工，五级风及其以上时不得施工；环境气温低于5℃时，不宜施工，低于－10℃时，不宜热熔法施工。施工中途下雨、下雪，应做好已铺卷材周边的防护工作。

4. 合成高分子卷材防水层的施工要点

（1）基层处理。应用水泥砂浆找平，并按设计要求找好坡度，做到平整、坚实、清洁，无凹凸形、尖锐颗粒，用2m直尺检查，最大空隙不应超过5mm。

（2）涂刷基层处理剂。在基层上用喷枪（或长柄棕刷）喷涂（或涂刷）基层处理剂，要求厚薄均匀，不允许露底。

（3）弹线。基层处理剂干燥后，按现场情况弹出卷材铺贴位置线。

（4）铺贴附加层。对阴阳角、水落口、管子根部等形状复杂的部位，按设计要求和细部构造铺贴附加层。

（5）涂刷胶粘剂。先在基层上弹线，排出铺贴顺序，然后在基层上及卷材的底面，均匀涂布基层胶粘剂，要求厚薄均匀，不允许有露底和凝胶堆积现象，但卷材接头部位100mm不能涂布胶粘剂。如作排汽屋面，亦可采取空铺法、条粘法、点粘法涂刷胶粘剂。

（6）铺贴卷材。立面或大坡面铺贴合成高分子防水卷材时，应采用满粘法并宜采用短边搭接。

1）待基层胶粘剂胶膜手感基本干燥，即可铺贴卷材。

2）为减少阴阳角和大面接头，卷材应顺长方向配置，转角处尽量减少接缝。

3）铺贴从流水坡度的下坡开始，从两边檐口向屋脊按弹出的标准线铺贴，顺流水接槎，最后用一条卷材封脊。

4）铺时用厚纸筒重新卷起卷材，中心插一根 ϕ30mm，长 1.5m 钢管，两人分别执钢管两端，将卷材一端固定在起始部位，然后按弹线铺展卷材，铺贴卷材不得皱折，也不得用力拉伸卷材，每隔 1m 对准线粘贴一下，用滚筒用力滚压一遍以排出空气，最后再用压辊（大钢辊外包橡胶）滚压粘贴牢固。

5）根据卷材品种、性能和所选用的基层处理剂、接缝胶粘剂、密封材料，可选用冷粘贴、自粘贴、焊接法和机械固定法铺设卷材。

① 冷粘法铺贴卷材应符合下列规定：

a）基层胶粘剂可涂刷在基层和卷材底面，涂刷应均匀，不露底，不堆积。卷材空铺、点粘、条粘时应按规定的位置及面积涂刷胶粘剂。

b）根据胶粘剂的性能，应控制胶粘剂涂刷与卷材铺贴的间隔时间。

c）铺贴的卷材不得皱折，也不得用力拉伸卷材，并应排除卷材下面的空气，滚压黏结牢固。

d）铺贴的卷材应平整顺直，搭接尺寸准确，不得扭曲。

e）卷材铺好压粘后，应将搭接部位的黏合面清理干净，并采用与卷材配套的接缝专用胶粘剂，在接缝黏合面上涂刷均匀，不露底，不堆积。根据专用胶粘剂性能，应控制胶粘剂涂刷与黏合间隔时间，并排除缝间的空气，滚压黏结牢固。

f）搭接缝口应采用材性相容的密封材料封严。

g）卷材搭接部位采用胶粘带黏结时，黏合面应清理干净，必要时可涂刷与卷材及胶粘带材料材性相容的基层胶粘剂，撕去胶粘带隔离纸后应及时黏合上层卷材，并滚压粘牢。低温施工时，宜采用热风机加热，使其粘贴牢固、封闭严密。

② 自粘法铺贴卷材应符合下列规定：

a）铺贴卷材前，基层表面应均匀涂刷基层处理剂，干燥后及时铺贴卷材。

b）铺贴卷材时应将自粘胶底面的隔离纸全部撕净。

c）铺贴卷材时应排除卷材下面的空气，并滚压黏结牢固。

d）铺贴的卷材应平整顺直，搭接尺寸准确，不得扭曲、皱折。低温施工时，立面、大坡面及搭接部位宜采用热风加热，加热后随即粘贴牢固。

e）接缝口应用材性相容的密封材料封严。

③ 焊接法和机械固定法铺贴卷材应符合下列规定：

a）对热塑性卷材的搭接宜采用单缝或双缝焊，焊接应严密。

b）焊接前，卷材应铺放平整、顺直，搭接尺寸准确，焊接缝的结合面应清扫干净。

c）应先焊长边搭接缝，后焊短边搭接缝。

d）卷材采用机械固定时，固定件应与结构层固定牢固，固定件间距应根据当地的使用环境与条件确定，并不宜大于 600mm，距周边 800mm 范围内的卷材应满粘。

6）卷材接缝及收头应符合下列规定：

① 卷材铺好压粘后，将搭接部位的结合面清除干净，并采用与卷材配套的接缝胶粘剂在搭接缝黏合面上涂刷，做到均匀，不露底、不堆积，并从一端开始，用手一边压合，一边驱除空气，最后再用手持钢辊顺序滚压一遍，使黏结牢固。

② 立面卷材收头的端部应裁齐，并用压条或垫片钉压固定，最大钉距不应大于900mm，上口应用密封材料封固。

（7）合成高分子卷材，严禁在雨天、雪天施工；五级风及其以上时不得施工，环境气温低于5℃时不宜施工，低于-10℃时焊接法不宜施工。

5. 防水层、隔气层冬期施工

冬期施工的屋面防水层采用卷材时，可采用热熔法和冷粘法施工。热熔法施工温度不应低于-10℃，冷粘法施工温度不宜低于-5℃。

二、涂膜防水屋面工程

1. 实际案例展示

2. 施工要点

（1）涂膜防水屋面主要适用于防水等级为Ⅲ级、Ⅳ级的屋面防水，也可作Ⅰ级、Ⅱ级屋面多道防水设防中的一道防水层。防水涂料应采用高聚物改性沥青防水涂料、合成高分子防水涂料和聚合物水泥防水涂料。

（2）防水涂膜施工应符合下列规定：

1）涂膜应根据防水涂料的品种分层分遍涂布，不得一次涂成，且前后两遍涂料的涂布方向应相互垂直。

2）应待先涂的涂层干燥成膜后，方可涂后一遍涂料。

3）需铺设胎体增强材料时，屋面坡度小于15%时，可平行屋脊铺设，屋面坡度大于15%时，应垂直于屋脊铺设，并由屋面最低处向上进行。

4）胎体增强材料长边搭接宽度不应小于50mm，短边搭接宽度不应小于70mm。

5）采用二层胎体增强材料时，上下层不得相互垂直铺设，搭接缝应错开，其间距不应小于幅宽的1/3。

（3）屋面基层的干燥程度应视所用涂料特性确定。当采用溶剂型涂料时，屋面基层应干燥。

（4）多组分涂料应按配合比准确计量，搅拌均匀，并应根据涂料有效时间确定使用量。

（5）天沟、檐沟、檐口、泛水和立面涂膜防水层的收头，应用防水涂料多遍涂刷或用密封材料封严。

（6）涂膜防水层完工并经验收合格后，应做好成品保护。

（7）每道涂膜防水层厚度选用应符合表5-1的规定。

表5-1　涂膜厚度选用

屋面防水等级	设防道数	高聚物改性沥防水涂料	合成高分子防水涂料
Ⅰ 级	三道或三道以上设防	—	不应小于1.5mm
Ⅱ 级	二道设防	不应小于3mm	不应小于1.5mm
Ⅲ 级	一道设防	不应小于3mm	不应小于2mm
Ⅳ 级	一道设防	不应小于2mm	—

（8）涂膜屋面冬期施工。

1）溶剂型涂料储运和保管的环境温度不宜低于0℃，并应避免碰撞。保管环境应干燥、通风并远离火源。

2）涂膜屋面防水施工应满足下列要求：

① 在雨、雪天，五级风及以上时不得施工。

② 基层处理剂可选用有机溶剂稀释而成。使用时，应充分搅拌，涂刷均匀，覆盖完全，干燥后方可进行涂膜施工。

③ 涂膜防水应由二层以上涂层组成，总厚度应达到设计要求，其成膜厚度不应小于2mm。

④ 施工时，可采用涂刮或喷涂。当采用涂刮施工时，每遍涂刮的推进方向宜与前一遍互相垂直，并在前一遍涂料干燥后，方可进行后一遍涂料的施工。

⑤ 使用双组分涂料时应按配合比正确计量，搅拌均匀，已配成的涂料及时使用。配料时可加入适量的稀释剂，但不得混入固化涂料。

⑥ 在涂层中夹铺胎体增强材料时，位于胎体下面的涂层厚度不应小于1mm，最上层的涂料层不应少于两遍。胎体长边搭接宽度不得小于50mm，短边搭接宽度不得小于70mm。采用二层胎体增强材料时，上下层不得互相垂直铺设，搭接缝应错开，间距不应小于一个幅面宽度的1/3。

⑦ 天沟、檐沟、檐口、泛水等部位，均应加铺有胎体增强材料的附加层。水落口周围与屋面交接处，应作密封处理，并加铺两层有胎体增强材料的附加层，涂膜伸入水落口的深度不得小于50mm，涂膜防水层的收头应用密封材料封严。

⑧ 涂膜屋面防水工程在涂膜层固化后应做保护层。保护层可采用分格水泥砂浆、细石混凝土或块材等。

三、刚性防水屋面工程

1. 实际案例展示

2. 施工要点

（1）刚性防水屋面主要适用于防水等级为Ⅲ级的屋面防水，也可用作Ⅰ、Ⅱ级屋面多道防水设防中的一道防水层；刚性防水层不适用于受较大振动或冲击的建筑屋面。

（2）防水层的细石混凝土宜用普通硅酸盐水泥或硅酸盐水泥，不得使用火山灰质水泥；当采用矿渣硅酸盐水泥时，应采用减少泌水性的措施。粗骨料的最大粒径不宜大于15mm，含泥量不应大于1%，细骨料含泥量不应大于2%。

混凝土水灰比不应大于0.55，每立方米混凝土水泥用量不得少于330kg，含砂率宜为35%～40%，灰砂比宜为1:2～1:2.5。

钢纤维混凝土的水灰比宜为0.45～0.50；砂率宜为40%；每立方米混凝土的水泥和掺合料用量宜为360～400kg；混凝土中的钢纤维体积率宜为0.8%～1.2%。

防水层的细石混凝土宜掺外加剂（膨胀剂，减水剂，防水剂）以及掺合料、钢纤维等材料，并应用机械搅拌，应按配合比准确计量，投料顺序得当；浇筑时采用机械振捣。

（3）防水层的分格缝，应设置在屋面板的支承端、屋面转折处、防水层与突出屋面的结构交接处，并应与板缝对齐，其纵横向间距不宜大于6m。分格缝内应嵌填密封材料。

（4）细石混凝土防水层的厚度不应小于40mm，并应配置直径为4～6mm双向钢筋网片，间距100～200mm。钢筋网片在分格缝处应断开，其保护层厚度不小于10mm。

（5）细石混凝土防水层与立墙及突出屋面的结构等交接处，应留宽度为30mm的缝隙，并应做柔性密封处理；在细石混凝土防水层与基层间宜设置隔离层。隔离层可采用纸筋灰、麻刀灰、低强度等级砂浆、干铺卷材或聚乙烯薄膜等材料。

（6）在补偿收缩混凝土中掺用膨胀剂时，应根据膨胀剂的种类、环境温度、水泥品种、配筋率确定最佳掺量，补偿收缩混凝土的自由膨胀率应为0.05%～0.1%。

（7）刚性防水屋面应采用结构找坡，坡度为2%～3%。天沟、檐沟的排水坡度不应小于1%，应用1:2～1:3的水泥砂浆找坡，找坡厚度大于20mm时宜采用细石混凝土找坡。

（8）装配式钢筋混凝土结构屋面板，板缝处理见相关标准的规定。

（9）刚性防水层内严禁埋设管线。

（10）密封材料嵌缝适用于刚性防水屋面分格缝以及天沟、檐沟、泛水、变形缝等细部构造的密封处理。

（11）密封防水部位的基层质量应符合下列要求：

1）基层应牢固，表面应平整、密实，不得有蜂窝、麻面、起皮和起砂现象。

2）嵌填密封材料的基层应干净、干燥。

（12）密封防水处理连接部位的基层，应涂刷与密封材料相配套的基层处理剂。基层处理剂应配比准确，搅拌均匀。采用多组分基层处理剂时，应根据有效时间确定使用量。

（13）接缝处的密封材料底部应填放背衬材料，外露的密封材料上应设置保护层，其宽度不应小于100mm。

（14）密封材料嵌填完成后不得碰损及污染，固化前不得踩踏。

（15）屋面密封防水的接缝宽度不应大于40mm，且不应小于10mm；接缝深度可取接缝宽度的0.5～0.7倍。